JN125918

# はじめに

Microsoft Office Specialist（以下MOSと記載）は、Officeの利用能力を証明する世界的な資格試験制度です。

本書は、MOS Word 365&2019に合格することを目的とした試験対策用教材です。出題範囲をすべて網羅しており、的確な解説と練習問題で試験に必要なWordの機能と操作方法を学習できます。さらに、出題傾向を分析し、出題される可能性が高いと思われる問題からなる「模擬試験」を5回分用意しています。模擬試験で、さまざまな問題に挑戦し、実力を試しながら、合格に必要なWordのスキルを習得できます。

また、添付の模擬試験プログラムを使うと、MOS 365&2019の試験形式「マルチプロジェクト」の試験を体験でき、試験システムに慣れることができます。試験結果は自動採点され、正答率や解答の正誤を表示できるばかりでなく、ナレーション付きのアニメーションで標準解答を確認することもできます。

本書をご活用いただき、MOS Word 365&2019に合格されますことを心よりお祈り申し上げます。

なお、基本操作の習得には、次のテキストをご利用ください。

● 「よくわかる Microsoft Word 2019 基礎」（FPT1815）
● 「よくわかる Microsoft Word 2019 応用」（FPT1816）

---

**本書を購入される前に必ずご一読ください**
本書に記載されている操作方法や模擬試験プログラムの動作確認は、2020年6月現在のWord 2019（16.0.10359.20023）またはMicrosoft 365（16.0.12827.20200）に基づいて行っています。本書発行後のWindowsやOfficeのアップデートによって機能が更新された場合には、本書の記載のとおりにならない、模擬試験プログラムの採点が正しく行われないなどの不整合が生じる可能性があります。あらかじめご了承ください。

---

2020年7月28日
FOM出版

---

◆本教材は、個人がMOS試験に備える目的で利用するものであり、富士通エフ・オー・エム株式会社が本教材の使用によりMOS試験の合格を保証するものではありません。

◆Microsoft、Access、Excel、PowerPoint、Windowsは、米国Microsoft Corporationの米国およびその他の国における登録商標または商標です。

◆その他、記載されている会社および製品などの名称は、各社の登録商標または商標です。

◆本文中では、TMや®は省略しています。

◆本文中のスクリーンショットは、マイクロソフトの許可を得て使用しています。

◆本文および添付のデータファイルで題材として使用している個人名、団体名、商品名、ロゴ、連絡先、メールアドレス、場所、出来事などは、すべて架空のものです。実在するものとは一切関係ありません。

◆本書に掲載されているホームページは、2020年6月現在のもので、予告なく変更される可能性があります。

# 本書を使った学習の進め方

本書やご購入者特典には、試験の合格に必要なWordスキルを習得するための秘密が詰まっています。

ここでは、それらをフル活用して、基本操作ができるレベルから試験に合格できるレベルまでスキルアップするための学習方法をご紹介します。これを参考に、前提知識や好みに応じて適宜アレンジし、自分にあったスタイルで学習を進めましょう。

## STEP 01

### Wordの基礎知識を確認！

MOSの学習を始める前に、Wordの基礎知識の習得状況を確認し、足りないスキルを事前に習得しましょう。

「Wordスキルチェックシート」を使ってチェック

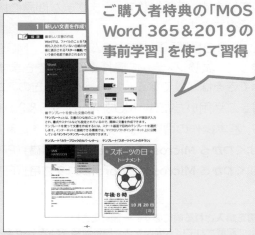

ご購入者特典の「MOS Word 365＆2019の事前学習」を使って習得

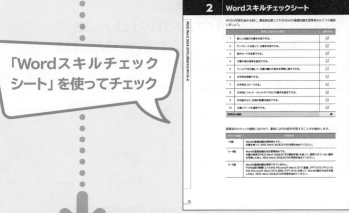

※Word スキルチェックシートについては、P.15 を参照してください。

※ご購入者特典については、P.11 を参照してください。

## STEP 02

### 学習計画を立てる！

目標とする受験日を設定し、その受験日に照準を合わせて、どのような日程で学習を進めるかを考えます。

ご購入者特典の「学習スケジュール表」を使って、無理のない学習計画を立てよう

※ご購入者特典については、P.11 を参照してください。

## STEP 03

### 出題範囲の機能を理解し、操作方法をマスター！

出題範囲の機能をひとつずつ理解し、その機能を実行するための操作方法を確実に習得しましょう。

※出題範囲については、P.13 を参照してください。

## STEP 04

### 模擬試験で力試し！

出題範囲をひととおり学習したら、模擬試験で実戦力を養います。
模擬試験は1回だけでなく、何度も繰り返して行って、自分が苦手な分野を克服しましょう。

※模擬試験については、P.246を参照してください。

## STEP 05

### 出題範囲のコマンドを暗記する

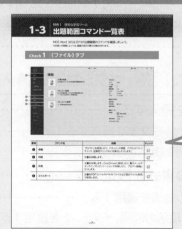

合格を確実にするために、出題範囲のコマンドをおさらいしましょう。

ご購入者特典の「出題範囲コマンド一覧表」を使って、出題範囲のコマンドとその使い方を確認

※ご購入者特典については、P.11 を参照してください。

## STEP 06

### 試験の合格を目指して！

ここまでやれば試験対策はバッチリ！自信をもって受験に臨みましょう。

# Contents 目次

# Contents

# Introduction 本書をご利用いただく前に

## 1 製品名の記載について

本書では、次の名称を使用しています。

| 正式名称 | 本書で使用している名称 |
|---|---|
| Windows 10 | Windows 10 または Windows |
| Microsoft Office 2019 | Office 2019 または Office |
| Microsoft Word 2019 | Word 2019 または Word |

※主な製品を挙げています。その他の製品も略称を使用している場合があります。

## 2 学習環境について

### ◆出題範囲の学習環境

出題範囲の各Lessonを学習するには、次のソフトウェアが必要です。

**Word 2019 または Microsoft 365**

※一部Excelを使うLessonがあります。

### ◆本書の開発環境

本書を開発した環境は、次のとおりです。

| カテゴリ | 動作環境 |
|---|---|
| OS | Windows 10（ビルド19041.329） |
| アプリ | Microsoft Office 2019 Professional Plus（16.0.10359.20023） |
| グラフィックス表示 | 画面解像度　1280×768ピクセル |
| その他 | インターネット接続環境 |

※お使いの環境によっては、画面の表示が異なる場合や記載の機能が操作できない場合があります。
※画面解像度によって、ボタンの形状やサイズが異なる場合があります。

### ◆模擬試験プログラムの動作環境

模擬試験プログラムを使って学習するには、次の環境が必要です。

| カテゴリ | 動作環境 |
|---|---|
| OS | Windows 10 日本語版（32ビット、64ビット）<br>※Windows 10 Sモードでは動作しません。 |
| アプリ | Office 2019 日本語版（32ビット、64ビット）<br>Microsoft 365 日本語版（32ビット、64ビット）<br>※異なるバージョンのOffice（Office 2016、Office 2013など）が同時にインストールされていると、正しく動作しない可能性があります。 |
| CPU | 1GHz以上のプロセッサ |
| メモリ | OSが32ビットの場合：4GB以上<br>OSが64ビットの場合：8GB以上 |
| グラフィックス表示 | 画面解像度　1280×768ピクセル以上 |
| CD-ROMドライブ | 24倍速以上のCD-ROMドライブ |
| サウンド | Windows互換サウンドカード（スピーカー必須） |
| ハードディスク | 空き容量1GB以上 |

## ◆Officeの種類に伴う注意事項

Microsoftが提供するOfficeには「ボリュームライセンス」「プレインストール版」「パッケージ版」「Microsoft 365版」などがあり、種類によって画面が異なります。

※本書はOffice 2019 Professional Plusボリュームライセンス版をもとに開発しています。

### ●Office 2019 Professional Plusボリュームライセンス（2020年6月現在）

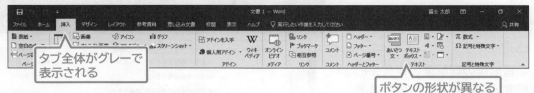

### ●Microsoft 365（2020年6月現在）

### ！Point

#### ボタンの形状

ディスプレイの画面解像度やウィンドウのサイズなど、お使いの環境によって、ボタンの形状やサイズ、位置が異なる場合があります。ボタンの操作は、ポップヒントに表示されるボタン名を確認してください。

※本書に掲載しているボタンは、ディスプレイの画面解像度を「1280×768ピクセル」、ウィンドウを最大化した環境を基準にしています。

※ブックマークの挿入

## ◆アップデートに伴う注意事項

Office 2019やMicrosoft 365は、自動アップデートによって定期的に不具合が修正され、機能が向上する仕様となっています。そのため、アップデート後に、コマンドの名称が変更されたり、リボンに新しいボタンが追加されたりする可能性があります。

今後のアップデートによってWordの機能が更新された場合には、本書の記載のとおりにならない、模擬試験プログラムの採点が正しく行われないなどの不整合が生じる可能性があります。あらかじめご了承ください。

※本書の最新情報について、P.11に記載されているFOM出版のホームページにアクセスして確認してください。

### ！Point

#### お使いのOfficeのビルド番号を確認する

Office 2019やMicrosoft 365をアップデートすることで、ビルド番号が変わります。

①Wordを起動します。

②《ファイル》タブ→《アカウント》→《Wordのバージョン情報》をクリックします。

③表示されるダイアログボックスで確認します。

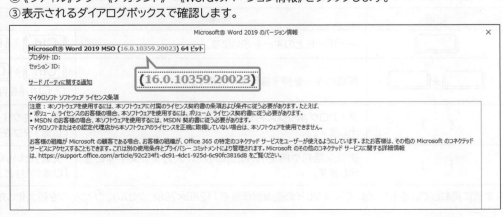

求められるスキル

出題範囲1

出題範囲2

出題範囲3

出題範囲4

出題範囲5

出題範囲6

確認問題 標準解答

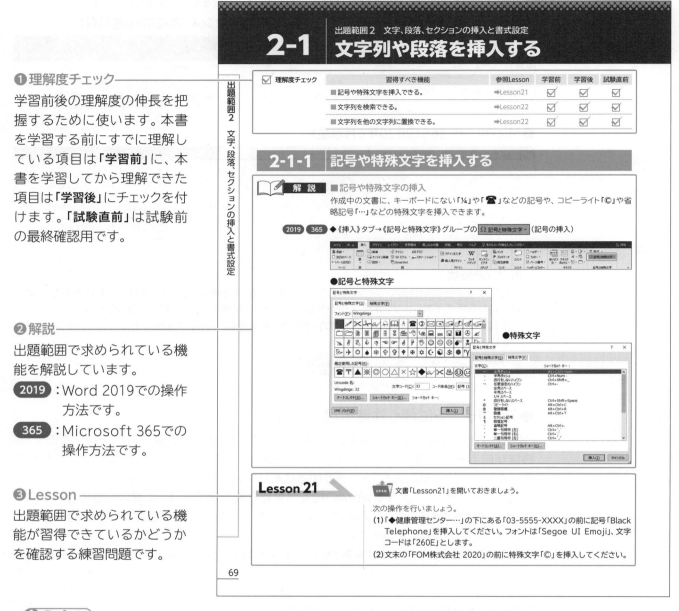

**❶ 理解度チェック**

学習前後の理解度の伸長を把握するために使います。本書を学習する前にすでに理解している項目は「**学習前**」に、本書を学習してから理解できた項目は「**学習後**」にチェックを付けます。「**試験直前**」は試験前の最終確認用です。

**❷ 解説**

出題範囲で求められている機能を解説しています。

**2019**：Word 2019での操作方法です。

**365**：Microsoft 365での操作方法です。

**❸ Lesson**

出題範囲で求められている機能が習得できているかどうかを確認する練習問題です。

本書をご利用いただく前に

---

## ! Point

### 本書の記述について

操作の説明のために使用している記号には、次のような意味があります。

| 記述 | 意味 | 例 |
|---|---|---|
| [　　] | キーボード上のキーを示します。 | [Ctrl] [F4] |
| [　]+[　] | 複数のキーを押す操作を示します。 | [Ctrl]+[C]<br>（[Ctrl]を押しながら[C]を押す） |
| 《　　》 | ダイアログボックス名やタブ名、項目名など画面の表示を示します。 | 《挿入》をクリックします。<br>《位置》タブを選択します。 |
| 「　　」 | 重要な語句や機能名、画面の表示、入力する文字などを示します。 | 「文書」といいます。<br>「ひまわり」と入力します。 |

※本書に掲載しているボタンは、ディスプレイの画面解像度を「1280×768ピクセル」、ウィンドウを最大化した環境を基準にしています。

**❹Hint**

問題を解くためのヒントです。

**❺操作方法**

一般的かつ効率的と考えられる操作方法です。

**❻その他の方法**

操作方法で紹介している以外の方法がある場合に記載しています。

**❼※印**

補助的な内容や注意すべき内容を記載しています。

**❽Point**

用語の解説や知っていると効率的に操作できる内容など、実力アップにつながるポイントです。

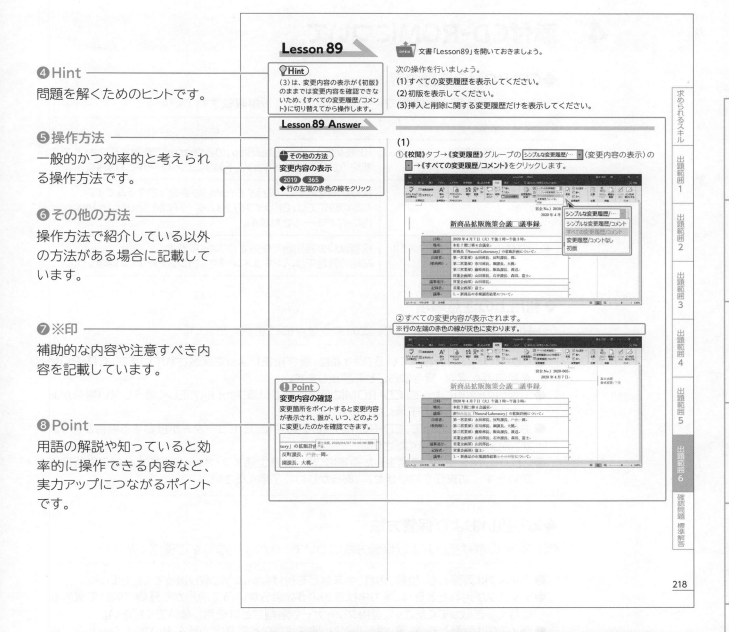

Lesson 89

📖OPEN 文書「Lesson89」を開いておきましょう。

次の操作を行いましょう。
(1) すべての変更履歴を表示してください。
(2) 初版を表示してください。
(3) 挿入と削除に関する変更履歴だけを表示してください。

💡Hint
(3)は、変更内容の表示が《初版》のままでは変更内容を確認できないため、《すべての変更履歴/コメント》に切り替えてから操作します。

Lesson 89 Answer

🔧その他の方法
変更内容の表示
2019  365
◆行の左端の赤色の線をクリック

(1)
①《校閲》タブ→《変更履歴》グループの シンプルな変更履歴/… ▼ (変更内容の表示)の ▼ →《すべての変更履歴/コメント》をクリックします。

②すべての変更内容が表示されます。
※行の左端の赤色の線が灰色に変わります。

⚠Point
変更内容の確認
変更箇所をポイントすると変更内容が表示され、誰が、いつ、どのように変更したのかを確認できます。

218

求められるスキル
出題範囲1
出題範囲2
出題範囲3
出題範囲4
出題範囲5
出題範囲6
確認問題 標準解答

**❾確認問題**

各出題範囲で学習した内容を復習できる確認問題です。試験と同じような出題形式で実習できます。

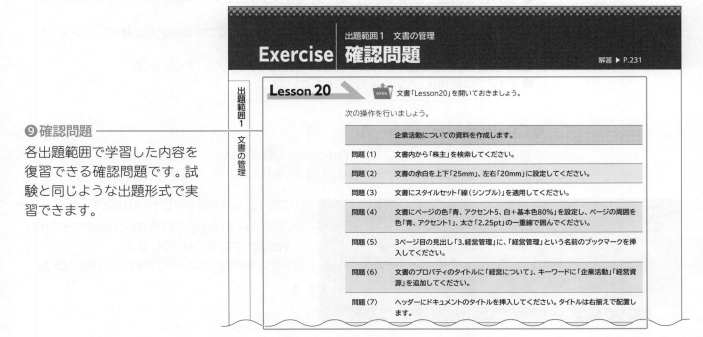

Exercise | 出題範囲1 文書の管理 | 確認問題
解答 ▶ P.231

Lesson 20  📖OPEN 文書「Lesson20」を開いておきましょう。

次の操作を行いましょう。

| 企業活動についての資料を作成します。 |
| --- |

| 問題(1) | 文書内から「株主」を検索してください。 |
| --- | --- |
| 問題(2) | 文書の余白を上下「25mm」、左右「20mm」に設定してください。 |
| 問題(3) | 文書にスタイルセット「線(シンプル)」を適用してください。 |
| 問題(4) | 文書にページの色「青、アクセント5、白+基本色80%」を設定し、ページの周囲を色「青、アクセント1」、太さ「2.25pt」の一重線で囲んでください。 |
| 問題(5) | 3ページ目の見出し「3.経営管理」に、「経営管理」という名前のブックマークを挿入してください。 |
| 問題(6) | 文書のプロパティのタイトルに「経営について」、キーワードに「企業活動」「経営資源」を追加してください。 |
| 問題(7) | ヘッダーにドキュメントのタイトルを挿入してください。タイトルは右揃えで配置します。 |

出題範囲1 文書の管理

求められるスキル
出題範囲1
出題範囲2
出題範囲3
出題範囲4
出題範囲5
出題範囲6
確認問題 標準解答

# 4 | 添付CD-ROMについて

## ◆CD-ROMの収録内容

添付のCD-ROMには、本書で使用する次のファイルが収録されています。

| 収録ファイル | 説明 |
|---|---|
| 出題範囲の実習用データファイル | 「出題範囲1」から「出題範囲6」の各Lessonで使用するファイルです。初期の設定では、《ドキュメント》内にインストールされます。 |
| 模擬試験のプログラムファイル | 模擬試験を起動し、実行するために必要なプログラムです。初期の設定では、Cドライブのフォルダー「FOM Shuppan Program」内にインストールされます。 |
| 模擬試験の実習用データファイル | 模擬試験の各問題で使用するファイルです。初期の設定では、《ドキュメント》内にインストールされます。 |

## ◆利用上の注意事項

CD-ROMのご利用にあたって、次のような点にご注意ください。

- CD-ROMに収録されているファイルは、著作権法によって保護されています。CD-ROMを第三者へ譲渡・貸与することを禁止します。
- お使いの環境によって、CD-ROMに収録されているファイルが正しく動作しない場合があります。あらかじめご了承ください。
- お使いの環境によって、CD-ROMの読み込み中にコンピューターが振動する場合があります。あらかじめご了承ください。
- CD-ROMを使用して発生した損害について、富士通エフ・オー・エム株式会社では程度に関わらず一切責任を負いません。あらかじめご了承ください。

## ◆取り扱いおよび保管方法

CD-ROMの取り扱いおよび保管方法について、次のような点をご確認ください。

- ディスクは両面とも、指紋、汚れ、キズなどを付けないように取り扱ってください。
- ディスクが汚れたときは、メガネ拭きのような柔らかい布で内周から外周に向けて放射状に軽くふき取ってください。専用クリーナーや溶剤などは使用しないでください。
- ディスクは両面とも、鉛筆、ボールペン、油性ペンなどで文字や絵を書いたり、シールなどを貼付したりしないでください。
- ひび割れや変形、接着剤などで補修したディスクは危険ですから絶対に使用しないでください。
- 直射日光のあたる場所や、高温・多湿の場所には保管しないでください。
- ディスクは使用後、大切に保管してください。

## ◆CD-ROMのインストール

学習の前に、お使いのパソコンにCD-ROMの内容をインストールしてください。
※インストールは、管理者ユーザーしか行うことはできません。

①CD-ROMをドライブにセットします。

②画面の右下に表示される《DVD RWドライブ（D:）WD2019S》をクリックします。

※お使いのパソコンによって、ドライブ名は異なります。

③《mosstart.exeの実行》をクリックします。
※《ユーザーアカウント制御》ダイアログボックスが表示される場合は、《はい》をクリックします。

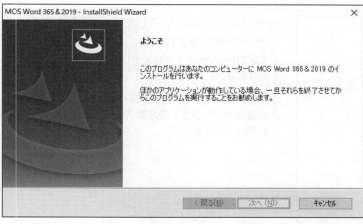

④ インストールウィザードが起動し、《ようこそ》が表示されます。
⑤《次へ》をクリックします。

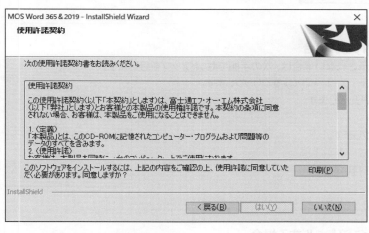

⑥《使用許諾契約》が表示されます。
⑦《はい》をクリックします。
※《いいえ》をクリックすると、セットアップが中止されます。

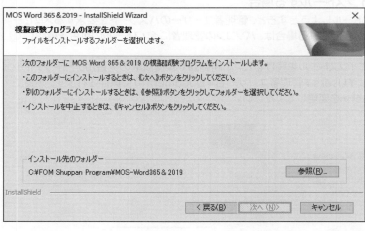

⑧《模擬試験プログラムの保存先の選択》が表示されます。
模擬試験のプログラムファイルのインストール先を指定します。
⑨《インストール先のフォルダー》を確認します。
※ほかの場所にインストールする場合は、《参照》をクリックします。
⑩《次へ》をクリックします。

求められるスキル

出題範囲1

出題範囲2

出題範囲3

出題範囲4

出題範囲5

出題範囲6

確認問題 標準解答

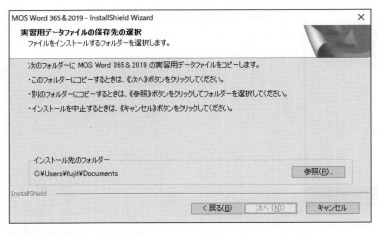

⑪《実習用データファイルの保存先の選択》が表示されます。

出題範囲と模擬試験の実習用データファイルのインストール先を指定します。

⑫《インストール先のフォルダー》を確認します。

※ほかの場所にインストールする場合は、《参照》をクリックします。

⑬《次へ》をクリックします。

⑭ インストールが開始されます。

⑮ インストールが完了したら、図のようなメッセージが表示されます。

※インストールが完了するまでに10分程度かかる場合があります。

⑯《完了》をクリックします。

※模擬試験プログラムの起動方法については、P.247を参照してください。

---

**❗ Point**

### セットアップ画面が表示されない場合

セットアップ画面が自動的に表示されない場合は、次の手順でセットアップを行います。

① タスクバーの ▦ (エクスプローラー) →《PC》をクリックします。

②《WD2019S》ドライブを右クリックします。

③《開く》をクリックします。

④ 📕 (mosstart) を右クリックします。

⑤《開く》をクリックします。

⑥ 指示に従って、セットアップを行います。

---

**❗ Point**

### 管理者以外のユーザーがインストールする場合

管理者以外のユーザーがインストールしようとすると、管理者ユーザーのパスワードを要求するメッセージが表示されます。メッセージが表示される場合は、パソコンの管理者にインストールの可否を確認してください。

管理者のパスワードを入力してインストールを続けると、出題範囲や模擬試験の実習用データファイルは、管理者の《ドキュメント》(C：￥Users￥管理者ユーザー名￥Documents)に保存されます。必要に応じて、インストール先のフォルダーを変更してください。

本書をご利用いただく前に

### ◆実習用データファイルの確認

インストールが完了すると、《ドキュメント》内にデータファイルがコピーされます。
《ドキュメント》の各フォルダーには、次のようなファイルが収録されています。

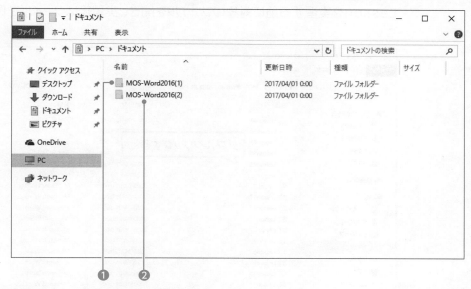

### ❶MOS-Word 365 2019（1）

「**出題範囲1**」から「**出題範囲6**」の各Lessonで使用するファイルがコピーされます。

これらのファイルは、「**出題範囲1**」から「**出題範囲6**」の学習に必須です。

Lesson4を学習するときは、ファイル「**Lesson4.docx**」を開きます。

Lessonによっては、ファイルを使用しない場合があります。

### ❷MOS-Word 365 2019（2）

模擬試験で使用するファイルがコピーされます。

これらのファイルは、模擬試験プログラムを使わずに学習される方のために用意したファイルで、各ファイルを直接開いて操作することが可能です。

第1回模擬試験のプロジェクト1を学習するときは、ファイル「**mogi1-project1.docx**」を開きます。

模擬試験プログラムを使って学習する場合は、これらのファイルは不要です。

---

**! Point**

#### データファイルの既定の場所

本書では、データファイルの場所を《ドキュメント》内としています。
《ドキュメント》以外の場所にセットアップした場合は、フォルダーを読み替えてください。

---

**! Point**

#### データファイルのダウンロードについて

データファイルは、FOM出版のホームページで提供しています。ダウンロードしてご利用ください。

**ホームページ・アドレス**

https://www.fom.fujitsu.com/goods/

**ホームページ検索用キーワード**

FOM出版

ダウンロードしたデータファイルを開く際、そのファイルが安全かどうかを確認するメッセージが表示される場合があります。データファイルは安全なので、《編集を有効にする》をクリックして、編集可能な状態にしてください。

🛡 保護ビュー　注意―インターネットから入手したファイルは、ウイルスに感染している可能性があります。編集する必要がなければ、保護ビューのままにしておくことをお勧めします。　　　編集を有効にする(E)　✕

## ◆ファイルの操作方法

「**出題範囲1**」から「**出題範囲6**」の各Lessonを学習する場合、《**ドキュメント**》内のフォルダー「**MOS-Word 365 2019（1）**」から学習するファイルを選択して開きます。

Lessonを実習する前に対象のファイルを開き、実習後はファイルを保存せずに閉じてください。

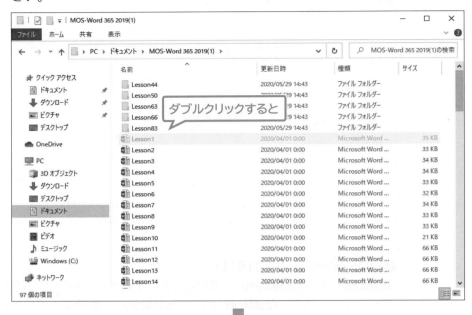

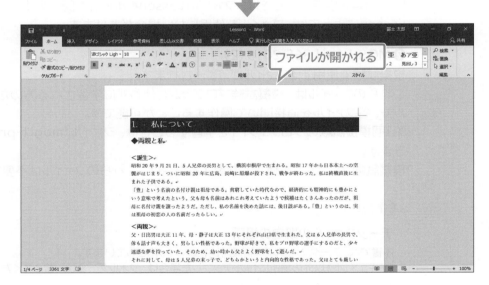

---

**!) Point**

### 編集記号の表示

本書では、Wordの編集記号を表示した状態で画面を掲載しています。

「編集記号」とは、文書内の改行位置や改ページ位置、空白などを表す記号のことです。画面上に表示することで、改ページされている箇所や空白のある場所がわかりやすくなります。

編集記号を表示するには、《ホーム》タブ→《段落》グループの ¶ （編集記号の表示/非表示）をクリックします。

## 5 プリンターの設定について

本書の学習を開始する前に、プリンターが設定されていることを確認してください。
プリンターが設定されていないと、印刷やページ設定に関する問題を解答することができません。また、模擬試験プログラムで印刷結果レポートを印刷することができません。あらかじめプリンターを設定しておきましょう。
プリンターの設定方法は、プリンターの取扱説明書を確認してください。
パソコンに設定されているプリンターを確認しましょう。

① ⊞（スタート）をクリックします。
② ⚙（設定）をクリックします。

③《デバイス》をクリックします。

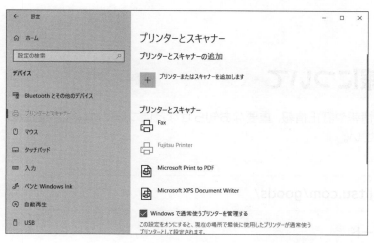

④左側の一覧から《プリンターとスキャナー》を選択します。
⑤《プリンターとスキャナー》に接続されているプリンターのアイコンが表示されていることを確認します。
※プリンターが接続されていない場合の対応については、P.318を参照してください。

> **! Point**
>
> **通常使うプリンターの設定**
> 初期の設定では、最後に使用したプリンターが通常使うプリンターとして設定されます。
> 通常使うプリンターを固定する方法は、次のとおりです。
> ◆《□Windowsで通常使うプリンターを管理する》→プリンターを選択→《管理》→《既定として設定する》

## 6 ご購入者特典について

ご購入いただいた方への特典として、次のツールを提供しています。PDFファイルを表示してご利用ください。

> • 特典1　便利な学習ツール（学習スケジュール表・習熟度チェック表・出題範囲コマンド一覧表）
> • 特典2　MOSの概要
> • 特典3　MOS Word 365&2019の事前学習

### ◆表示方法

#### 💻 パソコンで表示する

① ブラウザーを起動し、次のホームページにアクセスします。

> https://www.fom.fujitsu.com/goods/eb/

② 「MOS Word 365&2019対策テキスト&問題集（FPT1913）」の《特典PDF・学習データ・解答動画を入手する》を選択します。
③ 本書に関する質問に回答します。
④ 《特典PDFを見る》を選択します。
⑤ ドキュメントを選択します。
⑥ PDFファイルが表示されます。
※ 必要に応じて、印刷または保存してご利用ください。

#### 📱 スマートフォン・タブレットで表示する

① スマートフォン・タブレットで下のQRコードを読み取ります。

② 「MOS Word 365&2019対策テキスト&問題集（FPT1913）」の《特典PDF・学習データ・解答動画を入手する》を選択します。
③ 本書に関する質問に回答します。
④ 《特典PDFを見る》を選択します。
⑤ ドキュメントを選択します。
⑥ PDFファイルが表示されます。

## 7 本書の最新情報について

本書に関する最新のQ&A情報や訂正情報、重要なお知らせなどについては、FOM出版のホームページでご確認ください。

**ホームページ・アドレス**

> https://www.fom.fujitsu.com/goods/

**ホームページ検索用キーワード**

> FOM出版

# MOS Word 365＆2019に求められるスキル

# 1 | MOS Word 365＆2019の出題範囲

MOS Word 365＆2019の出題範囲は、次のとおりです。

## 1 文書の管理

| | |
|---|---|
| 1-1 文書内を移動する | • 文字列を検索する<br>• 文書内の他の場所にリンクする<br>• 文書内の特定の場所やオブジェクトに移動する<br>• 編集記号の表示／非表示と隠し文字を使用する |
| 1-2 文書の書式を設定する | • 文書のページ設定を行う<br>• スタイルセットを適用する<br>• ヘッダーやフッターを挿入する、変更する<br>• ページの背景要素を設定する |
| 1-3 文書を保存する、共有する | • 別のファイル形式で文書を保存する<br>• 基本的な文書プロパティを変更する<br>• 印刷の設定を変更する<br>• 電子文書を共有する |
| 1-4 文書を検査する | • 隠しプロパティや個人情報を見つけて削除する<br>• アクセシビリティに関する問題を見つけて修正する<br>• 下位バージョンとの互換性に関する問題を見つけて修正する |

## 2 文字、段落、セクションの挿入と書式設定

| | |
|---|---|
| 2-1 文字列や段落を挿入する | • 文字列を検索する、置換する<br>• 記号や特殊文字を挿入する |
| 2-2 文字列や段落の書式を設定する | • 文字の効果を適用する<br>• 書式のコピー／貼り付けを使用して、書式を適用する<br>• 行間、段落の間隔、インデントを設定する<br>• 文字列に組み込みスタイルを適用する<br>• 書式をクリアする |
| 2-3 文書にセクションを作成する、設定する | • 文字列を複数の段に設定する<br>• ページ、セクション、セクション区切りを挿入する<br>• セクションごとにページ設定のオプションを変更する |

## 3 表やリストの管理

| | |
|---|---|
| 3-1 表を作成する | • 文字列を表に変換する<br>• 表を文字列に変換する<br>• 行や列を指定して表を作成する |
| 3-2 表を変更する | • 表のデータを並べ替える<br>• セルの余白と間隔を設定する<br>• セルを結合する、分割する<br>• 表、行、列のサイズを調整する<br>• 表を分割する<br>• タイトル行の繰り返しを設定する |
| 3-3 リストを作成する、変更する | • 段落を書式設定して段落番号付きのリストや箇条書きリストにする<br>• 行頭文字や番号書式を変更する<br>• 新しい行頭文字や番号書式を定義する<br>• リストのレベルを変更する<br>• リストの番号を振り直す、自動的に振る<br>• 開始する番号の値を設定する |

## 4  参考資料の作成と管理

| 4-1 参照のための要素を作成する、管理する | ・脚注や文末脚注を挿入する<br>・脚注や文末脚注のプロパティを変更する<br>・資料文献を作成する、変更する<br>・引用文献を挿入する |
|---|---|
| 4-2 参照のための一覧を作成する、管理する | ・目次を挿入する<br>・ユーザー設定の目次を作成する<br>・参考文献一覧を挿入する |

## 5  グラフィック要素の挿入と書式設定

| 5-1 図やテキストボックスを挿入する | ・図形を挿入する<br>・図を挿入する<br>・3Dモデルを挿入する<br>・SmartArtを挿入する<br>・スクリーンショットや画面の領域を挿入する<br>・テキストボックスを挿入する |
|---|---|
| 5-2 図やテキストボックスを書式設定する | ・アート効果を適用する<br>・図の効果やスタイルを適用する<br>・図の背景を削除する<br>・グラフィック要素を書式設定する<br>・SmartArtを書式設定する<br>・3Dモデルを書式設定する |
| 5-3 グラフィック要素にテキストを追加する | ・テキストボックスにテキストを追加する、テキストを変更する<br>・図形にテキストを追加する、テキストを変更する<br>・SmartArtの内容を追加する、変更する |
| 5-4 グラフィック要素を変更する | ・オブジェクトを配置する<br>・オブジェクトの周囲の文字列を折り返す<br>・アクセシビリティ向上のため、オブジェクトに代替テキストを追加する |

## 6  文書の共同作業の管理

| 6-1 コメントを追加する、管理する | ・コメントを追加する<br>・コメントを閲覧する、返答する<br>・コメントに対処する<br>・コメントを削除する |
|---|---|
| 6-2 変更履歴を管理する | ・変更履歴を設定する<br>・変更履歴を閲覧する<br>・変更履歴を承諾する、元に戻す<br>・変更履歴を記録する、解除する |

MOSの学習を始める前に、最低限必要とされるWordの基礎知識を習得済みかどうか確認しましょう。

| | 事前に習得すべき項目 | 習得済み |
|---|---|---|
| 1 | 新しい白紙の文書を作成できる。 | ☑ |
| 2 | テンプレートを使って、文書を作成できる。 | ☑ |
| 3 | 表示モードを変更できる。 | ☑ |
| 4 | 文書の表示倍率を設定できる。 | ☑ |
| 5 | ウィンドウを分割して、文書の離れた部分を同時に表示できる。 | ☑ |
| 6 | 文字列を移動できる。 | ☑ |
| 7 | 文字列をコピーできる。 | ☑ |
| 8 | 文字列にフォント・フォントサイズなどの書式を設定できる。 | ☑ |
| 9 | 中央揃えなど、段落の配置を設定できる。 | ☑ |
| 10 | 文書にテーマを適用できる。 | ☑ |
| 習得済み個数 | | 個 |

習得済みのチェック個数に合わせて、事前に次の内容を学習することをお勧めします。

| チェック個数 | 学習内容 |
|---|---|
| 10個 | Wordの基礎知識を習得済みです。<br>本書を使って、MOS Word 365&2019の学習を始めてください。 |
| 6〜9個 | Wordの基礎知識をほぼ習得済みです。<br>本書の特典3「MOS Word 365&2019の事前学習」を使って、習得できていない箇所を学習したあと、MOS Word 365&2019の学習を始めてください。 |
| 0〜5個 | Wordの基礎知識を習得できていません。<br>FOM出版の書籍「よくわかる Microsoft Word 2019 基礎」(FPT1815)や「よくわかる Microsoft Word 2019 応用」(FPT1816)を使って、Wordの操作方法を学習したあと、MOS Word 365&2019の学習を始めてください。 |

# 出題範囲 1

# 文書の管理

# 1-1 文書内を移動する

| ☑ 理解度チェック | 習得すべき機能 | 参照Lesson | 学習前 | 学習後 | 試験直前 |
|---|---|---|---|---|---|
| ■ ナビゲーションウィンドウを使って、文書内の特定の文字列を検索できる。 | | ➡Lesson1 | ☑ | ☑ | ☑ |
| ■ ブックマークを挿入できる。 | | ➡Lesson2 | ☑ | ☑ | ☑ |
| ■ ハイパーリンクを挿入できる。 | | ➡Lesson2 | ☑ | ☑ | ☑ |
| ■ ジャンプを使って、ブックマークに移動できる。 | | ➡Lesson3 | ☑ | ☑ | ☑ |
| ■ ナビゲーションウィンドウを使って、見出しに移動できる。 | | ➡Lesson3 | ☑ | ☑ | ☑ |
| ■ ナビゲーションウィンドウを使って、表に移動できる。 | | ➡Lesson3 | ☑ | ☑ | ☑ |
| ■ 編集記号を表示したり、非表示にしたりできる。 | | ➡Lesson4 | ☑ | ☑ | ☑ |
| ■ 隠し文字を設定できる。 | | ➡Lesson4 | ☑ | ☑ | ☑ |

## 1-1-1 文字列を検索する

**解説**　■検索

「**検索**」を使うと、文書内から特定の文字列を瞬時に検索できます。

2019　365　◆《ホーム》タブ→《編集》グループの ［🔍検索］（検索）

### Lesson 1

 文書「Lesson1」を開いておきましょう。

次の操作を行いましょう。
**(1)文書内から「横浜市」を検索し、「◆横浜市の成長」へジャンプしてください。**

### Lesson 1 Answer

**その他の方法**
**文字列の検索**
2019　365
◆《表示》タブ→《表示》グループの
《☑ナビゲーションウィンドウ》
◆ Ctrl + F

**(1)**
①《ホーム》タブ→《編集》グループの ［🔍検索］（検索）をクリックします。

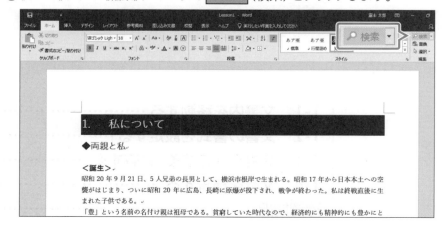

## Point

### ナビゲーションウィンドウ

**❶文書の検索**
検索のキーワードを入力します。

**❷ 🔍▾ (さらに検索)**
図（画像）や図形、表、コメントなど
を検索できます。

**❸見出し**
文書内の見出しが一覧で表示され
ます。一覧から見出しを選択する
と、見出しが設定されている段落に
カーソルが移動します。

**❹ページ**
ページ全体のプレビューが一覧で表
示されます。

**❺結果**
キーワードを入力すると、検索結果
が一覧で表示されます。

## Point

### ナビゲーションウィンドウ（検索結果）

検索を実行すると、ナビゲーション
ウィンドウの表示は次のように変わ
ります。

**❶ ✕**
キーワードをクリアします。

**❷件数**
検索結果の件数が表示されます。

**❸ ▲**
前の検索結果に移動します。

**❹ ▼**
次の検索結果に移動します。

**❺見出し**
キーワードが含まれる文章の見出し
に色が付いて表示されます。

**❻ページ**
キーワードが含まれるページだけが
表示されます。

**❼結果**
キーワードが含まれる周辺の文章が
表示されます。

②ナビゲーションウィンドウが表示されます。

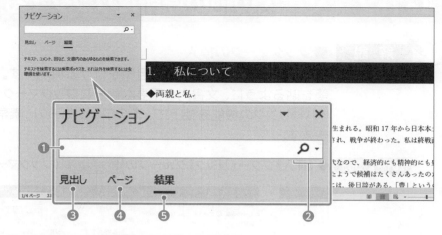

③検索ボックスに**「横浜市」**と入力します。

④ナビゲーションウィンドウに検索結果の一覧が表示され、文書内の該当する文字列に色が付きます。

※ナビゲーションウィンドウに検索結果が《6件》と表示されます。

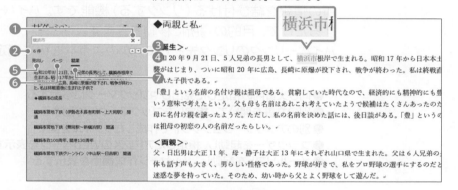

⑤検索結果の一覧から**「◆横浜市の成長」**をクリックします。

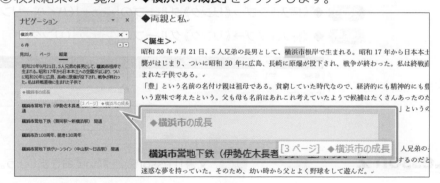

⑥該当の場所にジャンプします。

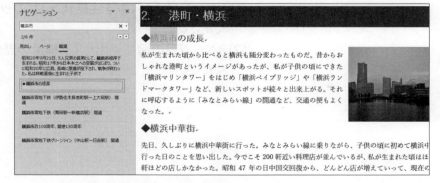

※ナビゲーションウィンドウを閉じておきましょう。

求められるスキル / 出題範囲1 / 出題範囲2 / 出題範囲3 / 出題範囲4 / 出題範囲5 / 出題範囲6 / 確認問題 標準解答

## 1-1-2 | 文書内の他の場所にリンクする

 **解 説** ■ブックマークの挿入

**「ブックマーク」**とは、文書内に目印を付ける機能です。本や書類などの重要な箇所に付箋を貼るように、文書内の重要な箇所にブックマークを設定しておくと、ジャンプやハイパーリンクの機能を使って、そのブックマークに素早くカーソルを移動することができます。

**2019** **365** ◆《挿入》タブ→《リンク》グループの ▶ ブックマーク （ブックマークの挿入）

### ■ハイパーリンクの挿入

**「ハイパーリンク」**とは、文書中の文字列や図（画像）、図形などのオブジェクトに、別の場所の情報を結び付ける（リンクする）機能です。ハイパーリンクを挿入すると、クリックするだけで、目的の場所に移動できます。

ハイパーリンクのリンク先として、次のようなものを指定できます。

---

●同じ文書内の指定した見出しやブックマークに移動する
●別の文書を開いて、指定したブックマークに移動する
●別のアプリケーションソフトで作成したファイルを開く
●ブラウザーを起動し、指定したアドレスのWebページを表示する
●メールソフトを起動し、メッセージ作成画面を表示する

---

**2019** ◆《挿入》タブ→《リンク》グループの 🔗 リンク （ハイパーリンクの追加）
**365** ◆《挿入》タブ→《リンク》グループの 🔗 リンク （リンク）

## Lesson 2

 文書「Lesson2」を開いておきましょう。

次の操作を行いましょう。
(1)1ページ目の「＜中学生時代＞」にブックマーク「中学生時代」を挿入してください。
(2)3ページ目の図に見出し「3.横浜の歴史」へのハイパーリンクを挿入してください。

# Lesson 2 Answer

求められるスキル

出題範囲1

出題範囲2

出題範囲3

出題範囲4

出題範囲5

出題範囲6

確認問題 標準解答

## ! Point

### ボタンの形状

ディスプレイの画面解像度や《Word》ウィンドウのサイズなど、お使いの環境によって、ボタンの形状やサイズが異なる場合があります。ボタンの操作は、ポップヒントに表示されるボタン名を確認してください。

例：

## ! Point

### ブックマークの表示

ブックマークが画面に表示されるように、Wordの設定を変更できます。

**2019** **365**

◆《ファイル》タブ→《オプション》→左側の一覧から《詳細設定》を選択→《構成内容の表示》の《☑ブックマークを表示する》

ブックマークは、[ ]で囲まれて表示されます。

[＜中学生時代＞]

## ! Point

### 《ブックマーク》

**❶ 表示**
ブックマーク名を名前順（JISコード順）に表示するか、挿入されている順に表示するかを選択します。

**❷ 追加**
《ブックマーク名》に入力した名前で、ブックマークを挿入します。

**❸ 削除**
選択したブックマークを削除します。

**❹ ジャンプ**
選択したブックマークに移動します。

## (1)

①「＜中学生時代＞」を選択します。

②《挿入》タブ→《リンク》グループの ▶ブックマーク （ブックマークの挿入）をクリックします。

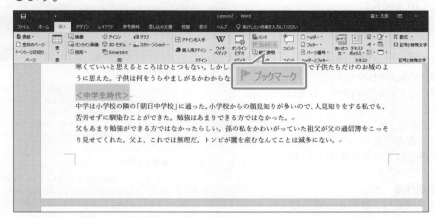

③《ブックマーク》ダイアログボックスが表示されます。

④《ブックマーク名》に「中学生時代」と入力します。

⑤《追加》をクリックします。

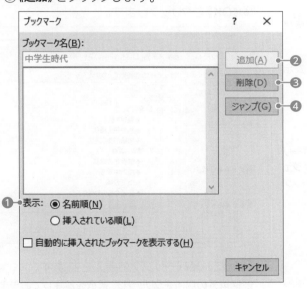

⑥ ブックマークが挿入されます。

※ブックマークは画面に表示されないので、見た目の変化はありません。

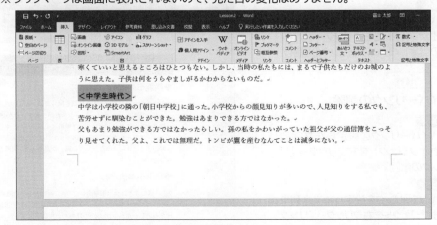

※ブックマークにカーソルを移動する方法については、P.22を参照してください。

🖱 その他の方法

## ハイパーリンクの挿入

`2019` `365`

◆文字列やオブジェクトを選択し右クリック→《リンク》

◆文字列やオブジェクトを選択→ Ctrl + K

### ❗ Point

## 《ハイパーリンクの挿入》

❶ ファイル、Webページ
ほかのファイルやWebページをリンク先として指定します。

❷ このドキュメント内
同じ文書内で見出しやブックマークが設定されている箇所をリンク先として指定します。

❸ 新規作成
新規文書をリンク先として指定します。

❹ 電子メールアドレス
メールアドレスをリンク先として指定します。

❺ 表示文字列
リンク元に表示する文字列を設定します。

❻ ヒント設定
リンク元をポイントしたときに表示する文字列を設定します。

### ❗ Point

## リンク先に移動

リンク先に移動するには、ハイパーリンクが設定された文字列やオブジェクトを Ctrl を押しながらクリックします。

### ❗ Point

## ハイパーリンクの編集

`2019`

◆ハイパーリンクを設定した文字列やオブジェクトを右クリック→《リンクの編集》

`365`

◆ハイパーリンクを設定した文字列やオブジェクトを右クリック→《リンクの編集》/《ハイパーリンクの編集》

### ❗ Point

## ハイパーリンクの削除

`2019`

◆ハイパーリンクを設定した文字列やオブジェクトを右クリック→《リンクの削除》

`365`

◆ハイパーリンクを設定した文字列やオブジェクトを右クリック→《リンクの削除》/《ハイパーリンクの削除》

## （2）

① 図を選択します。

② 《挿入》タブ→《リンク》グループの 🔗リンク （ハイパーリンクの追加）をクリックします。

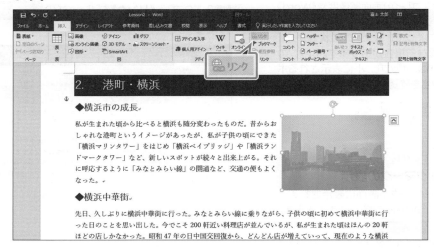

③ 《ハイパーリンクの挿入》ダイアログボックスが表示されます。

④ 《リンク先》の《このドキュメント内》をクリックします。

⑤ 《ドキュメント内の場所》の「3.横浜の歴史」をクリックします。

⑥ 《OK》をクリックします。

⑦ 図にハイパーリンクが挿入されます。

※図以外の場所をクリックし、選択を解除しておきましょう。

※図をポイントすると、ポップヒントにリンク先が表示されます。

※ Ctrl を押しながら図をクリックし、リンク先に移動することを確認しておきましょう。

**解 説** ■ジャンプを使った移動

「**ジャンプ**」を使うと、文書内の指定した位置に効率よく移動できます。移動先には、ページやセクション、表、ブックマークなどを指定できます。

`2019` `365` ◆《ホーム》タブ→《編集》グループの [🔍 検索 ▾] (検索) →《ジャンプ》

■ナビゲーションウィンドウを使った移動

「**ナビゲーションウィンドウ**」を使うと、文書内の見出し、ページ、図や表などに効率よく移動できます。

## Lesson 3

 文書「Lesson3」を開いておきましょう。

次の操作を行いましょう。

**(1)** ブックマーク「中学生時代」に移動してください。

**(2)** ナビゲーションウィンドウを使って、見出し「◆両親と私」に移動してください。

**(3)** ナビゲーションウィンドウを使って、文書内の2つ目の表に移動してください。

## Lesson 3 Answer

**(1)**

 **その他の方法**

**ジャンプ**

`2019` `365`

◆ [Ctrl] + [G]

◆ [F5]

**! Point**

**ジャンプの移動先**

ジャンプの移動先には、ページや行、ブックマークなどを指定できます。指定した移動先に合わせて、右側の表示が変わり、ページ番号や行番号、ブックマーク名などを設定できます。

①《**ホーム**》タブ→《**編集**》グループの [🔍 検索 ▾] (検索) の [▾] →《**ジャンプ**》をクリックします。

②《**検索と置換**》ダイアログボックスが表示されます。

③《**ジャンプ**》タブを選択します。

④《**移動先**》の一覧から《**ブックマーク**》を選択します。

⑤《**ブックマーク名**》の [▾] をクリックし、一覧から《**中学生時代**》を選択します。

⑥《**ジャンプ**》をクリックします。

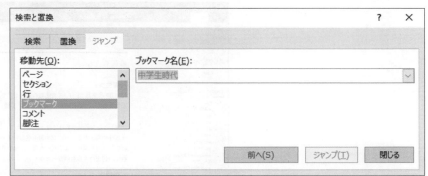

⑦指定したブックマークの位置にジャンプします。

※ダイアログボックスで隠れている場合には、ダイアログボックスを移動して確認しておきましょう。

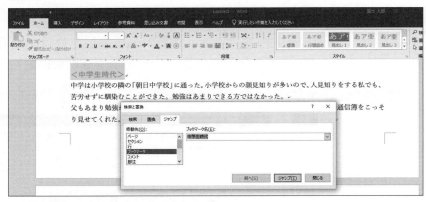

※《検索と置換》ダイアログボックスを閉じておきましょう。

## (2)(3)

①《ホーム》タブ→《編集》グループの 🔍検索 (検索) をクリックします。

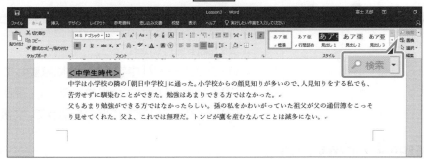

②ナビゲーションウィンドウが表示されます。

③ナビゲーションウィンドウの《見出し》をクリックします。

④一覧から「◆両親と私」をクリックします。

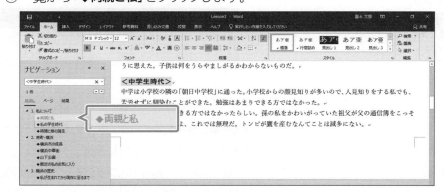

⑤指定した見出しに移動します。

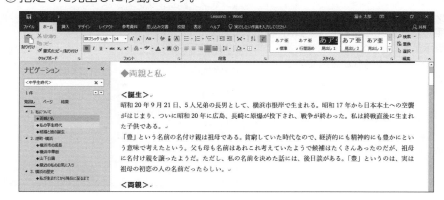

⑥ナビゲーションウィンドウの ▼ (さらに検索) をクリックします。

⑦《検索》の《表》をクリックします。

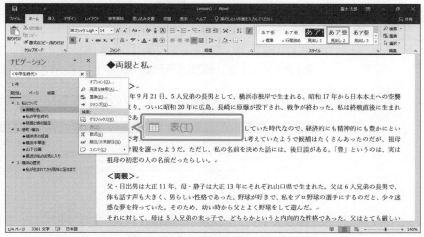

※ナビゲーションウィンドウに検索結果が《2件》と表示されます。

⑧文書内の1つ目の表に移動します。

⑨ ▼ をクリックします。

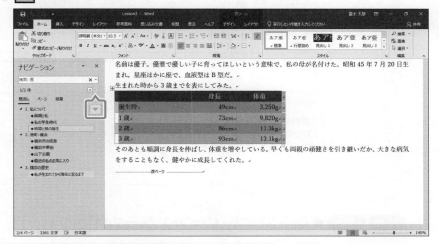

⑩文書内の2つ目の表に移動します。

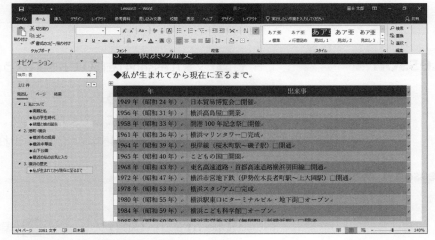

※ナビゲーションウィンドウを閉じておきましょう。

求められるスキル

出題範囲1

出題範囲2

出題範囲3

出題範囲4

出題範囲5

出題範囲6

確認問題 標準解答

# 1-1-4 編集記号の表示/非表示と隠し文字を使用する

 **解 説** ■編集記号の表示/非表示

↵（段落記号）や→（タブ）、□（全角空白）など、文書内に表示される記号を「**編集記号**」といいます。編集記号は、画面上に表示されるだけで印刷されません。

**2019** **365** ◆《ホーム》タブ→《段落》グループの ↵ （編集記号の表示/非表示）

■隠し文字

「**隠し文字**」とは、表示・印刷しない文字列のことです。隠し文字を設定した箇所は、点線の下線が表示されます。

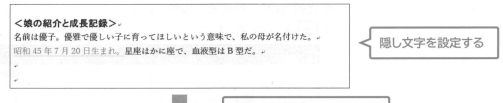

＜娘の紹介と成長記録＞
名前は優子。優雅で優しい子に育ってほしいという意味で、私の母が名付けた。
昭和45年7月20日生まれ。星座はかに座で、血液型はB型だ。

> 隠し文字を設定する

> 編集記号を非表示にすると

＜娘の紹介と成長記録＞
名前は優子。優雅で優しい子に育ってほしいという意味で、私の母が名付けた。
星座はかに座で、血液型はB型だ。

> 隠し文字を設定した箇所は表示されない

**2019** **365** ◆《ホーム》タブ→《フォント》グループの ↘ （フォント）

## Lesson 4

 **OPEN** 文書「Lesson4」を開いておきましょう。

次の操作を行いましょう。
**(1)** 編集記号を非表示にしてください。
**(2)** 2ページ目の「昭和45年7月20日生まれ。」に隠し文字を設定してください。

### Lesson 4 Answer

**(1)**
①《**ホーム**》タブ→《**段落**》グループの ↵ （編集記号の表示/非表示）がオン（濃い灰色の状態）になっていることを確認します。

② → (タブ) や □ (全角空白) などの編集記号が表示されていることを確認します。

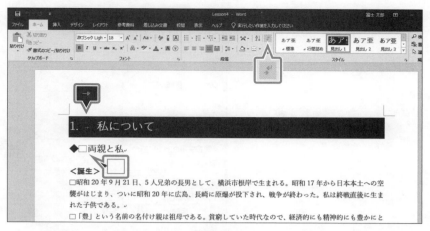

③《ホーム》タブ→《段落》グループの $\leftarrow$ (編集記号の表示/非表示) をクリックします。

④編集記号が非表示になります。

※ ↵ (段落記号) は、常に表示する設定になっているため、非表示にはなりません。

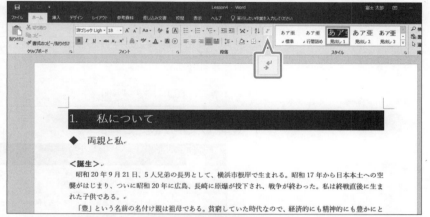

※《ホーム》タブ→《段落》グループの $\leftarrow$ (編集記号の表示/非表示) をクリックし、編集記号を表示しておきましょう。

## (2)

①《ホーム》タブ→《段落》グループの $\leftarrow$ (編集記号の表示/非表示) がオン (濃い灰色の状態) になっていることを確認します。

②「昭和45年7月20日生まれ。」を選択します。

③《ホーム》タブ→《フォント》グループの $\searrow$ (フォント) をクリックします。

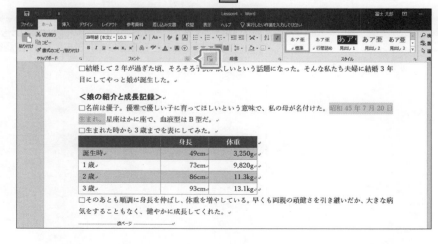

求められるスキル

出題範囲1

出題範囲2

出題範囲3

出題範囲4

出題範囲5

出題範囲6

確認問題 標準解答

④《フォント》ダイアログボックスが表示されます。

⑤《フォント》タブを選択します。

⑥《文字飾り》の《隠し文字》を☑にします。

⑦《OK》をクリックします。

⑧隠し文字が設定されます。

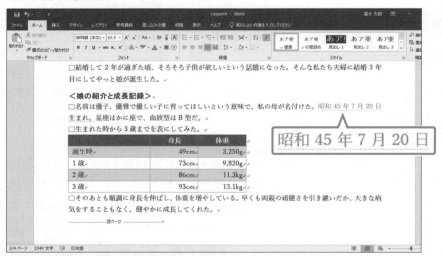

※《ホーム》タブ→《段落》グループの （編集記号の表示/非表示）をクリックし、隠し文字が非表示になることを確認しておきましょう。確認後、編集記号を表示しておきましょう。

☑ 理解度チェック

| 習得すべき機能 | 参照Lesson | 学習前 | 学習後 | 試験直前 |
|---|---|---|---|---|
| ■ 余白やページの向きなどページ設定を変更できる。 | ➡Lesson5 | ☑ | ☑ | ☑ |
| ■ スタイルセットを適用できる。 | ➡Lesson6 | ☑ | ☑ | ☑ |
| ■ ヘッダーやフッターを挿入できる。 | ➡Lesson7 | ☑ | ☑ | ☑ |
| ■ 奇数ページと偶数ページで、異なるヘッダーやフッターを設定できる。 | ➡Lesson8 | ☑ | ☑ | ☑ |
| ■ ページ番号を挿入できる。 | ➡Lesson9 | ☑ | ☑ | ☑ |
| ■ ページ番号の書式を設定できる。 | ➡Lesson9 | ☑ | ☑ | ☑ |
| ■ ページの色を設定できる。 | ➡Lesson10 | ☑ | ☑ | ☑ |
| ■ ページ罫線を設定できる。 | ➡Lesson10 | ☑ | ☑ | ☑ |
| ■ 透かしを設定できる。 | ➡Lesson10 | ☑ | ☑ | ☑ |

## 1-2-1　文書のページ設定を行う

解　説　■ページ設定の変更

「**ページ設定**」とは、用紙サイズや印刷の向き、余白など文書全体の書式設定のことです。ページ設定は、文章を入力してから変更することもできますが、書式が決まっている場合は、文章を入力する前にページ設定をしておくと、全体のイメージがわかりやすくなります。

`2019` `365` ◆《レイアウト》タブ→《ページ設定》グループ

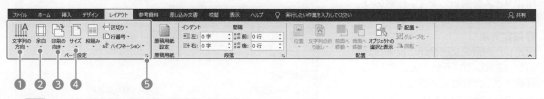

❶  （文字列の方向を選択）

文字列を横書きにするか、縦書きにするかを選択します。

❷ （余白の調整）

《標準》《狭い》《広い》など、あらかじめ組み込まれた余白から選択したり、ユーザーが上下左右の余白を数値で設定したりできます。

❸ （ページの向きを変更）

用紙を縦方向にするか、横方向にするかを選択します。

❹ （ページサイズの選択）

B4やはがきなど、用紙のサイズを選択します。

❺ （ページ設定）

用紙サイズや印刷の向き、余白などを一度に設定します。また、文字数と行数の指定や垂直方向の配置などの詳細を設定することもできます。

求められるスキル

出題範囲1

出題範囲2

出題範囲3

出題範囲4

出題範囲5

出題範囲6

確認問題 標準解答

# Lesson 5

文書「Lesson5」を開いておきましょう。

次の操作を行いましょう。

(1) 用紙サイズを「B5」、印刷の向きを「横」、上下左右の余白を「15mm」に変更してください。

## Lesson 5 Answer

**Point**

### ページ設定の既定値

ページ設定の既定値は、次のとおりです。

| | |
|---|---|
| 用紙サイズ | :A4 |
| 印刷の向き | :縦 |
| 文字方向 | :横書き |
| 余白 | :標準<br>上35mm<br>下30mm<br>左30mm<br>右30mm |
| 1ページの行数 | :36行 |
| 1行の文字数 | :40字 |

### (1)

①**《レイアウト》**タブ→**《ページ設定》**グループの（ページ設定）をクリックします。

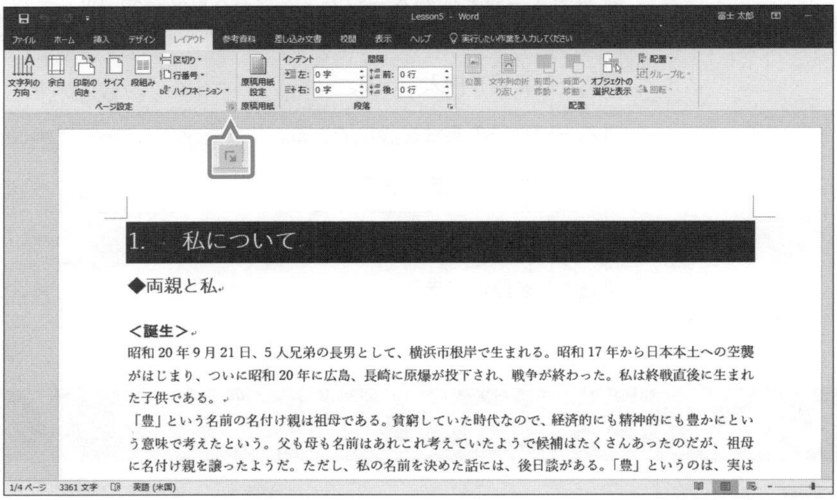


②**《ページ設定》**ダイアログボックスが表示されます。

③**《用紙》**タブを選択します。

④**《用紙サイズ》**のをクリックし、一覧から**《B5》**を選択します。

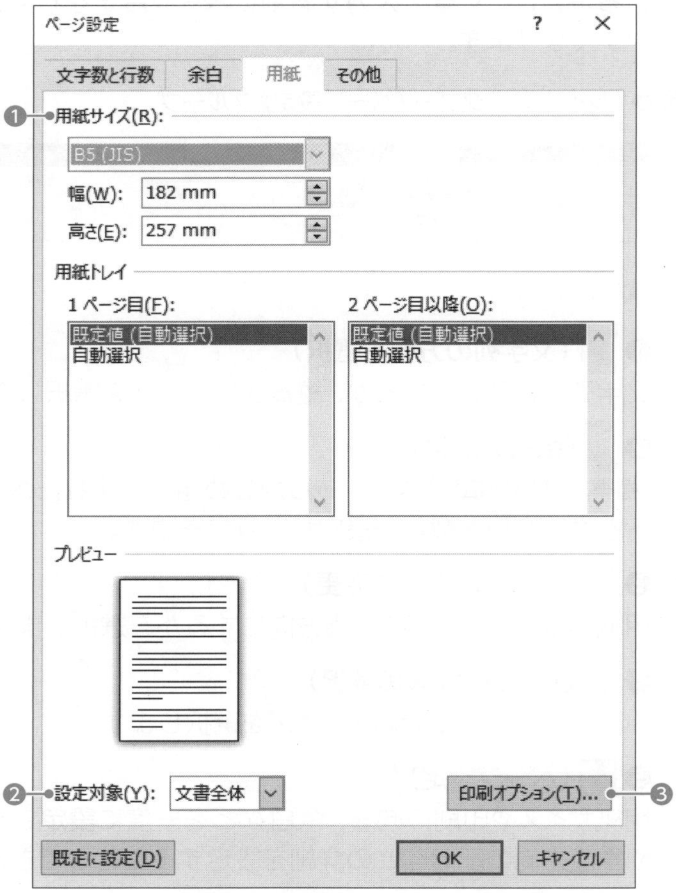


**Point**

### 《ページ設定》の《用紙》タブ

**❶用紙サイズ**

用紙サイズを選択します。任意のサイズを設定することもできます。

**❷設定対象**

設定した内容を文書全体に反映させるか、選択しているセクションだけに反映させるかなどを選択します。

※セクションについては、P.89を参照してください。

**❸印刷オプション**

印刷に関するオプションを設定します。

※印刷オプションについては、P.52を参照してください。

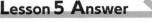

⑤《余白》タブを選択します。

⑥《印刷の向き》の《横》をクリックします。

⑦《余白》の《上》《下》《左》《右》を「15mm」に設定します。

⑧《OK》をクリックします。

!Point

**《ページ設定》の《余白》タブ**

❶余白
上下左右の余白を設定します。冊子にする場合は、とじしろの位置とサイズを設定できます。

❷印刷の向き
用紙を縦方向にするか、横方向にするかを選択します。

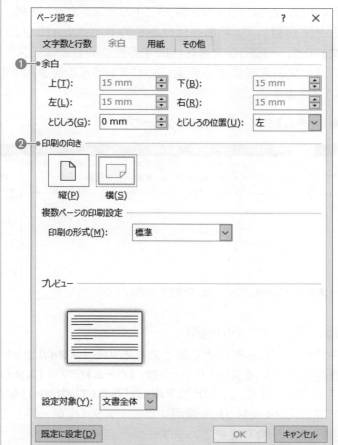

⑨ページ設定が変更されます。

!Point

**文字数と行数の設定**

1行あたりの文字数や1ページあたりの行数を設定する方法は、次のとおりです。

2019 365

◆《レイアウト》タブ→《ページ設定》グループの □ (ページ設定) →《文字数と行数》タブ→《⦿文字数と行数を指定する》→《文字数》と《行数》を設定

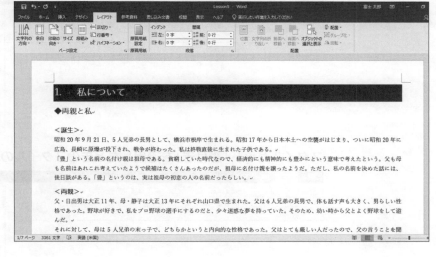

求められるスキル

出題範囲1

出題範囲2

出題範囲3

出題範囲4

出題範囲5

出題範囲6

確認問題 標準解答

## 1-2-2 ┃ スタイルセットを適用する

 **解説**

### ■スタイル

「**スタイル**」とは、フォントやフォントサイズ、太字、下線、インデントなど複数の書式をまとめて登録して、名前を付けたものです。Wordには、「**見出し1**」「**見出し2**」「**表題**」「**引用文**」など、一般的な文書を作成する際に必要となるスタイルがあらかじめ用意されています。文書を構成する要素に応じてスタイルを適用すれば、簡単に体裁を整えることができます。

**2019** **365** ◆《ホーム》タブ→《スタイル》グループ

スタイル

※スタイルの適用については、P.82を参照してください。

### ■スタイルセットの適用

スタイルを組み合わせてまとめたものを「**スタイルセット**」といいます。作成中の文書に適用されているスタイルセットは、《**ホーム**》タブ→《**スタイル**》グループに表示されます。
スタイルセットには、「**カジュアル**」や「**基本（エレガント）**」など、様々な種類が用意されています。スタイルセットを適用すると、スタイルが一括して差し替えられるので、文書の雰囲気が一瞬で変更されます。

### スタイルセット「カジュアル」を適用したときのスタイルの一覧

### スタイルセット「影付き」を適用したときのスタイルの一覧

# Lesson 6

文書「Lesson6」を開いておきましょう。
※文書「Lesson6」には、あらかじめ表題や見出しなどのスタイルが設定されています。

次の操作を行いましょう。
**(1)** 文書にスタイルセット「線（スタイリッシュ）」を適用してください。

## Lesson6 Answer

### (1)

①《デザイン》タブ→《ドキュメントの書式設定》グループの （その他）→《組み込み》の《線（スタイリッシュ）》をクリックします。

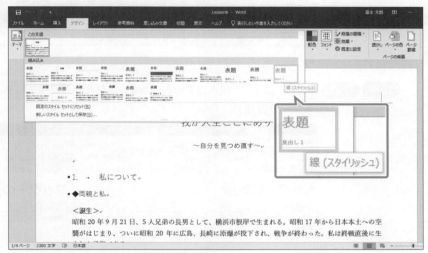

② スタイルセットが適用されます。

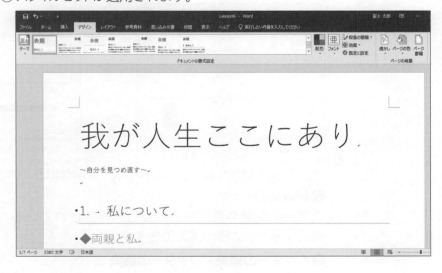

## 1-2-3　ヘッダーやフッターを挿入する、変更する

 **解説**　■ヘッダーやフッターの挿入

「**ヘッダー**」はページの上部、「**フッター**」はページの下部にある余白部分の領域です。通常、ページ番号や日付、文書のタイトル、会社のロゴマークなどを表示します。

ヘッダーやフッターはすべてのページに共通の内容が表示されます。

Wordでは、あらかじめデザインされたヘッダーやフッターが登録されているので、一覧から選択するだけで簡単に挿入できます。

ヘッダー

| 1ページ | 2ページ | 3ページ |

すべてのページに共通のヘッダーやフッターを表示

フッター

**2019** **365** ◆《挿入》タブ→《ヘッダーとフッター》グループの ⬜ ヘッダー ▾ （ヘッダーの追加）／ ⬜ フッター ▾ （フッターの追加）

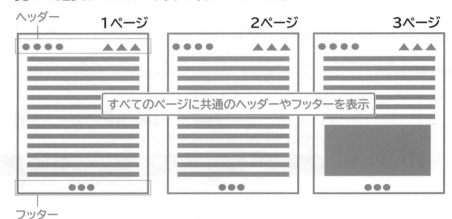

クリックすると一覧が表示される

**ヘッダーの追加**

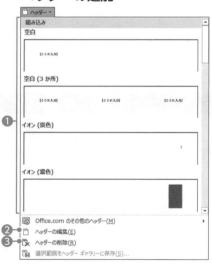

**フッターの追加**

### ❶組み込み

文字列の配置や書式があらかじめ設定されているヘッダーやフッターです。一覧から選択すると、文書に挿入できます。

### ❷ヘッダーの編集／フッターの編集

ヘッダーやフッターを編集する場合に使います。また、組み込みのヘッダーやフッターを使わずに、ユーザーが自由に設定する場合にも使います。

### ❸ヘッダーの削除／フッターの削除

ヘッダーやフッターをすべて削除する場合に使います。

求められるスキル

出題範囲1

出題範囲2

出題範囲3

出題範囲4

出題範囲5

出題範囲6

確認問題 標準解答

# Lesson 7

 文書「Lesson7」を開いておきましょう。

💡Hint

フッターに直接文字列を入力する場合は、《挿入》タブ→《ヘッダーとフッター》グループの [□ フッター▼] (フッターの追加)→《フッターの編集》をクリックします。

次の操作を行いましょう。

**(1)** 組み込みのヘッダー「サイドライン」を挿入してください。文書のタイトルは「我が人生ここにあり」とします。

**(2)** フッターに直接、「著者：田原□豊」と文字列を挿入してください。

※□は全角空白を表します。

## Lesson 7 Answer

### (1)

①《挿入》タブ→《ヘッダーとフッター》グループの [□ ヘッダー▼] (ヘッダーの追加)→《組み込み》の《サイドライン》をクリックします。

② ヘッダーが挿入され、ヘッダーやフッターが編集できる状態になります。

※このとき、本文は淡色で表示され、編集できません。

③《[文書のタイトル]》をクリックします。

※[文書のタイトル]が選択されます。

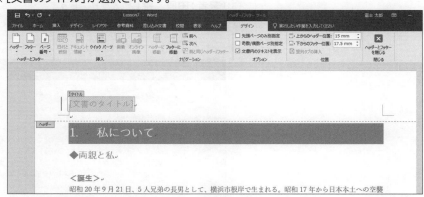

④「我が人生ここにあり」と入力します。

⑤《ヘッダー/フッターツール》の《デザイン》タブ→《閉じる》グループの [×] (ヘッダーとフッターを閉じる)をクリックします。

※お使いの環境によっては、《ヘッダー/フッターツール》の《デザイン》タブが《ヘッダーとフッター》タブと表示される場合があります。

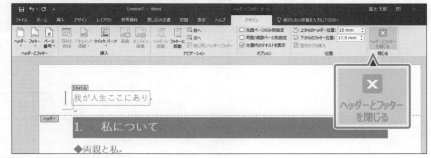

🔵 その他の方法

**ヘッダーとフッターを閉じる**

2019  365

◆本文をダブルクリック

❗ Point

**ヘッダーやフッターの編集**

本文の編集中に、ヘッダーやフッターをダブルクリックすると、ヘッダー/フッターが編集できる状態に切り替わります。

⑥ヘッダーが淡色で表示され、本文が編集できる状態に戻ります。

※2ページ目以降にもヘッダーが挿入されていることを確認しておきましょう。

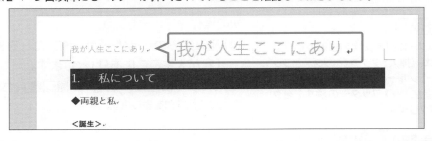

## （2）

①《挿入》タブ→《ヘッダーとフッター》グループの　■ フッター ▾　（フッターの追加）→
《フッターの編集》をクリックします。

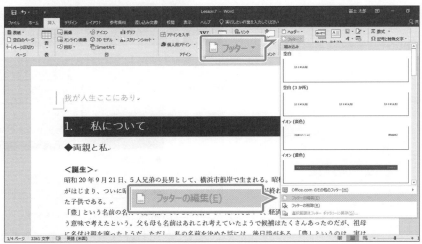

②フッターにカーソルが表示されていることを確認します。

③「**著者：田原　豊**」と入力します。

④《**ヘッダー/フッターツール**》の《**デザイン**》タブ→《**閉じる**》グループの　×　（ヘッ
ダーとフッターを閉じる）をクリックします。

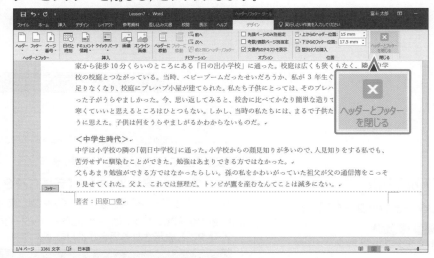

⑤フッターが淡色で表示され、本文が編集できる状態に戻ります。

※2ページ目以降にもフッターが挿入されていることを確認しておきましょう。

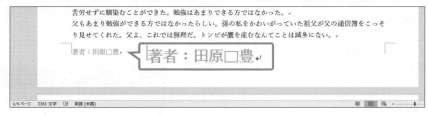

**解説** ■ヘッダーやフッターの編集

ヘッダーやフッターの編集中、リボンに《ヘッダー/フッターツール》の《デザイン》タブが表示されます。このタブには、ヘッダーやフッターを効率的に編集できるボタンが用意されています。

**2019** ◆《ヘッダー/フッターツール》の《デザイン》タブ→各グループのボタン

**365** ◆《ヘッダー/フッターツール》の《デザイン》タブ／《ヘッダーとフッター》タブ→各グループのボタン

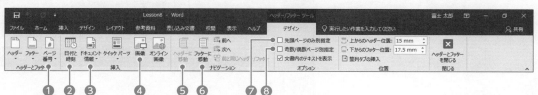

❶ （ページ番号の追加）
ヘッダーやフッターにページ番号を挿入します。

❷ （日付と時刻）
ヘッダーやフッターに本日の日付や現在の時刻を挿入します。

❸ （ドキュメント情報）
ヘッダーやフッターにファイル名やファイルの保存場所などの情報を挿入します。
文書のプロパティに設定されている作成者やタイトルなどを挿入することもできます。

❹ （ファイルから）
ヘッダーやフッターに図（画像）を挿入します。

❺ （ヘッダーに移動）
フッターからヘッダーにカーソルを移動します。

❻ （フッターに移動）
ヘッダーからフッターにカーソルを移動します。

❼ 先頭ページのみ別指定
先頭ページだけ異なるヘッダーやフッターを指定する場合に、☑にします。

❽ 奇数/偶数ページ別指定
奇数ページと偶数ページに異なるヘッダーやフッターを指定する場合に、☑にします。

# Lesson 8

OPEN 文書「Lesson8」を開いておきましょう。
※文書「Lesson8」のプロパティには、あらかじめタイトル「我が人生ここにあり」が設定されています。

次の操作を行いましょう。

(1) ヘッダーを挿入してください。奇数ページのヘッダーにはドキュメントのタイトルを表示します。偶数ページのヘッダーには日付を「YYYY年M月D日」の形式で表示し、右揃えで配置します。

## Lesson 8 Answer

**(1)**

① 《挿入》タブ→《ヘッダーとフッター》グループの ヘッダー （ヘッダーの追加）→《ヘッダーの編集》をクリックします。

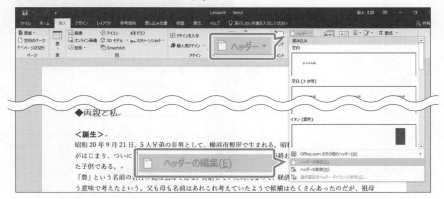

②《ヘッダー/フッターツール》の《デザイン》タブ→《オプション》グループの《奇数/偶数ページ別指定》を☑にします。

③《奇数ページのヘッダー》にカーソルが表示されていることを確認します。

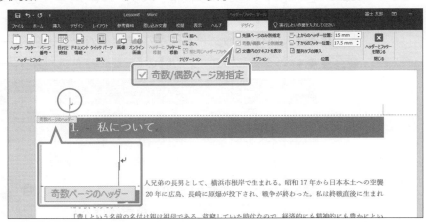

④《ヘッダー/フッターツール》の《デザイン》タブ→《挿入》グループの ![ドキュメント情報] (ドキュメント情報)→《ドキュメントタイトル》をクリックします。

⑤ドキュメントタイトルが表示されます。

⑥《ヘッダー/フッターツール》の《デザイン》タブ→《ナビゲーション》グループの ![次へ] (次へ)をクリックします。

⑦《偶数ページのヘッダー》にカーソルが移動します。

⑧《ヘッダー/フッターツール》の《デザイン》タブ→《挿入》グループの ![日付と時刻] (日付と時刻)をクリックします。

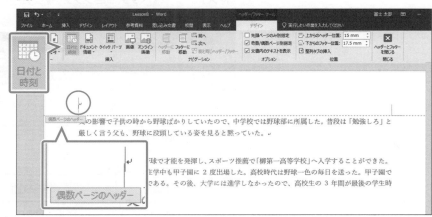

⑨《日付と時刻》ダイアログボックスが表示されます。

⑩《カレンダーの種類》の ∨ をクリックし、一覧から《グレゴリオ暦》を選択します。

⑪《表示形式》の一覧から《YYYY年M月D日》を選択します。

※本日の日付で表示されます。

⑫《OK》をクリックします。

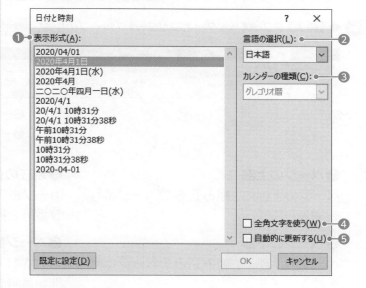

 **Point**

## 《日付と時刻》

❶ **表示形式**
日付や時刻の表示形式を選択します。

❷ **言語の選択**
日本語か英語かを選択します。

❸ **カレンダーの種類**
和暦かグレゴリオ暦（西暦）かを選択します。

❹ **全角文字を使う**
言語の選択で日本語を選択している場合に、数字を全角文字で入力します。

❺ **自動的に更新する**
文書を開くたびに、現在の日付や時刻に更新します。

⑬日付が挿入されます。

⑭日付の行にカーソルがあることを確認します。

⑮《ホーム》タブ→《段落》グループの 〓 （右揃え）をクリックします。

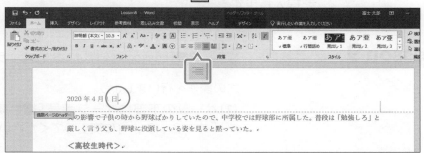

⑯《ヘッダー/フッターツール》の《デザイン》タブ→《閉じる》グループの 🗙（ヘッダーとフッターを閉じる）をクリックします。

⑰奇数ページと偶数ページで異なるヘッダーが挿入されます。

※スクロールして、奇数ページと偶数ページのヘッダーを確認しておきましょう。

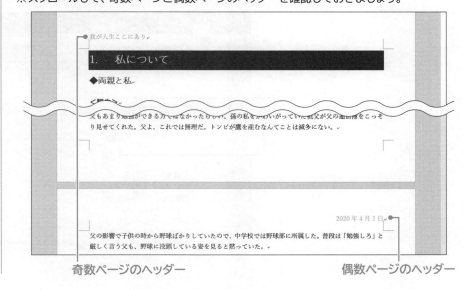

奇数ページのヘッダー　　　　　　　　　　偶数ページのヘッダー

**解説** ■ページ番号の挿入

すべてのページに連続したページ番号を挿入できます。ページ番号を挿入すると、途中でページが増えたり減ったりしたときも自動的に振り直されます。
また、罫線や配置などがあらかじめデザインされたページ番号が用意されており、選択するだけで簡単に挿入できます。

2019　365　◆《挿入》タブ→《ヘッダーとフッター》グループの 　# ページ番号▼ 　（ページ番号の追加）

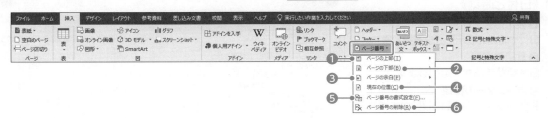

❶**ページの上部**
ページの上部に、組み込みのページ番号を挿入します。

❷**ページの下部**
ページの下部に、組み込みのページ番号を挿入します。

❸**ページの余白**
ページの余白に、組み込みのページ番号を挿入します。

❹**現在の位置**
カーソルのある位置に、組み込みのページ番号を挿入します。

❺**ページ番号の書式設定**
挿入されているページ番号の番号書式や開始番号を変更します。

❻**ページ番号の削除**
挿入されているページ番号を削除します。

## Lesson 9

 文書「Lesson9」を開いておきましょう。

次の操作を行いましょう。
(1) ページの下部にページ番号「細い線」を挿入し、ページ番号の書式を「-1-,-2-,-3-,…」に変更してください。

### Lesson 9 Answer

**(1)**
① 《挿入》タブ→《ヘッダーとフッター》グループの 　# ページ番号▼ 　（ページ番号の追加）→《ページの下部》→《番号のみ》の《細い線》をクリックします。

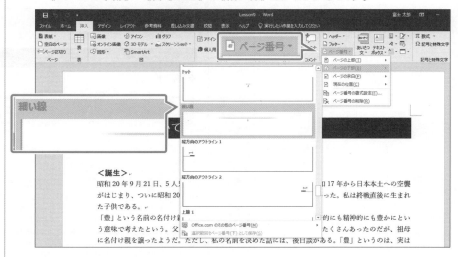

② ページ番号が挿入されます。

③ 《ヘッダー/フッターツール》の《デザイン》タブ→《ヘッダーとフッター》グループの 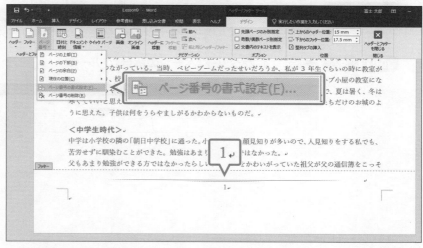 （ページ番号の追加）→《ページ番号の書式設定》をクリックします。

④ 《ページ番号の書式》ダイアログボックスが表示されます。

⑤ 《番号書式》の ∨ をクリックし、一覧から《- 1 -,- 2 -,- 3 -,…》を選択します。

⑥ 《OK》をクリックします。

**！ Point**

**《ページ番号の書式》**

**❶ 番号書式**
「1, 2, 3,…」「a, b, c,…」「Ⅰ, Ⅱ, Ⅲ,…」
などの番号の種類を選択します。

**❷ 連続番号**
セクションで区切られている文書の
場合に、セクションごとに開始番号
を設定するか、前のセクションから
継続するかを選択します。
※セクションについては、P.89を参
　照してください。

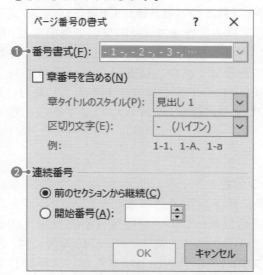

⑦ ページ番号の書式が変更されます。

⑧ 《ヘッダー/フッターツール》の《デザイン》タブ→《閉じる》グループの 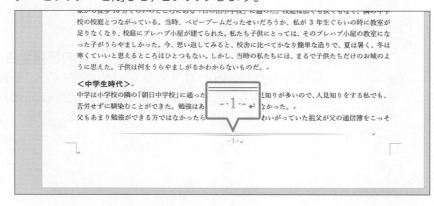 （ヘッ
ダーとフッターを閉じる）をクリックします。

求められるスキル

出題範囲1

出題範囲2

出題範囲3

出題範囲4

出題範囲5

出題範囲6

確認問題　標準解答

**解説** ■ページの背景の設定

透かしやページの色、ページ罫線など、ページの背景の書式を設定できます。

**2019** **365** ◆《デザイン》タブ→《ページの背景》グループ

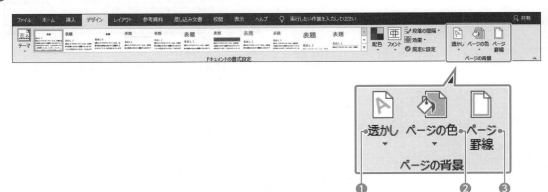

❶ (透かし)

ページの背景に「**緊急**」や「**社外秘**」、「**下書き**」などの文字列を透かしとして挿入できます。社内文書や草稿など、取り扱いに注意が必要な文書に利用すると、ひと目で注意を促すことができます。透かしはあらかじめ用意されている文字列のほか、自分で好きな文字列を入力したり、会社のロゴマークなど図（画像）を挿入したりすることもできます。

❷ (ページの色)

ページの背景に色を設定できます。チラシやポスターなどを作成する場合にページの色を設定すると見栄えのする文書に仕上げることができます。ページの背景には、色以外にも「**テクスチャ**」というWordがあらかじめ用意している図（画像）やパターン（模様）を設定したり、自分で用意した図を設定したりすることもできます。

❸ (罫線と網掛け)

ページの周囲に枠線を設定できます。線の種類や色、太さを設定したり、Wordがあらかじめ用意している絵柄を使ったりして、見栄えのする文書に仕上げることができます。

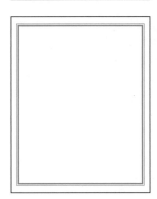

# Lesson 10

 文書「Lesson10」を開いておきましょう。

次の操作を行いましょう。

(1) ページの色を「茶、アクセント3、白＋基本色60％」に設定してください。

(2) ページの周囲を「」の線で囲んでください。色は「濃い赤、アクセント2」とし、ページの端を基準とします。

(3) ページに透かしを設定してください。表示する文字列は「回覧」、フォントは「MSPゴシック」、色は「白、背景1」とし、半透明にしません。

## Lesson 10 Answer

### (1)

①《デザイン》タブ→《ページの背景》グループの (ページの色) →《テーマの色》の《茶、アクセント3、白＋基本色60％》をクリックします。

②ページの色が設定されます。

**Point**

ページの色の解除

`2019` `365`

◆《デザイン》タブ→《ページの背景》グループの (ページの色) →《色なし》

その他の方法

ページ罫線の設定

`2019` `365`

◆《ホーム》タブ→《段落》グループの (罫線) の →《線種とページ罫線と網かけの設定》→《ページ罫線》タブ

### (2)

①《デザイン》タブ→《ページの背景》グループの (罫線と網掛け) をクリックします。

②《線種とページ罫線と網かけの設定》ダイアログボックスが表示されます。

③《ページ罫線》タブを選択します。

④《種類》の《囲む》をクリックします。

⑤《絵柄》の をクリックし、一覧から《 》を選択します。

⑥《色》の をクリックし、一覧から《テーマの色》の《濃い赤、アクセント2》を選択します。

求められるスキル

出題範囲1

出題範囲2

出題範囲3

出題範囲4

出題範囲5

出題範囲6

確認問題 標準解答

⑦《設定対象》が《文書全体》になっていることを確認します。

⑧《オプション》をクリックします。

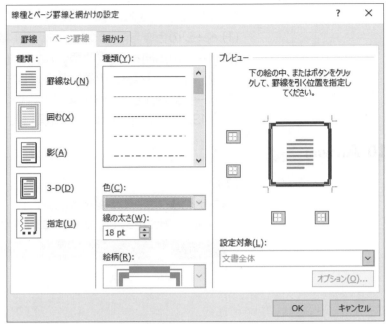

⑨《罫線とページ罫線のオプション》ダイアログボックスが表示されます。

⑩《基準》が《ページの端》になっていることを確認します。

⑪《OK》をクリックします。

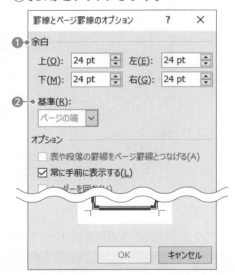

## ! Point

**《罫線とページ罫線のオプション》**

**❶余白**

❷で選択した基準からどのくらい余白をとるかを設定します。

**❷基準**

ページの端を基準とするか、余白を基準とするかを選択します。

⑫《線種とページ罫線と網かけの設定》ダイアログボックスに戻ります。

⑬《OK》をクリックします。

⑭ページ罫線が設定されます。

## ! Point

**ページ罫線の削除**

2019　365

◆《デザイン》タブ→《ページの背景》グループの ▨（罫線と網掛け）→《ページ罫線》タブ→《種類》の《罫線なし》

(3)

① 《デザイン》タブ→《ページの背景》グループの （透かし）→《ユーザー設定の透かし》をクリックします。

② 《透かし》ダイアログボックスが表示されます。

③ 《テキスト》を ⦿ にします。

④ 《テキスト》の ⌄ をクリックし、一覧から《回覧》を選択します。

⑤ 《フォント》の ⌄ をクリックし、一覧から《MSPゴシック》を選択します。

⑥ 《色》の ⌄ をクリックし、一覧から《テーマの色》の《白、背景1》を選択します。

⑦ 《半透明にする》を ☐ にします。

⑧ 《OK》をクリックします。

⑨ 透かしが設定されます。

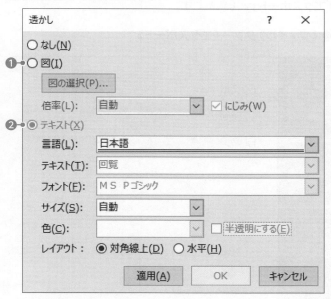

---

求められるスキル

出題範囲 1

出題範囲 2

出題範囲 3

出題範囲 4

出題範囲 5

出題範囲 6

確認問題 標準解答

**! Point**

**《透かし》**

**❶図**
図（画像）を透かしに設定します。

**❷テキスト**
一覧から透かしに設定する文字列を選択したり、任意の文字列を入力したりします。また、フォントやフォントサイズ、フォントの色などを設定することもできます。

**! Point**

**透かしの削除**

**2019** **365**

◆《デザイン》タブ→《ページの背景》グループの（透かし）→《透かしの削除》

# 1-3 文書を保存する、共有する

✓ 理解度チェック

| 習得すべき機能 | 参照Lesson | 学習前 | 学習後 | 試験直前 |
|---|---|---|---|---|
| ■文書をPDFファイルとして保存できる。 | ➡Lesson11 | ☑ | ☑ | ☑ |
| ■文書をテキストファイルとして保存できる。 | ➡Lesson11 | ☑ | ☑ | ☑ |
| ■文書のプロパティを設定できる。 | ➡Lesson12 | ☑ | ☑ | ☑ |
| ■用紙サイズを指定して印刷できる。 | ➡Lesson13 | ☑ | ☑ | ☑ |
| ■ページの色を印刷できる。 | ➡Lesson14 | ☑ | ☑ | ☑ |
| ■1枚の用紙に複数ページを印刷できる。 | ➡Lesson14 | ☑ | ☑ | ☑ |
| ■電子文書を共有できる。 | ➡Lesson15 | ☑ | ☑ | ☑ |

## 1-3-1 別のファイル形式で文書を保存する

 解 説　■別のファイル形式での保存

Wordで作成した文書をPDFファイルや書式なしのテキストファイルなど、別のファイル形式で保存できます。Wordで作成した文書を、別のファイル形式で保存することを**「エクスポート」**といいます。

2019　365　◆《ファイル》タブ→《エクスポート》

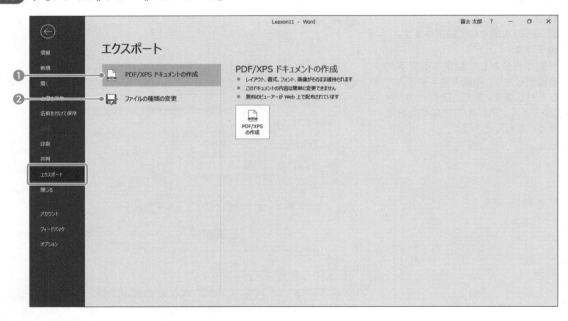

### ❶PDF/XPSドキュメントの作成

PDFファイルまたはXPSファイルとして保存します。

| ファイルの種類 | 説明 |
|---|---|
| PDFファイル | パソコンの機種や環境に関わらず、元のアプリケーションソフトで作成したとおりに正確に表示できるファイル形式です。拡張子は「.pdf」です。 |
| XPSファイル | PDFファイルと同様にパソコンの機種や環境に関わらず、元のアプリケーションソフトで作成したとおりに正確に表示できるファイル形式です。拡張子は「.xps」です。 |

## ❷ ファイルの種類の変更

ファイルの種類を変更して保存します。

| ファイルの種類 | 説明 |
|---|---|
| Word 97-2003文書 | Word 2007よりも前のバージョンで作成されたファイル形式です。拡張子は「.doc」です。<br>※Word 2007以降の新機能を利用している箇所は一部再現したり編集したりできない可能性があります。 |
| テンプレート | 文書にあらかじめタイトルや項目だけを用意し、テンプレートとして保存しておくと、一部を編集するだけで繰り返し利用できます。議事録や送付状、案内状などの定型文書はテンプレートとして保存しておくと便利です。拡張子は「.dotx」です。 |
| 書式なし（テキスト） | 書式や図（画像）などの情報がすべて削除され、文字データだけが保存できるファイル形式です。拡張子は「.txt」です。 |
| リッチテキスト形式 | 文字データのほかに、書式や図（画像）、表などを含めて保存できるファイル形式です。拡張子は「.rtf」です。 |

# Lesson 11

 文書「Lesson11」を開いておきましょう。

次の操作を行いましょう。

**(1)** 文書に「自分史」という名前を付けて、フォルダー「MOS-Word 365 2019（1）」にPDFファイルとして保存してください。発行後にファイルを開いて確認します。

**(2)** 文書に「自分史（文字のみ）」という名前を付けて、フォルダー「MOS-Word 365 2019（1）」にテキストファイルとして保存してください。ファイルの変換は既定値のままにします。

## Lesson 11 Answer

### （1）

① 《ファイル》タブを選択します。

② 《エクスポート》→《PDF/XPSドキュメントの作成》→《PDF/XPSの作成》をクリックします。

③ 《PDFまたはXPS形式で発行》ダイアログボックスが表示されます。

④ フォルダー「**MOS-Word 365 2019（1）**」を開きます。

※《PC》→《ドキュメント》→「MOS-Word 365 2019（1）」を選択します。

⑤ 《ファイル名》に「**自分史**」と入力します。

⑥ 《ファイルの種類》の  をクリックし、一覧から《PDF》を選択します。

⑦ 《発行後にファイルを開く》を ☑ にします。

その他の方法

**PDFファイルとして保存**

2019 365

◆《ファイル》タブ→《名前を付けて保存》→《参照》→《ファイルの種類》の▽→《PDF》
◆ F12 →《ファイルの種類》の▽→《PDF》

求められるスキル

出題範囲1
出題範囲2
出題範囲3
出題範囲4
出題範囲5
出題範囲6
確認問題 標準解答

● **Point**

**《PDFまたはXPS形式で発行》**

❶ **ファイルの種類**
作成するファイル形式を選択します。

❷ **発行後にファイルを開く**
PDFファイルまたはXPSファイル
として保存したあとに、そのファイル
を開いて表示する場合は、☑にし
ます。

❸ **最適化**
ファイルの用途に合わせて、ファイル
のサイズを選択します。
ファイルをネットワーク上で参照する
場合には、《標準》または《最小サイ
ズ》を選択します。ファイルを印刷
する場合は、《標準》を選択します。

❹ **オプション**
ページ範囲を設定したり、プロパ
ティの情報を含めるかどうかを設定
したりできます。

❺ **発行**
PDFファイルまたはXPSファイルと
して保存します。

● **その他の方法**

**テキストファイルとして保存**

`2019` `365`

◆《ファイル》タブ→《名前を付けて
保存》→《参照》→《ファイルの種
類》の▽→《書式なし》

⑧《**発行**》をクリックします。

⑨PDFファイルを表示するアプリケーションソフトが起動し、PDFファイルが開か
れます。

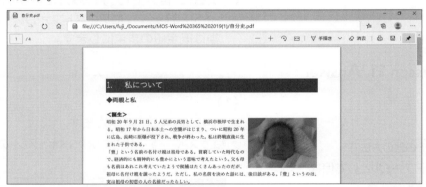

※PDFファイルを閉じておきましょう。

## (2)

①《**ファイル**》タブを選択します。

②《**エクスポート**》→《**ファイルの種類の変更**》→《**その他のファイルの種類**》の《**書式なし**》
→《**名前を付けて保存**》をクリックします。

③《**名前を付けて保存**》ダイアログボックスが表示されます。

④ フォルダー「**MOS-Word 365 2019（1）**」を開きます。

※《PC》→《ドキュメント》→「MOS-Word 365 2019（1）」を選択します。

⑤《**ファイル名**》に「**自分史（文字のみ）**」と入力します。

⑥《**ファイルの種類**》が《**書式なし**》になっていることを確認します。

⑦《**保存**》をクリックします。

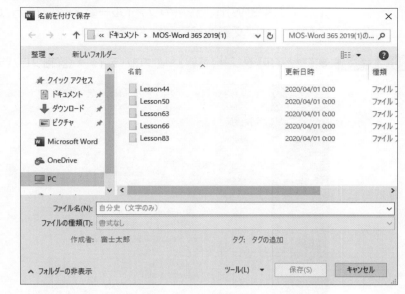

⑧《**ファイルの変換**》ダイアログボックスが表示されます。

⑨《**OK**》をクリックします。

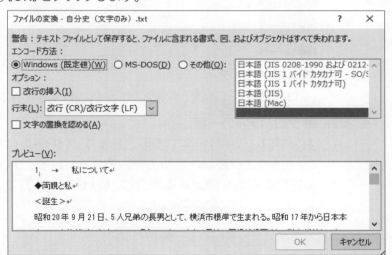

⑩ テキストファイル「**自分史（文字のみ）**」が作成されます。

※ファイルを開いて確認しておきましょう。

求められるスキル

出題範囲1

出題範囲2

出題範囲3

出題範囲4

出題範囲5

出題範囲6

確認問題 標準解答

## 1-3-2 | 基本的な文書プロパティを変更する

 **解説** ■文書のプロパティの設定

「**プロパティ**」は一般に「**属性**」といわれ、性質や特性を表す言葉です。文書のプロパティには、文書のファイルサイズ、作成日時、作成者などがあります。文書にプロパティを設定しておくとWindowsのファイル一覧でプロパティの内容を表示したり、プロパティの値をもとに文書を検索したりできます。

2019　365 ◆《ファイル》タブ→《情報》→《プロパティ》→《詳細プロパティ》

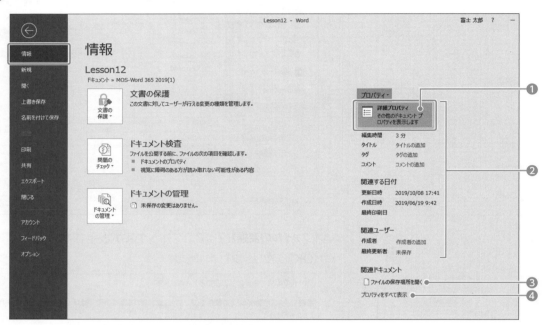

### ❶詳細プロパティ

《プロパティ》ダイアログボックスが表示されます。各プロパティの値を変更できます。

### ❷プロパティの一覧

主なプロパティが一覧で表示されます。「**タイトル**」や「**タグ**」などはポイントすると、テキストボックスが表示されるので、直接入力して、プロパティの値を変更できます。「**タグ**」に複数の要素を設定する場合は、「**；（セミコロン）**」で区切って入力します。

### ❸ファイルの保存場所を開く

文書が保存されている場所が開かれます。

### ❹プロパティをすべて表示

クリックすると、プロパティの一覧にすべてのプロパティが表示されます。

## Lesson 12

 文書「Lesson12」を開いておきましょう。

次の操作を行いましょう。

(1)文書のプロパティのタイトルに「我が人生ここにあり」、作成者に「田原□豊」、キーワードに「自分史」と「横浜」を設定してください。

※□は全角空白を表します。

**(1)**

①《ファイル》タブを選択します。

②《情報》→《プロパティ》→《詳細プロパティ》をクリックします。

③《Lesson12のプロパティ》ダイアログボックスが表示されます。

④《ファイルの概要》タブを選択します。

⑤《タイトル》に「我が人生ここにあり」と入力します。

⑥《作成者》に「田原　豊」と入力します。

⑦《キーワード》に「自分史；横浜」と入力します。

※「；(セミコロン)」は半角で入力します。

⑧《OK》をクリックします。

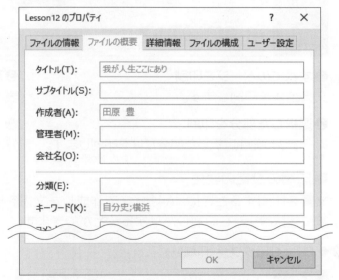

⑨文書のプロパティが設定されます。

※《キーワード》に入力した内容は、プロパティの一覧の《タグ》で確認できます。

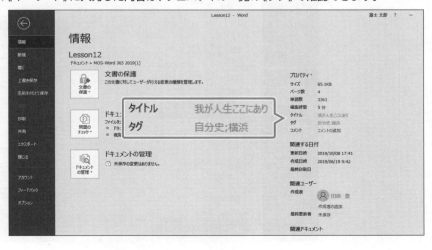

求められるスキル

出題範囲1

出題範囲2

出題範囲3

出題範囲4

出題範囲5

出題範囲6

確認問題　標準解答

**解 説** ■印刷対象の設定

文書を印刷する場合、文書全体はもちろん、選択した範囲や特定のページを印刷対象に設定することができます。

`2019` `365` ◆《ファイル》タブ→《印刷》→ すべてのページを印刷 ドキュメント全体

出題範囲1　文書の管理

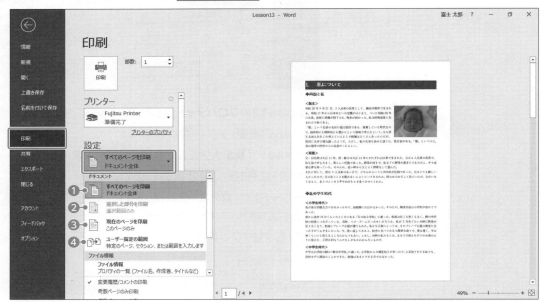

**❶すべてのページを印刷**

文書全体を印刷します。

**❷選択した部分を印刷**

あらかじめ範囲選択した部分だけを印刷します。

**❸現在のページを印刷**

表示しているページだけを印刷します。

**❹ユーザー指定の範囲**

特定のページを指定して印刷します。

■印刷の設定の変更

文書を印刷するときに、A4サイズで作成した文書をB5サイズで印刷したり、1枚の用紙に複数ページを印刷したりすることができます。

`2019` `365` ◆《ファイル》タブ→《印刷》→ 1 ページ/枚

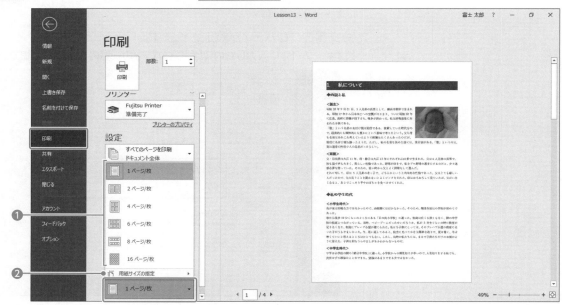

### ❶1枚の用紙に複数ページを印刷

1枚の用紙に複数ページ（1〜16）を割り付けて印刷します。1枚の用紙に収まるように自動的に印刷倍率が調整されます。

### ❷用紙サイズの指定

作成している文書のサイズに関わらず、指定した用紙サイズに合わせて拡大または縮小して印刷します。

### ■印刷オプションの設定

ページの色を印刷するかどうかや文書のプロパティを印刷するかどうかなど、印刷に関するオプションを設定できます。

`2019` `365` ◆《ファイル》タブ→《オプション》→左側の一覧から《表示》を選択→《印刷オプション》

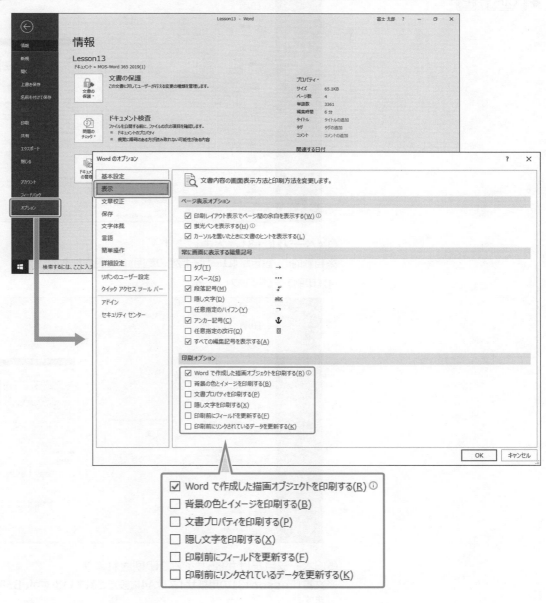

求められるスキル

出題範囲1

出題範囲2

出題範囲3

出題範囲4

出題範囲5

出題範囲6

確認問題 標準解答

# Lesson 13

 文書「Lesson13」を開いておきましょう。

次の操作を行いましょう。

**(1)** 印刷の設定の用紙サイズを「B5」に変更し、3ページ目を縮小して印刷してください。

## Lesson 13 Answer

**(1)**

① 《ファイル》タブを選択します。

② 《印刷》→ [ 1 ページ/枚 ▼ ] →《用紙サイズの指定》→《B5》をクリックします。

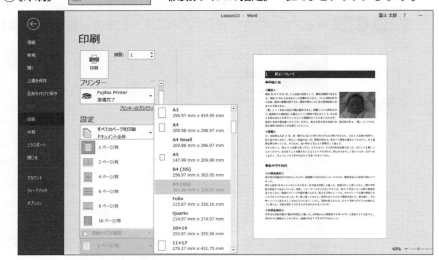

③ 《ページ》に「**3**」と入力します。

※自動的に、設定が《ユーザー指定の範囲》に変更されます。

④ 《印刷》をクリックします。

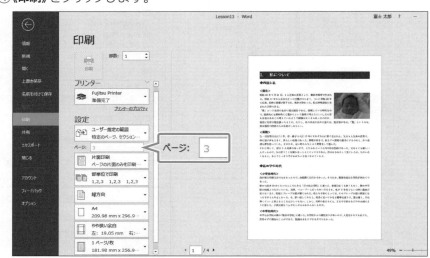

⑤ 3ページ目だけがB5サイズで印刷されます。

※文書「Lesson13」の用紙サイズはA4に設定されていますが、B5用紙に縮小して印刷されます。

---

**その他の方法**

**印刷**
2019　365
◆ [Ctrl] + [P]

# Lesson 14

 文書「Lesson14」を開いておきましょう。

次の操作を行いましょう。

(1) ページの色が印刷されるように設定し、1枚の用紙に4ページ分印刷してください。

## Lesson 14 Answer

求められるスキル

出題範囲1

出題範囲2

出題範囲3

出題範囲4

出題範囲5

出題範囲6

確認問題 標準解答

### ! Point

**《Wordのオプション》の《印刷オプション》**

❶Wordで作成した描画オブジェクトを印刷する
図（画像）や図形などのオブジェクトを印刷します。

❷背景の色とイメージを印刷する
文書のページの色を印刷します。

❸文書プロパティを印刷する
本文のあとにプロパティを印刷します。

❹隠し文字を印刷する
隠し文字の設定がされている文字を、本文と一緒に印刷します。

❺印刷前にフィールドを更新する
印刷前に日付やページ番号などのフィールドを更新します。

❻印刷前にリンクされているデータを更新する
別のファイルとリンクされている場合、印刷前に最新の内容に更新します。

### ! Point

**部単位・ページ単位で印刷**

複数ページの文書を複数部数印刷する場合、次の2つの方法から選択できます。

※初期の設定では、「部単位で印刷」に設定されています。

●部単位で印刷

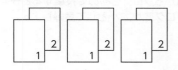

●ページ単位で印刷

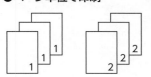

## (1)

①《ファイル》タブを選択します。

②《オプション》をクリックします。

③《Wordのオプション》ダイアログボックスが表示されます。

④左側の一覧から《表示》を選択します。

⑤《印刷オプション》の《背景の色とイメージを印刷する》を ✔ にします。

⑥《OK》をクリックします。

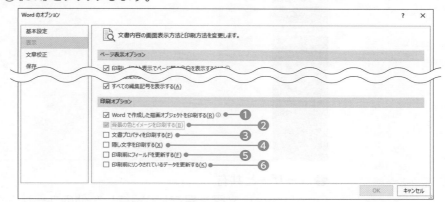

⑦《ファイル》タブを選択します。

⑧《印刷》→ 1ページ/枚 →《4ページ/枚》をクリックします。

⑨《印刷》をクリックします。

⑩ページの色が設定された状態で、1枚の用紙に4ページ分が印刷されます。

※《Wordのオプション》ダイアログボックスの左側の一覧から《表示》を選択し、《印刷オプション》の設定を元に戻しておきましょう。

54

## 1-3-4 | 電子文書を共有する

 **解 説** ■電子文書の共有

文書をOneDriveに保存したり、メールで送信したりして、他のユーザーと共有することができます。

**2019** **365** ◆《ファイル》タブ→《共有》

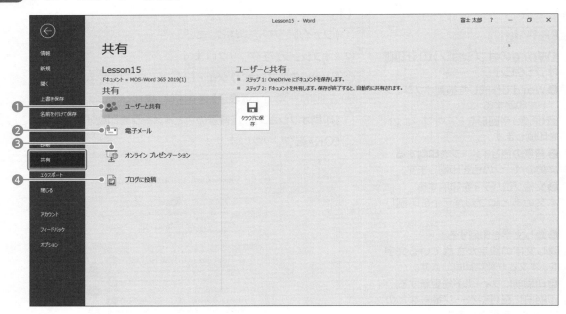

### ❶ユーザーと共有

OneDriveに文書を保存し、招待した他のユーザーが文書を表示したり、編集したりできるようにします。「**OneDrive**」とは、マイクロソフトが提供するインターネット上のデータ保管サービスです。自分のパソコンに文書を保存するような感覚で、インターネット上のOneDriveに文書を保存できます。
※Microsoftアカウントが必要です。

### ❷電子メール

文書をメールの添付ファイルとして送信します。

### ❸オンラインプレゼンテーション

文書を共有するリンクを作成し、他のユーザーがブラウザーで閲覧できるようにします。離れた場所にいるユーザーと文書の同じ箇所を閲覧しながら、内容を確認するときに便利です。
※Microsoftアカウントが必要です。

### ❹ブログに投稿

文書をブログに投稿します。
※あらかじめ自分のブログを開設している必要があります。また、Wordからブログを初めて投稿するときは、ユーザー名やパスワード、投稿先のURLなどブログに関する情報をブログアカウントとして登録します。

# Lesson 15

## Lesson15 Answer

### Point
**Microsoftアカウントの作成**
Microsoftアカウントは、メールアド
レスがあれば、誰でも無料で作成で
きます。購入したパソコンを最初に
セットアップする際、Microsoftアカ
ウントのサインインが要求され、セッ
トアップしながらMicrosoftアカウン
トを作成できます。セットアップ時以
外に、Microsoftアカウントを作成
するには、次のマイクロソフト社の
ホームページから行います。

https://account.microsoft.
com/

### Point
**Officeにサインイン**
オンラインプレゼンテーションや
OneDriveを利用するには、
MicrosoftアカウントでOfficeにサ
インインしておく必要があります。
Officeにサインインしているかどう
かは、画面右上にアカウント名が表
示されているかどうかで確認しま
す。サインインしていない場合は、
サインイン をクリックしてサインイン
します。

 文書「Lesson15」を開いておきましょう。

次の操作を行いましょう。

**(1)** 文書に「自分史共有」という名前を付けて、OneDriveのドキュメントに保存してください。次に、ユーザーを招待し、共有者が文書を編集できるようにしてください。

※共有する相手のメールアドレスが必要です。共有する相手を自分のメールアドレスとして操作してもかまいません。

## (1)

① 《ファイル》タブを選択します。

② 《共有》をクリックします。

※《共有》ダイアログボックスが表示された場合は、P.57「Point《共有》ダイアログボックスが表示される場合」を参照してください。

③ 《ユーザーと共有》→《クラウドに保存》をクリックします。

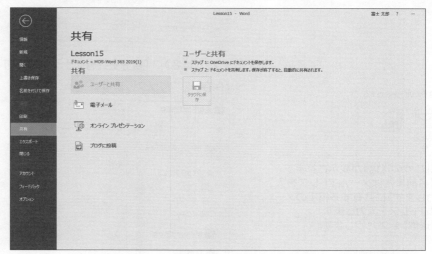

④ 《OneDrive-個人用》→《OneDrive-個人用》をクリックします。

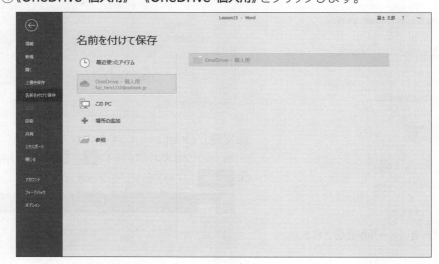

求められるスキル

出題範囲1

出題範囲2

出題範囲3

出題範囲4

出題範囲5

出題範囲6

確認問題 標準解答

## ❶ Point

### 《共有》ダイアログボックスが表示される場合

お使いの環境によっては、②で《共有》をクリックした後に、《共有》ダイアログボックスが表示される場合があります。
その場合、Lesson15 Answerに記載された方法では操作できません。
③以降の操作を、次のとおり読み替えてください。

③《文書のコピーをOneDriveにアップロードして共有してください。》の《OneDrive-個人用》をクリックします。

④《リンクの送信》が表示されます。
⑤《名前またはメールアドレスを入力します》に共有する相手のメールアドレスを入力します。
⑥《送信》をクリックします。

⑦共有者にメールが送信されます。

※共有者は届いたメールのリンクをクリックし、ファイルを確認します。

⑤《名前を付けて保存》ダイアログボックスが表示されます。
⑥《OneDrive》の《ドキュメント》を選択します。
⑦《開く》をクリックします。

⑧《ファイル名》に「自分史共有」と入力します。
⑨《保存》をクリックします。

⑩文書がOneDriveに保存されます。
※クイックアクセスツールバーの 🔚 が 🔁 に変わります。
⑪ 🗛 共有 (共有) をクリックします。

⑫《共有》作業ウィンドウが表示されます。

⑬《ユーザーの招待》に共有する相手のメールアドレスを入力します。

※ここでは、「佐々木次郎さん」と共有するため、佐々木さんのメールアドレスを入力しています。

⑭《編集可能》が選択されていることを確認します。

⑮《共有》をクリックします。

求められるスキル

出題範囲1

出題範囲2

出題範囲3

出題範囲4

出題範囲5

出題範囲6

確認問題 標準解答

## Point

### 共有

**❶ユーザーの招待**
招待するユーザーのメールアドレスを指定します。

**❷編集可能/表示可能**
共有するユーザーに文書の編集を許可するか、表示のみ許可するかを指定します。

**❸メッセージ**
共有するユーザーへのメッセージを指定します。

**❹変更内容を自動的に共有**
変更があったときの共有方法を指定します。

**❺共有中のユーザー**
文書を共有しているユーザーが表示されます。

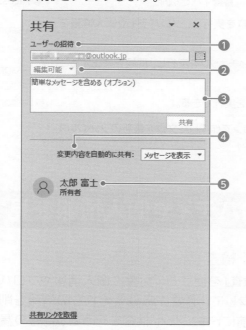

⑯共有者にメールが送信されます。

※共有者の名前が表示されます。

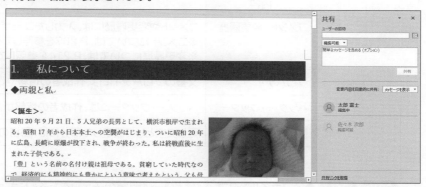

※共有者に届いたメールのリンクをクリックし、ファイルを開いて編集できることを確認しておきましょう。

**共有者 佐々木次郎さんの画面**

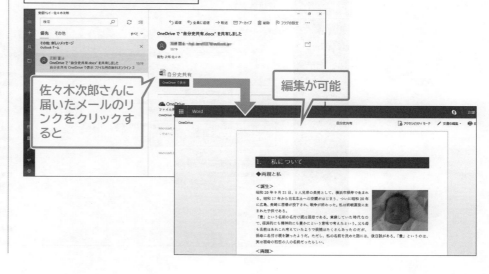

佐々木次郎さんに届いたメールのリンクをクリックすると

編集が可能

58

# 1-4

出題範囲1　文書の管理

# 文書を検査する

☑ 理解度チェック

| 習得すべき機能 | 参照Lesson | 学習前 | 学習後 | 試験直前 |
|---|---|---|---|---|
| ■ドキュメント検査を実行し、プロパティや個人情報を削除できる。 | ➡Lesson16 | ☑ | ☑ | ☑ |
| ■アクセシビリティチェックを実行し、問題を修正することができる。 | ➡Lesson17 | ☑ | ☑ | ☑ |
| ■互換性チェックを実行できる。 | ➡Lesson18 | ☑ | ☑ | ☑ |
| ■以前のバージョンで作成した文書を最新のファイル形式に変換できる。 | ➡Lesson19 | ☑ | ☑ | ☑ |

## 1-4-1 隠しプロパティや個人情報を見つけて削除する

 解　説

### ■ドキュメント検査

「**ドキュメント検査**」を使うと、文書に個人情報やプロパティなどが含まれていないかどうかをチェックして、必要に応じてそれらの情報を削除します。作成した文書を配布する場合、事前にドキュメント検査を行うと、情報の漏えい防止につながります。
ドキュメント検査では、次のような内容をチェックできます。

| 内容 | 説明 |
|---|---|
| コメント・変更履歴 | コメントや変更履歴には、入力したユーザー名が含まれています。<br>※コメントについては、P.207を参照してください。<br>※変更履歴については、P.214を参照してください。 |
| プロパティ | 文書のプロパティには、作成者の情報や作成日時などが含まれています。 |
| ヘッダー・フッター | ヘッダー・フッターには、作成者の情報が含まれている可能性があります。 |
| 隠し文字 | 隠し文字として設定した部分には、秘密の情報が含まれている可能性があります。 |

2019　365　◆《ファイル》タブ→《情報》→《問題のチェック》→《ドキュメント検査》

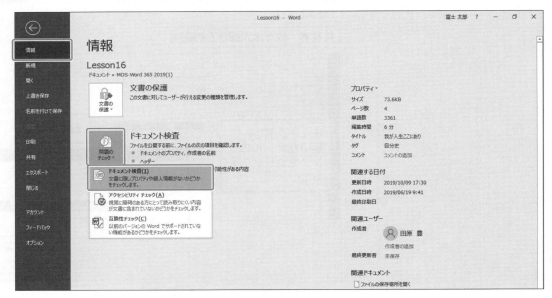

# Lesson 16

文書「Lesson16」を開いておきましょう。
※文書「Lesson16」には、あらかじめヘッダーにタイトル、文書のプロパティに
　タイトルと作成者とキーワードが設定されています。

次の操作を行いましょう。

(1) ドキュメント検査を実行し、ヘッダーとプロパティの情報を削除してください。

## Lesson 16 Answer

### (1)

①《ファイル》タブを選択します。

②《情報》→《問題のチェック》→《ドキュメント検査》をクリックします。

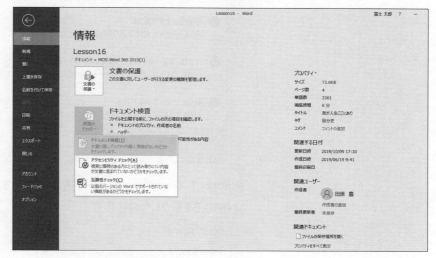

③《ドキュメントの検査》ダイアログボックスが表示されます。

④《ドキュメントのプロパティと個人情報》が☑になっていることを確認します。

⑤《ヘッダー、フッター、透かし》が☑になっていることを確認します。

⑥《検査》をクリックします。

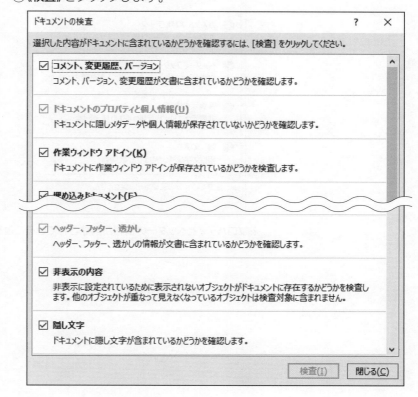

⑦ドキュメント検査が実行されます。

⑧《ドキュメントのプロパティと個人情報》の《すべて削除》をクリックします。

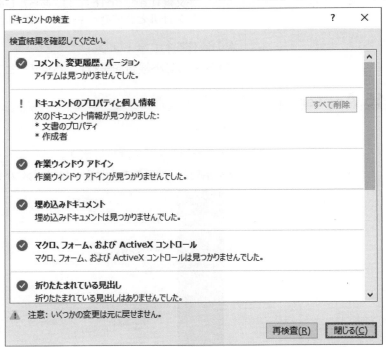

⑨同様に、《ヘッダー、フッター、透かし》の《すべて削除》をクリックします。

⑩《閉じる》をクリックします。

※プロパティとヘッダーの情報が削除されていることを確認しておきましょう。

## 1-4-2　アクセシビリティに関する問題を見つけて修正する

 **解　説**　■アクセシビリティチェック

「**アクセシビリティ**」とは、すべての人が不自由なく情報を手に入れられるかどうか、使いこなせるかどうかを表す言葉です。

「**アクセシビリティチェック**」を使うと、視覚に障がいのある方などが判別しにくい情報が含まれていないかどうかをチェックできます。

アクセシビリティチェックでは、次のような内容を検査します。

| 内容 | 説明 |
|---|---|
| 代替テキスト | 図形、図（画像）などのオブジェクトに代替テキストが設定されているかどうかをチェックします。オブジェクトの内容を代替テキストで示しておくと、情報を理解しやすくなります。<br>※代替テキストについては、P.204を参照してください。 |
| 文字列の折り返し | オブジェクトの文字列の折り返しをチェックします。行内（インライン）に設定されていない場合、判別しにくくなる可能性があります。<br>※文字列の折り返しについては、P.198を参照してください。 |
| 表の構造 | 表の構造がシンプルであるかどうかをチェックします。結合されたセルが含まれていると、判別しにくくなる可能性があります。<br>※セルの結合・分割については、P.105を参照してください。 |
| 文字列と背景のコントラスト | 文字列の色が背景の色と酷似しているかどうかをチェックします。コントラストの差を付けることで、文字列が読み取りやすくなります。 |

**2019** **365** ◆《ファイル》タブ→《情報》→《問題のチェック》→《アクセシビリティチェック》

## Lesson 17

 文書「Lesson17」を開いておきましょう。

次の操作を行いましょう。

（1）アクセシビリティチェックを実行し、結果を確認してください。
エラーのオブジェクトに代替テキストのタイトル「誕生時の写真」を設定し、オブジェクトの配置を「行内」に変更します。

**その他の方法**

**アクセシビリティチェック**

2019　365

◆《校閲》タブ→《アクセシビリティ》グループの（アクセシビリティチェック）

**Point**

**アクセシビリティチェックの結果**

アクセシビリティチェックを実行して、問題があった場合には、次の3つのレベルに分類して表示されます。

| レベル | 説明 |
|---|---|
| エラー | 障がいがある方にとって、理解が難しい、または理解できないことを意味します。 |
| 警告 | 障がいがある方にとって、理解できない可能性が高いことを意味します。 |
| ヒント | 障がいがある方にとって、理解はできるが改善した方がよいことを意味します。 |

**（1）**

①《ファイル》タブを選択します。

②《情報》→《問題のチェック》→《アクセシビリティチェック》をクリックします。

③アクセシビリティチェックが実行され、《アクセシビリティチェック》作業ウィンドウに検査結果が表示されます。

※エラーが2つ表示されます。

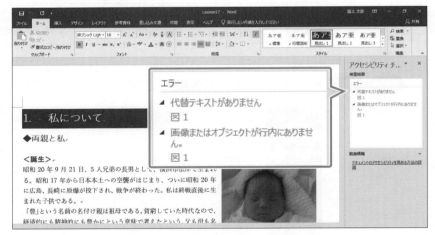

④《エラー》の《代替テキストがありません》をクリックします。

⑤「図1」をクリックします。

⑥ ∨ をクリックします。

⑦《おすすめアクション》の《説明を追加》をクリックします。

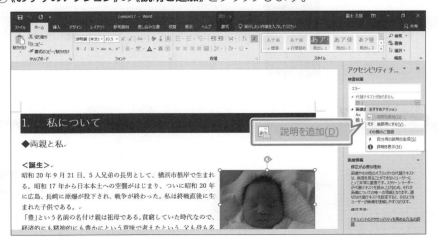

⑧《代替テキスト》作業ウィンドウが表示されます。

※《代替テキスト》作業ウィンドウの表示位置が異なる場合があります。

⑨「誕生時の写真」と入力します。

※《アクセシビリティチェック》作業ウィンドウの《エラー》の《代替テキストがありません》が非表示になります。

⑩《代替テキスト》作業ウィンドウの ☒ (閉じる)をクリックします。

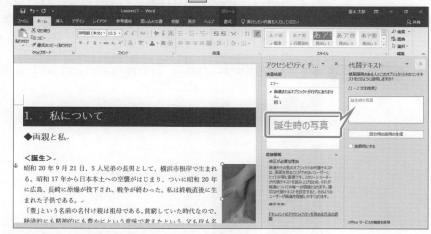

⑪《エラー》の《画像またはオブジェクトが行内にありません。》をクリックします。

⑫「図1」をクリックします。

⑬ ☑ をクリックします。

⑭《おすすめアクション》の《このインラインを配置》をクリックします。

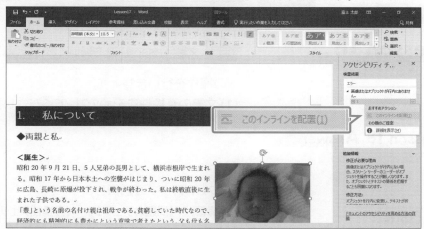

⑮図の折り返しが行内に設定されます。

※《アクセシビリティチェック》作業ウィンドウの《エラー》の《画像またはオブジェクトが行内にありません。》が非表示になります。

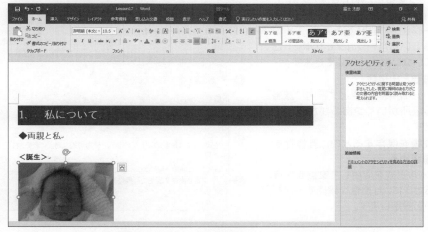

※《アクセシビリティチェック》作業ウィンドウを閉じておきましょう。

求められるスキル

出題範囲1

出題範囲2

出題範囲3

出題範囲4

出題範囲5

出題範囲6

確認問題 標準解答

**解 説** ■ 互換性チェック

他のユーザーとファイルをやり取りしたり、複数のパソコンでファイルをやり取りしたりする場合、ファイルの互換性を考慮しなければなりません。

**「互換性チェック」**を使うと、Word 2019で作成した文書に、以前のバージョンのWordでサポートされていない機能が含まれているかどうかをチェックできます。

2019 365 ◆《ファイル》タブ→《情報》→《問題のチェック》→《互換性チェック》

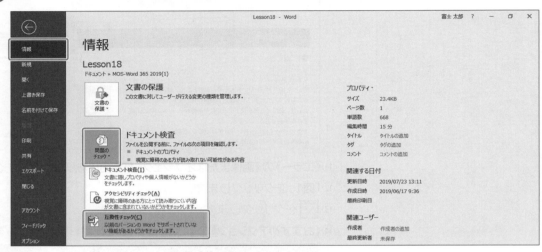

# Lesson 18

OPEN 文書「Lesson18」を開いておきましょう。

次の操作を行いましょう。
**(1)** 文書の互換性をチェックしてください。

## Lesson 18 Answer

### (1)
①《ファイル》タブを選択します。

②《情報》→《問題のチェック》→《互換性チェック》をクリックします。

③《Microsoft Word互換性チェック》ダイアログボックスが表示されます。

④《概要》にサポートされていない機能が表示されます。

⑤《OK》をクリックします。

**! Point**

**《Microsoft Word互換性チェック》**

❶表示するバージョンを選択
クリックすると、Word 97-2003、Word 2007、Word 2010の3つのバージョンを選択できます。✔の付いているバージョンでサポートされていない機能を確認できます。

❷概要と出現数
チェック結果の概要と文書内に該当する箇所がいくつあるかが表示されます。

❸文書を保存するときに互換性を確認する
ファイル形式を変更して文書を保存するときに、互換性を確認するかどうかを設定します。

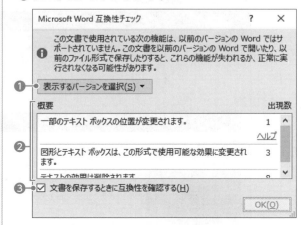

**解 説** ■ファイル形式の変換

以前のバージョンのWordで作成した文書をWord 2019で開くと、「**互換モード**」で表示される場合があります。

互換モードでは、以前のバージョンのWordでも引き続き編集できるように、Word 2019の新機能の利用が制限されます。

以前のバージョンのWordで編集することがない場合は、Word 2019のすべての機能を利用できるように、最新のファイル形式に変換するとよいでしょう。

`2019` `365` ◆《ファイル》タブ→《情報》→《変換》

# Lesson 19

OPEN 文書「Lesson19」を開いておきましょう。
※文書「Lesson19」はWord97-2003形式の文書です。

(1) 文書を最新のファイル形式に変換してください。

## Lesson 19 Answer

**(1)**

① タイトルバーに《[互換モード]》と表示されていることを確認します。

② 《ファイル》タブを選択します。

③ 《情報》→《変換》をクリックします。

④ 図のようなメッセージが表示されます。

⑤ 《OK》をクリックします。

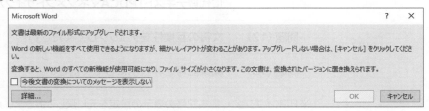

⑥ ファイル形式が変換されます。

⑦ タイトルバーに《[互換モード]》と表示されていないことを確認します。

求められるスキル
出題範囲1
出題範囲2
出題範囲3
出題範囲4
出題範囲5
出題範囲6
確認問題 標準解答

## Lesson 20

 文書「Lesson20」を開いておきましょう。

次の操作を行いましょう。

| | 企業活動についての資料を作成します。 |
|---|---|
| 問題（1） | 文書内から「株主」を検索してください。 |
| 問題（2） | 文書の余白を上下「25mm」、左右「20mm」に設定してください。 |
| 問題（3） | 文書にスタイルセット「線（シンプル）」を適用してください。 |
| 問題（4） | 文書にページの色「青、アクセント5、白＋基本色80%」を設定し、ページの周囲を色「青、アクセント1」、太さ「2.25pt」の一重線で囲んでください。 |
| 問題（5） | 3ページ目の見出し「3.経営管理」に、「経営管理」という名前のブックマークを挿入してください。 |
| 問題（6） | 文書のプロパティのタイトルに「経営について」、キーワードに「企業活動」「経営資源」を追加してください。 |
| 問題（7） | ヘッダーにドキュメントのタイトルを挿入してください。タイトルは右揃えで配置します。 |
| 問題（8） | ページの下部にページ番号「太字の番号2」を挿入してください。 |
| 問題（9） | ページの色が印刷されるように設定してください。 |
| 問題（10） | 文書に「配布資料」という名前を付けて、フォルダー「MOS-Word 365 2019（1）」にPDFファイルとして保存してください。発行後にファイルは開かないようにします。 |
| 問題（11） | アクセシビリティチェックを実行し、代替テキストが設定されていないオブジェクトに代替テキスト「PDCAマネジメントサイクルの図」を設定してください。 |
| 問題（12） | 文書の互換性をチェックしてください。 |
| 問題（13） | 編集記号を非表示にしてください。 |

※印刷オプション、編集記号の表示の設定を元に戻しておきましょう。

# 出題範囲 2

# 文字、段落、セクションの挿入と書式設定

# 2-1 文字列や段落を挿入する

 理解度チェック

| 習得すべき機能 | 参照Lesson | 学習前 | 学習後 | 試験直前 |
|---|---|---|---|---|
| ■ 記号や特殊文字を挿入できる。 | →Lesson21 | ☑ | ☑ | ☑ |
| ■ 文字列を検索できる。 | →Lesson22 | ☑ | ☑ | ☑ |
| ■ 文字列を他の文字列に置換できる。 | →Lesson22 | ☑ | ☑ | ☑ |

## 2-1-1 記号や特殊文字を挿入する

**解 説**　■記号や特殊文字の挿入

作成中の文書に、キーボードにない「¼」や「☎」などの記号や、コピーライト「©」や省略記号「…」などの特殊文字を挿入できます。

2019　365　◆《挿入》タブ→《記号と特殊文字》グループの [Ω 記号と特殊文字 ▾]（記号の挿入）

●記号と特殊文字

●特殊文字

## Lesson 21

 文書「Lesson21」を開いておきましょう。

次の操作を行いましょう。

(1) 「◆健康管理センター…」の下にある「03-5555-XXXX」の前に記号「Black Telephone」を挿入してください。フォントは「Segoe UI Emoji」、文字コードは「260E」とします。

(2) 文末の「FOM株式会社 2020」の前に特殊文字「©」を挿入してください。

**(1)**

① 「03-5555-XXXX」の前にカーソルを移動します。

② 《挿入》タブ→《記号と特殊文字》グループの [Ω 記号と特殊文字 ▾] （記号の挿入）→《その他の記号》をクリックします。

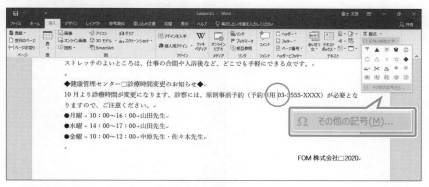

③ 《記号と特殊文字》ダイアログボックスが表示されます。

④ 《記号と特殊文字》タブを選択します。

⑤ 《フォント》の ☑ をクリックし、一覧から《Segoe UI Emoji》を選択します。

⑥ 《文字コード》に「260E」と入力します。

※《Unicode名》に《Black Telephone》と表示されます。

⑦ 《挿入》をクリックします。

⑧ 《閉じる》をクリックします。

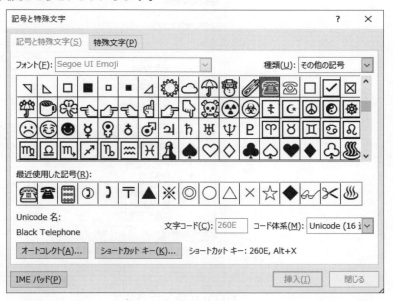

⑨ 記号が挿入されます。

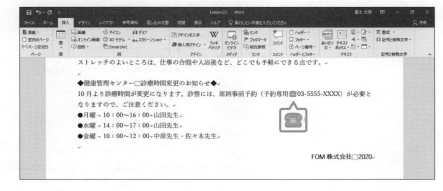

## (2)

①「FOM株式会社 2020」の前にカーソルを移動します。

②《挿入》タブ→《記号と特殊文字》グループの Ω 記号と特殊文字▾ （記号の挿入）→《その他の記号》をクリックします。

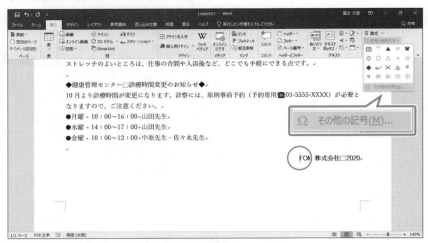

③《記号と特殊文字》ダイアログボックスが表示されます。

④《特殊文字》タブを選択します。

⑤一覧から《© コピーライト》を選択します。

⑥《挿入》をクリックします。

⑦《閉じる》をクリックします。

⑧「©」が挿入されます。

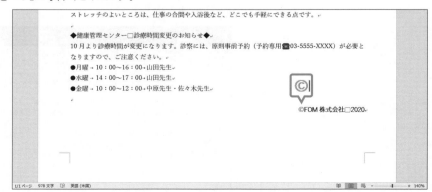

## 2-1-2 文字列を検索する、置換する

### 解説

#### ■検索

「**検索**」を使うと、文書内から特定の文字列を検索できますが、「**高度な検索**」を使うと、全角/半角を区別したり、文字列に設定されている書式を検索したりなど、詳細な検索をすることができます。

`2019` `365` ◆《ホーム》タブ→《編集》グループの [検索 ▾] (検索)→《高度な検索》

#### ■置換

「**置換**」を使うと、文書内から特定の文字列を検索して、別の文字列に置き換えることができます。全角/半角を区別して置換したり、文字列はそのままで書式だけを置換したりなど、高度な置換を実行することもできます。

`2019` `365` ◆《ホーム》タブ→《編集》グループの [置換] (置換)

## Lesson 22

 文書「Lesson22」を開いておきましょう。

次の操作を行いましょう。
**(1)** 半角小文字の「fom」を検索してください。
**(2)** 半角カタカナの「ｽﾎﾟｰﾂ」を半角英大文字の「SPORTS」に置換してください。

## Lesson 22 Answer

### (1)

① 文頭にカーソルを移動します。

**その他の方法**

**高度な検索**

`2019` `365`

◆ナビゲーションウィンドウを表示→検索ボックスの ▾ (さらに検索)→《高度な検索》

② 《**ホーム**》タブ→《**編集**》グループの [検索 ▾] (検索) の ▾ →《**高度な検索**》をクリックします。

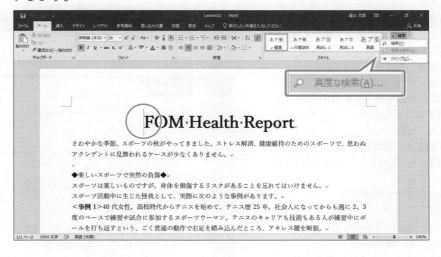

求められるスキル

出題範囲1

出題範囲2

出題範囲3

出題範囲4

出題範囲5

出題範囲6

確認問題 標準解答

③《検索と置換》ダイアログボックスが表示されます。

④《検索》タブを選択します。

⑤《検索する文字列》に「fom」と入力します。

※半角小文字で入力します。

⑥《オプション》をクリックします。

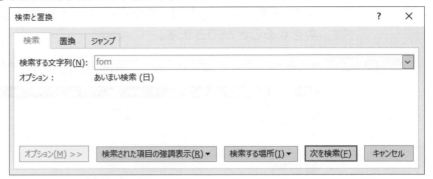

⑦《検索オプション》が表示されます。

⑧《あいまい検索(日)》を ☐ にします。

⑨《大文字と小文字を区別する》を ☑ にします。

⑩《半角と全角を区別する》を ☑ にします。

⑪《次を検索》をクリックします。

⑫半角小文字の「fom」が検索されます。

※検索結果がダイアログボックスで隠れている場合には、ダイアログボックスのタイトルバーをドラッグして移動しておきましょう。

⑬《検索と置換》ダイアログボックスの《キャンセル》をクリックします。

※選択を解除しておきましょう。

## ⚠ Point

### 《検索オプション》

**❶検索方向**

カーソルの位置から下方向、または上方向に検索するか、文書全体を検索するかを選択します。

**❷大文字と小文字を区別する**

英字の大文字と小文字を区別して検索します。「pen」で検索しても「Pen」は検索されません。

**❸完全に一致する単語だけを検索する**

同じ英単語だけを検索します。「pen」で検索しても「pencil」は検索されません。

**❹ワイルドカードを使用する**

検索したり置換したりするときに使う特殊文字(ワイルドカード)を使用して検索します。「pe＊」で検索すると「pen」や「pencil」が検索されます。

**❺あいまい検索(英)**

「be」で検索した場合に、「bee」など読みの似た英単語が検索されます。

**❻英単語の異なる活用形も検索する**

「eat」で検索した場合に、「ate」や「eating」など英語の活用形も検索されます。

**❼半角と全角を区別する**

英数字やカタカナの半角と全角を区別して検索します。半角の「トラベル」で検索しても全角の「トラベル」は検索されません。

**❽句読点を無視する**

句読点やピリオドなどを無視して検索します。

**❾空白文字を無視する**

単語内に含まれる全角空白や半角空白を無視して検索します。

**❿あいまい検索(日)**

日本語の表記のゆれも含めて検索します。

**(2)**

① 《ホーム》タブ→《編集》グループの 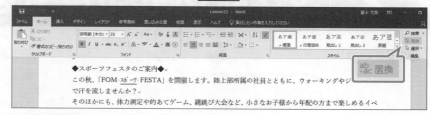 （置換）をクリックします。

② 《検索と置換》ダイアログボックスが表示されます。

③ 《置換》タブを選択します。

④ 《検索する文字列》に半角で「スポーツ」と入力します。

※前回検索した文字列が表示されているので、削除して入力します。

⑤ 《置換後の文字列》に半角英大文字で「SPORTS」と入力します。

⑥ 《検索方向》の ∨ をクリックし、一覧から《文書全体》を選択します。

⑦ 《あいまい検索（日）》が ▢ になっていることを確認します。

⑧ 《半角と全角を区別する》が ☑ になっていることを確認します。

⑨ 《すべて置換》をクリックします。

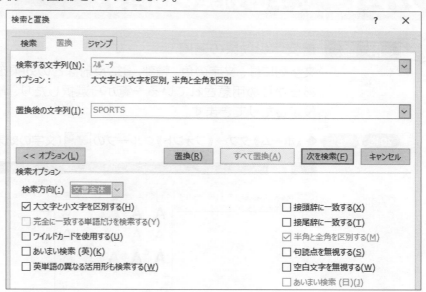

⑩ 《OK》をクリックします。

⑪ 《検索と置換》ダイアログボックスに戻ります。

⑫ 《閉じる》をクリックします。

⑬ 文字列が置換されていることを確認します。

### その他の方法

**置換**

`2019` `365`

◆ ナビゲーションウィンドウを表示→ 検索ボックスの ・（さらに検索） →《置換》

◆ [Ctrl] + [H]

### Point

**文字列の削除**

《置換後の文字列》を空欄にして置換すると、《検索する文字列》に指定した文字列を削除することができます。

☑ 理解度チェック

| 習得すべき機能 | 参照Lesson | 学習前 | 学習後 | 試験直前 |
|---|---|---|---|---|
| ■ 文字の効果を設定できる。 | ➡Lesson23 | ☑ | ☑ | ☑ |
| ■ 行間を設定できる。 | ➡Lesson24 | ☑ | ☑ | ☑ |
| ■ 段落の間隔を設定できる。 | ➡Lesson24 | ☑ | ☑ | ☑ |
| ■ インデントを設定できる。 | ➡Lesson25 | ☑ | ☑ | ☑ |
| ■ 書式のコピー/貼り付けができる。 | ➡Lesson26 | ☑ | ☑ | ☑ |
| ■ スタイルを適用できる。 | ➡Lesson27 | ☑ | ☑ | ☑ |
| ■ 書式をクリアできる。 | ➡Lesson28 | ☑ | ☑ | ☑ |

## 2-2-1　文字の効果を適用する

### 解説　■ 文字の効果の適用

文字列には、文字の色、輪郭、影、反射などの効果を設定することができます。
あらかじめ用意されている一覧から選択したり、輪郭、影、反射などの効果を個別に
設定したりできます。

2019　365　◆《ホーム》タブ→《フォント》グループの （文字の効果と体裁）

### Lesson 23

 OPEN　文書「Lesson23」を開いておきましょう。

次の操作を行いましょう。

(1)「FOM Health Report」に、文字の効果と体裁「塗りつぶし：青、アクセン
　　トカラー5；輪郭：白、背景色1；影（ぼかしなし）：青、アクセントカラー5」、
　　影の効果「透視投影：右上」を適用してください。

## (1)

① 「FOM Health Report」を選択します。

② 《ホーム》タブ→《フォント》グループの A▾ （文字の効果と体裁）→《塗りつぶし：青、アクセントカラー5；輪郭：白、背景色1；影（ぼかしなし）：青、アクセントカラー5》をクリックします。

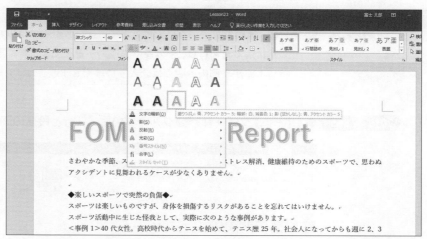

③ 《ホーム》タブ→《フォント》グループの A▾ （文字の効果と体裁）→《影》→《透視投影》の《透視投影：右上》をクリックします。

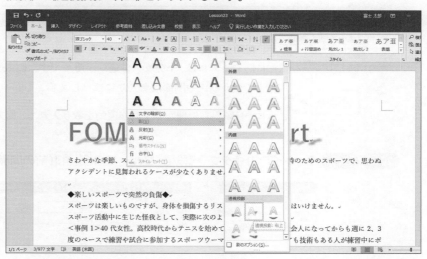

④ 文字に効果が適用されます。

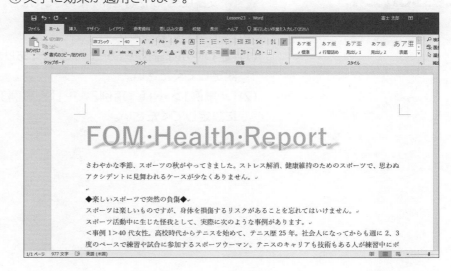

❗ Point

**ワードアートの挿入**

「ワードアート」を使うと、特殊効果のある文字列を挿入できます。文字の色や輪郭、影、反射などの効果を組み合わせて登録したスタイルが用意されており、一覧から選択するだけで簡単に文字列を装飾でき、インパクトのあるタイトルに仕上げることができます。

ワードアートは、図や図形のように扱えるため、自由な位置に配置したり、文字列の折り返しを設定したりすることができます。

ワードアートを挿入する方法は、次のとおりです。

**2019** **365**

◆《挿入》タブ→《テキスト》グループの 4▾ （ワードアートの挿入）

※文字を選択した状態で、4▾ （ワードアートの挿入）をクリックすると、選択されている文字がワードアートになります。文字を選択していない状態で、4▾ （ワードアートの挿入）をクリックすると、「ここに文字を入力」が表示されるので、あとから文字を入力します。

## 2-2-2 | 行間、段落の間隔、インデントを設定する

 **解 説** ■行間の設定

行の上端から、次の行の上端までの間隔が**「行間」**になります。
文書の行間は、文字に設定されているフォントサイズによって自動的に調整されます。

> ◆日頃から体を動かす習慣を◆
>
> 行間 日頃、運動をしていない人にとって、急なスポーツは思わぬ事故につながります。スポーツによる
> 未然に防ぐためには、十分な準備運動が重要です。準備運動は固くなっている筋肉をほぐしてくれ
> 特によく使う筋肉や関節は念入りにほぐしましょう。

**2019** **365** ◆《ホーム》タブ→《段落》グループの [≡▼] （行と段落の間隔）

■段落の間隔の設定

段落の前後の間隔は、個別に設定を変更できます。間隔を広げると、空白が生まれて、
情報のまとまりを区別しやすくなります。

> ◆日頃から体を動かす習慣を◆
>
> 段落前 日頃、運動をしていない人にとって、急なスポーツは思わぬ事故につながります。スポーツによる
> 未然に防ぐためには、十分な準備運動が重要です。準備運動は固くなっている筋肉をほぐしてくれ
> 特によく使う筋肉や関節は念入りにほぐしましょう。
>
> 段落後 さらに、日頃から無理なく手軽な運動を取り入れて、筋力を鍛えておくことも大切です。効果的な

**2019** **365** ◆《レイアウト》タブ→《段落》グループの [↕≡前:] （前の間隔）や [↓≡後:] （後の間隔）

## Lesson 24

 文書「Lesson24」を開いておきましょう。

次の操作を行いましょう。
(1)「さわやかな季節…」から「…少なくありません。」までの行間を「1.5行」に
設定してください。
(2)「＜事例1＞…」「＜事例2＞…」「＜事例3＞…」の段落前の間隔を「0.5行」
に設定してください。

求められるスキル

出題範囲1

出題範囲2

出題範囲3

出題範囲4

出題範囲5

出題範囲6

確認問題 標準解答

**! Point**

**段落書式の設定**

段落書式を設定する場合は、段落内にカーソルを移動して操作します。段落全体を選択する必要はありません。

**🖱 その他の方法**

**行間の設定**

`2019` `365`

◆段落を選択→《ホーム》タブ→《段落》グループの 🔳（段落の設定）→《インデントと行間隔》タブ→《行間》

◆段落を右クリック→《段落》→《インデントと行間隔》タブ→《行間》

**! Point**

**行間のオプション**

🔲（行と段落の間隔）の一覧に表示される《1.5》や《2.0》は、標準の行間の倍数を表します。《1.5》は1.5倍の行間、《2.0》は2倍の行間を意味します。一覧に適切な行間がない場合には、《行間のオプション》を選択し、《段落》ダイアログボックスの《行間》で設定します。《最小値》や《固定値》を選択し、《間隔》で値を設定します。

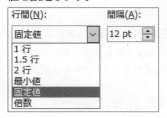

**🖱 その他の方法**

**段落の間隔の設定**

`2019` `365`

◆段落を選択→《ホーム》タブ→《段落》グループの 🔳（段落の設定）→《インデントと行間隔》タブ→《段落前》/《段落後》

◆段落を右クリック→《段落》→《インデントと行間隔》タブ→《段落前》/《段落後》

## （1）

①「さわやかな季節…」の段落にカーソルを移動します。

※段落内であれば、どこでもかまいません。

②《ホーム》タブ→《段落》グループの 📄（行と段落の間隔）→《1.5》をクリックします。

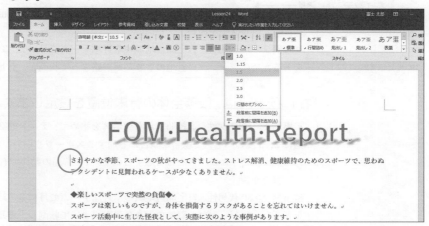

③行間が変更されます。

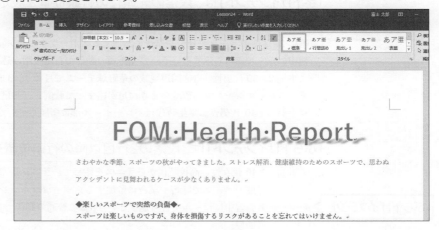

## （2）

①「＜事例1＞…」「＜事例2＞…」「＜事例3＞…」の段落を選択します。

※複数の段落を選択するには、段落の左側の余白部分を開始位置から終了位置までドラッグします。

②《レイアウト》タブ→《段落》グループの 📄 前:（前の間隔）を「0.5行」に設定します。

③段落前の間隔が変更されます。

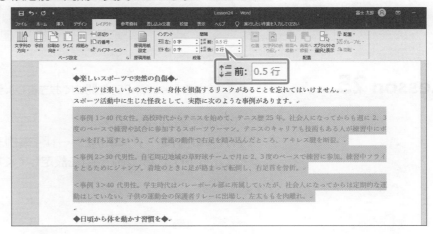

**解　説**　■インデントの設定

「**インデント**」とは、行頭や行末を特定の位置にそろえる機能のことで、段落単位で設定できます。

「**左インデント**」は、段落全体の行頭位置を設定します。

> **左インデント** →
> ＜事例1＞40代女性。高校時代からテニスを始めて、テニス歴25年。社会人になってからも週に2、3度のペースで練習や試合に参加するスポーツウーマン。テニスのキャリアも技術もある人が練習中にボールを打ち返すという、ごく普通の動作で右足を踏み込んだところ、アキレス腱を断裂。↵
> ＜事例2＞30代男性。自宅周辺地域の草野球チームで月に2、3度のペースで練習に参加。練習中フライをとるためにジャンプ。着地のときに足が絡まって転倒し、右足首を骨折。↵

「**右インデント**」は、段落全体の行末位置を設定します。

**右インデント**

> ＜事例1＞40代女性。高校時代からテニスを始めて、テニス歴25年。社会人になってからも週に2、3度のペースで練習や試合に参加するスポーツウーマン。テニスのキャリアも技術もある人が練習中にボールを打ち返すという、ごく普通の動作で右足を踏み込んだところ、アキレス腱を断裂。↵
> ＜事例2＞30代男性。自宅周辺地域の草野球チームで月に2、3度のペースで練習に参加。練習中フライをとるためにジャンプ。着地のときに足が絡まって転倒し、右足首を骨折。↵

「**字下げインデント**」は、段落の先頭行の行頭位置を設定します。

> **字下げインデント** →
> ＜事例1＞40代女性。高校時代からテニスを始めて、テニス歴25年。社会人になってからも週に2、3度のペースで練習や試合に参加するスポーツウーマン。テニスのキャリアも技術もある人が練習中にボールを打ち返すという、ごく普通の動作で右足を踏み込んだところ、アキレス腱を断裂。↵
> ＜事例2＞30代男性。自宅周辺地域の草野球チームで月に2、3度のペースで練習に参加。練習中フライをとるためにジャンプ。着地のときに足が絡まって転倒し、右足首を骨折。↵
> ＜事例3＞40代男性。学生時代はバレーボール部に所属していたが、社会人になってからは定期的な運

「**ぶら下げインデント**」は、段落の2行目以降の行頭位置を設定します。

> **ぶら下げインデント** →
> ＜事例1＞40代女性。高校時代からテニスを始めて、テニス歴25年。社会人になってからも週に2、3度のペースで練習や試合に参加するスポーツウーマン。テニスのキャリアも技術もある人が練習中にボールを打ち返すという、ごく普通の動作で右足を踏み込んだところ、アキレス腱を断裂。↵
> ＜事例2＞30代男性。自宅周辺地域の草野球チームで月に2、3度のペースで練習に参加。練習中フライをとるためにジャンプ。着地のときに足が絡まって転倒し、右足首を骨折。↵

**2019** **365** ◆《ホーム》タブ→《段落》グループの 🡒 （段落の設定）

## Lesson 25

 文書「Lesson25」を開いておきましょう。

次の操作を行いましょう。

(1)「＜事例1＞…」「＜事例2＞…」「＜事例3＞…」の段落に、左インデント「1字」、ぶら下げインデント「5字」を設定してください。

# Lesson 25 Answer

求められるスキル

出題範囲1

出題範囲2

出題範囲3

出題範囲4

出題範囲5

出題範囲6

確認問題 標準解答

🖱 その他の方法

## インデントの設定

### すべてのインデントの設定
2019 365

◆ 段落を右クリック→《段落》→《インデントと行間隔》タブ→《インデント》の《左》/《右》/《最初の行》

### 左インデントの設定
2019 365

◆ 段落を選択→《ホーム》タブ→《段落》グループの ≣ (インデントを増やす)/≣ (インデントを減らす)

※ 全角1文字分ずつインデントを設定します。

### 左右のインデントの設定
2019 365

◆ 段落を選択→《レイアウト》タブ→《段落》グループの ≣左: (左インデント)/≣右: (右インデント)

❗Point

## インデントマーカーを使ったインデントの設定

ルーラーを表示すると、水平ルーラー上に「インデントマーカー」が表示されます。インデントマーカーをドラッグするとインデントを設定できます。

※ [Alt]を押しながらドラッグすると、微調整できます。

※ ルーラーを表示するには、《表示》タブ→《表示》グループの《ルーラー》を☑にします。

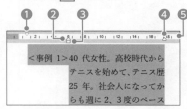

❶ ▽ 1行目のインデント
❷ △ ぶら下げインデント
❸ □ 左インデント
❹ △ 右インデント
❺ 水平ルーラー

❗Point

## 段落の設定

行間や段落の間隔、インデント、配置などの段落書式をまとめて設定する方法は、次のとおりです。

2019 365

◆《ホーム》タブ→《段落》グループの 🔲 (段落の設定)

## (1)

① 「＜事例1＞…」「＜事例2＞…」「＜事例3＞…」の段落を選択します。

② 《ホーム》タブ→《段落》グループの 🔲 (段落の設定) をクリックします。

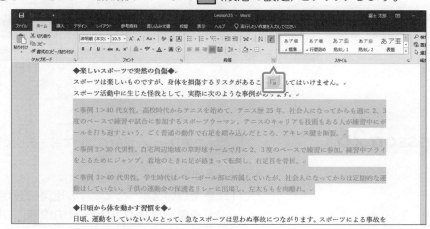

③ 《段落》ダイアログボックスが表示されます。

④ 《インデントと行間隔》タブを選択します。

⑤ 《左》を「1字」に設定します。

⑥ 《最初の行》の ▽ をクリックし、一覧から《ぶら下げ》を選択します。

⑦ 《幅》を「5字」に設定します。

⑧ 《OK》をクリックします。

⑨ インデントが設定されます。

## 2-2-3 ┃ 書式のコピー/貼り付けを使用して、書式を適用する

 **解説**　■書式のコピー/貼り付け

文字列や段落に設定されている書式を別の文字列や段落にコピーできます。

2019　365　◆《ホーム》タブ→《クリップボード》グループの ✔ 書式のコピー/貼り付け（書式のコピー/貼り付け）

## Lesson 26

　文書「Lesson26」を開いておきましょう。

次の操作を行いましょう。
(1)「◆楽しいスポーツで…」の段落に設定されている書式を、「◆日頃から…」と「◆健康管理センター…」の段落にコピーしてください。

## Lesson 26 Answer

**❶ Point**

**書式の連続コピー**
複数の箇所に連続して書式をコピーするには、コピー元を選択し、✔ 書式のコピー/貼り付け（書式のコピー/貼り付け）をダブルクリックして、貼り付け先を選択する操作を繰り返します。
書式のコピー/貼り付けを解除するには、再度 ✔ 書式のコピー/貼り付け（書式のコピー/貼り付け）をクリックするか、Esc を押します。

**(1)**
①「◆楽しいスポーツで…」の段落を選択します。
②《ホーム》タブ→《クリップボード》グループの ✔ 書式のコピー/貼り付け（書式のコピー/貼り付け）をダブルクリックします。
※マウスポインターの形が 🖌I に変わります。

③「◆日頃から…」の段落を選択します。
④書式が貼り付けられます。
⑤「◆健康管理センター…」の段落を選択します。
⑥書式が貼り付けられます。
⑦ Esc を押します。
※書式のコピー/貼り付けが解除されます。

◆日頃から体を動かす習慣を◆
日頃、運動をしていない人にとって、急なスポーツは思わぬ事故につながります。スポーツによる事故を未然に防ぐためには、十分な準備運動が重要です。準備運動は固くなっている筋肉をほぐしてくれます。特によく使う筋肉や関節は念入りにほぐしましょう。
さらに、日頃から無理なく手軽な運動を取り入れて、筋力を鍛えておくことも大切です。効果的な運動として、ウォーキングがあります。ウォーキングを続けると、心肺機能が高まり、疲れにくくなります。また、足腰が強くなり筋肉と血管に弾力性が増します。筋肉には骨を支える重要な働きがあります。筋力を付けると心臓の負担も軽くなり、骨折や心臓発作の防止につながります。
ストレッチも効果的です。緊張した筋肉や狭まってきた関節組織の柔軟性をよくするために役立ちます。ストレッチのよいところは、仕事の合間や入浴後など、どこでも手軽にできる点です。

◆健康管理センター□診療時間変更のお知らせ◆
10月より診療時間が変更になります。診察には、原則事前予約が必要となりますので、ご注意ください。
●月曜→10：00～16：00→山田先生
●水曜→14：00～17：00→山田先生

# 2-2-4 文字列に組み込みスタイルを適用する

## 解説 ■スタイルの適用

「スタイル」とは、フォントやフォントサイズ、太字、下線、インデントなど複数の書式をまとめて登録し、名前を付けたものです。「見出し1」や「見出し2」といった見出しのスタイルや、「表題」や「引用文」といった長文に便利なスタイルなどが用意されています。一覧からスタイルを選択するだけで、簡単に書式を設定できます。

**2019** **365** ◆《ホーム》タブ→《スタイル》グループ

# Lesson 27

OPEN 文書「Lesson27」を開いておきましょう。

次の操作を行いましょう。

(1)「◆楽しいスポーツで…」「◆日頃から…」「◆健康管理センター…」の段落にスタイル「見出し1」を適用してください。

## Lesson 27 Answer

### (1)
①「◆楽しいスポーツで…」の段落にカーソルを移動します。

※段落内であれば、どこでもかまいません。

②《ホーム》タブ→《スタイル》グループの （その他）→《見出し1》をクリックします。

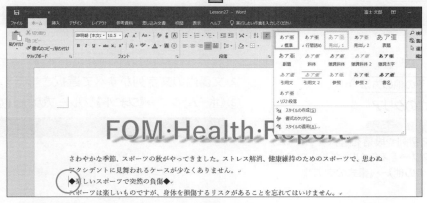

③スタイルが適用されます。

④「◆日頃から…」の段落にカーソルを移動します。

※段落内であれば、どこでもかまいません。

⑤ F4 を押します。

⑥同様に、「◆健康管理センター…」の段落に「見出し1」を設定します。

> ■◆日頃から体を動かす習慣を◆
>
> 日頃、運動をしていない人にとって、急なスポーツは思わぬ事故につながります。スポーツによる事故を未然に防ぐためには、十分な準備運動が重要です。準備運動は固くなっている筋肉をほぐしてくれます。特によく使う筋肉や関節は念入りにほぐしましょう。
> さらに、日頃から無理なく手軽な運動を取り入れて、筋力を鍛えておくことも大切です。効果的な運動として、ウォーキングを続けると、心肺機能が高まり、疲れにくくなります。また、足腰が強くなり筋肉と血管に弾力性が増します。筋肉には骨を支える重要な働きがあります。筋力を付けると心臓の負担も軽くなり、骨折や心臓発作の防止につながります。
> ストレッチも効果的です。緊張した筋肉や狭まってきた関節組織の柔軟性をよくするために役立ちます。ストレッチのよいところは、仕事の合間や入浴後など、どこでも手軽にできる点です。
>
> ■◆健康管理センター□診療時間変更のお知らせ◆
>
> 10月より診療時間が変更になります。診察には、原則事前予約が必要となりますので、ご注意ください。

### ! Point
**繰り返し**

F4 を押すと、直前に実行したコマンドを繰り返すことができます。ただし、F4 を押してもコマンドが繰り返し実行できない場合もあります。

### ! Point
**適用したスタイルを元に戻す**

**2019** **365**

◆段落を選択→《ホーム》タブ→《スタイル》グループの（その他）→《標準》

## 2-2-5 | 書式をクリアする

**解 説** ■書式のクリア

「書式のクリア」を使うと、文字列や段落に設定されている書式をすべて解除できます。

`2019` `365` ◆《ホーム》タブ→《フォント》グループの （すべての書式をクリア）

### Lesson 28

OPEN　文書「Lesson28」を開いておきましょう。

次の操作を行いましょう。
(1) 文書全体の書式をクリアしてください。

### Lesson 28 Answer

**その他の方法**

**すべて選択**

`2019` `365`
◆文書の左余白をポイントし、マウスポインターの形が ◢ に変わったら、3回クリック
◆ `Ctrl` + `A`

**その他の方法**

**書式のクリア**

`2019` `365`
◆文字列や段落を選択→《ホーム》タブ→《スタイル》グループの ▼ （その他）→《書式のクリア》

**(1)**

①《ホーム》タブ→《編集》グループの [選択▼]（選択）→《すべて選択》をクリックします。

②文書内の文字列がすべて選択されます。

③《ホーム》タブ→《フォント》グループの （すべての書式をクリア）をクリックします。

④文書全体の書式がクリアされます。

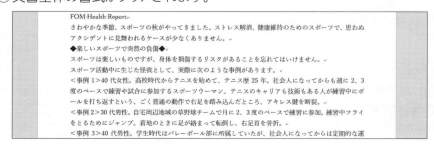

# 2-3 文書にセクションを作成する、設定する

☑ 理解度チェック

| 習得すべき機能 | 参照Lesson | 学習前 | 学習後 | 試験直前 |
|---|---|---|---|---|
| ■ ページ区切りを挿入できる。 | ➡Lesson29 | ☑ | ☑ | ☑ |
| ■ 段組みを設定できる。 | ➡Lesson30 | ☑ | ☑ | ☑ |
| ■ 段区切りを挿入できる。 | ➡Lesson30 | ☑ | ☑ | ☑ |
| ■ セクション区切りを挿入できる。 | ➡Lesson31 | ☑ | ☑ | ☑ |

## 2-3-1 ページ区切りを挿入する

📖 解 説　■ ページ区切りの挿入

任意の位置から強制的にページを改める場合は、「ページ区切り」を挿入します。
ページ区切りを挿入すると、カーソルの位置に区切り線が表示されます。この区切り
線は画面上だけで確認できる線で印刷はされません。

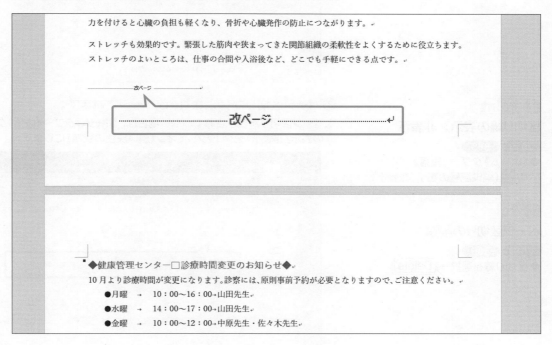

2019 365 ◆《挿入》タブ→《ページ》グループの [ページ区切り] （ページ区切りの挿入）

# Lesson 29

次の操作を行いましょう。

(1)「◆健康管理センター…」の前で改ページしてください。

## Lesson 29 Answer

**(1)**

① 「◆**健康管理センター**…」の前にカーソルを移動します。

② 《挿入》タブ→《ページ》グループの ┣ページ区切り (ページ区切りの挿入)をクリックします。

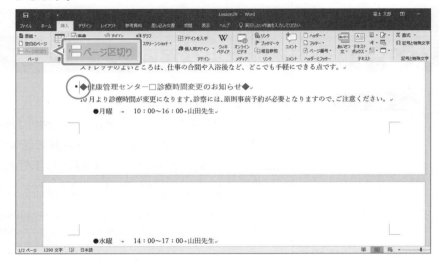

③ ページ区切りが挿入され、改ページされます。

※ページ区切りが表示されていない場合は、《ホーム》タブ→《段落》グループの ⚐ (編集記号の表示/非表示)をクリックしてオン(濃い灰色の状態)にします。

---

出題範囲2 文字、段落、セクションの挿入と書式設定

🖱 **その他の方法**

**ページ区切りの挿入**

`2019` `365`

◆《レイアウト》タブ→《ページ設定》グループの ┣ 区切り▾ (ページ/セクション区切りの挿入)→《ページ区切り》の《改ページ》

◆ Ctrl + Enter

❗ **Point**

**区切り線の表示／非表示**

`2019` `365`

◆《ホーム》タブ→《段落》グループの ⚐ (編集記号の表示/非表示)

❗ **Point**

**ページ区切りの削除**

`2019` `365`

◆区切り線を選択→ Delete

## 2-3-2 段組みを設定する

**解説** ■ 段組みの設定

1行の文字数が長い場合や、文章全体の文字量が多い場合は、「**段組み**」を設定して、複数の段に分けると読みやすくなります。段数や段の幅、段と段の間隔などは、個々に設定できます。また、段と段の間に境界線を引くこともできます。

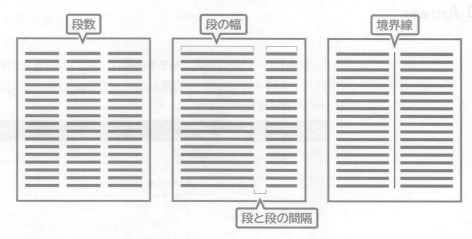

2019 365 ◆《レイアウト》タブ→《ページ設定》グループの [段組み] （段の追加または削除）

■ 段区切りの挿入

段組みを設定すると、設定する段数に応じて自動的に文章が次の段に送られます。任意の場所で段を変更する場合は、「**段区切り**」を挿入します。

2019 365 ◆《レイアウト》タブ→《ページ設定》グループの [区切り] （ページ/セクション区切りの挿入）→《ページ区切り》の《段区切り》

# Lesson 30

 文書「Lesson30」を開いておきましょう。

次の操作を行いましょう。

(1)「＜事例1＞…」から「…左太ももを肉離れ。」までの段落を2段組みに設定してください。段の間隔は「3字」にし、境界線を表示します。

(2)「＜事例2＞…」の前に段区切りを挿入してください。

## Lesson 30 Answer

### (1)

①「＜事例1＞…」から「**…左太ももを肉離れ。**」までの段落を選択します。

②《**レイアウト**》タブ→《**ページ設定**》グループの ▦（段の追加または削除）→《**段組みの詳細設定**》をクリックします。

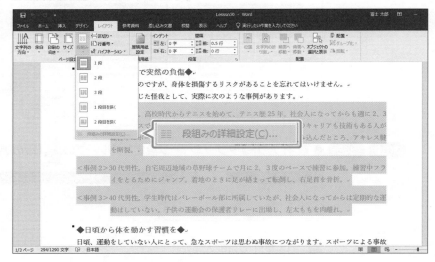

③《**段組み**》ダイアログボックスが表示されます。

④《**2段**》をクリックします。

⑤《**間隔**》を「**3字**」に設定します。

⑥《**境界線を引く**》を ☑ にします。

⑦《**OK**》をクリックします。

**! Point**

**段数の設定**

設定できる段数は用紙サイズによって異なります。

**! Point**

**段組みの解除**

`2019` `365`

◆段組み内にカーソルを移動→《レイアウト》タブ→《ページ設定》グループの ▦（段の追加または削除）→《1段》

※段組みを解除してもセクション区切りや段区切りは残ります。セクション区切りや段区切りは Delete で削除します。

**! Point**

**セクション**

段組みを設定した範囲は、「セクション」として前後の文章と区切られます。

※セクションについては、P.89を参照してください。

**🖱 その他の方法**

**段区切りの挿入**

`2019` `365`

◆ Ctrl + Shift + Enter

**! Point**

**ページ区切りの種類**

**❶ 改ページ**

カーソルの位置から次のページが始まります。

**❷ 段区切り**

カーソルの位置から次の段に送られます。

※段組みを設定している段落で挿入します。

**❸ 文字列の折り返し**

図や図形などのオブジェクトの周囲にある文字列の折り返しをカーソルの位置から解除します。

※文字列の折り返しについては、P.198を参照してください。

**! Point**

**段区切りの削除**

`2019` `365`

◆ 区切り線を選択→ Delete

---

⑧選択した範囲の前後にセクション区切りが挿入され、2段組みが設定されます。

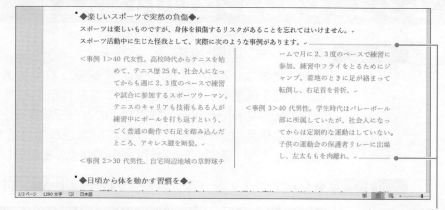

セクション区切り

## （2）

①「＜事例2＞…」の前にカーソルを移動します。

②《レイアウト》タブ→《ページ設定》グループの ⊟区切り・ （ページ/セクション区切りの挿入）→《ページ区切り》の《段区切り》をクリックします。

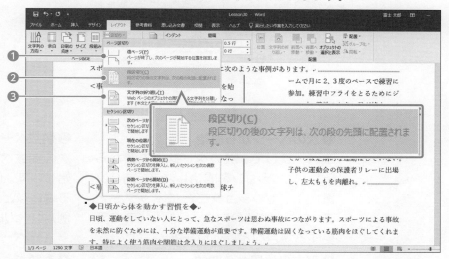

③段区切りが挿入されます。

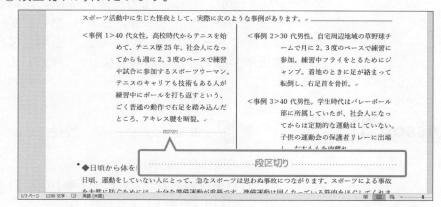

# 2-3-3 セクション区切りを挿入する

**解 説**

### ■セクション区切りの挿入

通常、文書はひとつの「**セクション**」で構成されています。「**セクション区切り**」を挿入すると、文書を区切り、複数のセクションに分けることができます。セクションを分けると、余白や印刷の向き、ページ罫線などのページ設定をセクションごとに変更することができます。例えば、印刷の向きが縦に設定されている文書の中で、あるページだけを横に変更したり、あるページだけ余白のサイズを変更したりできます。

2019 365 ◆《レイアウト》タブ→《ページ設定》グループの 区切り (ページ/セクション区切りの挿入)

### ❶次のページから開始

改ページして、次のページの先頭から新しいセクションを開始します。同じ文書内で、セクションごとにヘッダーとフッター、印刷の向き、用紙サイズを変更する場合などに使います。

### ❷現在の位置から開始

改ページせず、同じページ内でカーソルのある位置から新しいセクションを開始します。同じページ内で、異なる段組みの書式や余白を設定する場合などに使います。

### ❸偶数ページから開始

次の偶数ページから新しいセクションを開始します。偶数ページから新しい章が始まる場合などに使います。
例) カーソルが2ページ目にある場合
　　→4ページ目から新しいセクションを開始

### ❹奇数ページから開始

次の奇数ページから新しいセクションを開始します。奇数ページから新しい章が始まる場合などに使います。
例) カーソルが1ページ目にある場合
　　→3ページ目から新しいセクションを開始

## Lesson 31

 文書「Lesson31」を開いておきましょう。

次の操作を行いましょう。
(1)「◆運動前のチェックシート◆」の前に、次のページから開始するセクション区切りを挿入してください。
(2) 2ページ目の用紙サイズを「B5」に変更してください。

## Lesson 31 Answer

### (1)

①「◆運動前のチェックシート◆」の前にカーソルを移動します。
②《レイアウト》タブ→《ページ設定》グループの 区切り (ページ/セクション区切りの挿入)→《セクション区切り》の《次のページから開始》をクリックします。

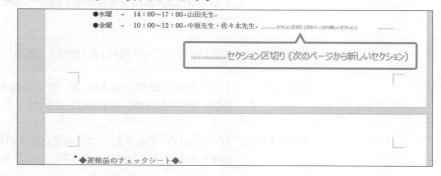

③セクション区切りが挿入されます。

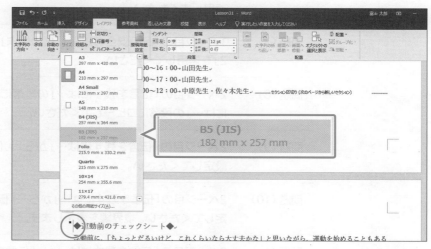

:::::::::::::: セクション区切り（次のページから新しいセクション）

## (2)

①2ページ目にカーソルを移動します。

※2ページ目であれば、どこでもかまいません。

②《レイアウト》タブ→《ページ設定》グループの（ページサイズの選択）→《B5》
をクリックします。

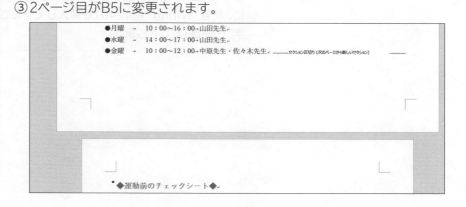

B5 (JIS)
182 mm x 257 mm

③2ページ目がB5に変更されます。

---

!Point

## セクション区切りの削除

`2019` `365`

◆区切り線を選択→Delete

!Point

## セクションごとに設定できる書式

セクションごとに設定できる書式には、次のようなものがあります。

- 余白
- 印刷の向き
- 用紙サイズ
- プリンターの用紙トレイ
- 文字列の垂直方向の配置
- 行番号
- ページ罫線
- 段組み
- ヘッダーとフッター
- ページ番号
- 脚注と文末脚注

求められるスキル

出題範囲1

出題範囲2

出題範囲3

出題範囲4

出題範囲5

出題範囲6

確認問題 標準解答

# Exercise | 確認問題

解答 ▶ P.234

## Lesson 32

 文書「Lesson32」を開いておきましょう。

次の操作を行いましょう。

| | |
|---|---|
| | 防災に関する啓発チラシを作成します。 |
| 問題（1） | 1ページ目の「家族で決めておこう　連絡のルール」の前に、次のページから開始するセクション区切りを挿入し、2ページ目の用紙サイズを「B5」に設定してください。 |
| 問題（2） | 文書内のすべての「食料」を「食糧」に置換してください。 |
| 問題（3） | 1ページ目の「地震に備える」に、文字の効果と体裁「塗りつぶし：オレンジ、アクセントカラー2；輪郭：オレンジ、アクセントカラー2」を設定してください。 |
| 問題（4） | 1ページ目の「地震が起こったとき、どう対処すれば…」から「…大切さを考えてみましょう。」までの書式をクリアしてください。 |
| 問題（5） | 1ページ目の「地震が起こったとき、どう対処すれば…」から「…大切さを考えてみましょう。」までに左インデント「9字」を設定してください。 |
| 問題（6） | 1ページ目の「～地震が発生したら～」と、2ページ目の「～災害用伝言ダイヤルの使い方～」「～家族の連絡先～」「～家族の避難場所～」に、スタイル「見出し1」を適用してください。 |
| 問題（7） | 1ページ目の「身の安全の確保」「火の始末」「脱出口の確保」に、スタイル「見出し2」を適用してください。 |
| 問題（8） | 2ページ目の「伝言を残すには…」の段落に設定されている書式を、「伝言を聞くには…」の段落にコピーしてください。 |
| 問題（9） | 2ページ目の「伝言を残すには…」から「④伝言を聞く」までの行間を「1.5行」に設定してください。 |
| 問題（10） | 2ページ目の「伝言を残すには…」から「④伝言を聞く」までの段落を2段組みに設定してください。境界線を表示します。 |
| 問題（11） | 2ページ目の「伝言を残すには…」と「伝言を聞くには…」の下にある「171」の前に、記号「Wingdings：40」を挿入してください。フォントは「Wingdings」、文字コードは「40」とします。 |

# 出題範囲 3

# 表やリストの管理

# 3-1 表を作成する

☑ 理解度チェック

| 習得すべき機能 | 参照Lesson | 学習前 | 学習後 | 試験直前 |
|---|---|---|---|---|
| ■ 行数や列数を指定して表を作成できる。 | ➡Lesson33 | ☑ | ☑ | ☑ |
| ■ 文字列を表に変換できる。 | ➡Lesson34 | ☑ | ☑ | ☑ |
| ■ 表を解除し、文字列に変換できる。 | ➡Lesson35 | ☑ | ☑ | ☑ |

## 3-1-1 行や列を指定して表を作成する

 **解 説** ■ 行数と列数を指定して表を作成

あらかじめ行数や列数がわかっている場合には、それぞれ指定して表を作成すると、あとから行や列を挿入したり削除したりする手間が省けます。

`2019` `365` ◆《挿入》タブ→《表》グループの 表（表の追加）

❶マス目
マス目をドラッグして行数と列数を指定します。
8行×10列までの表を作成できます。

❷表の挿入
《表の挿入》ダイアログボックスを表示して、行数と列数を指定します。列の幅を自動調整するかどうかも設定できます。
マス目を使うより、行数や列数が多い表を作成できます。

**Lesson 33**

 文書「Lesson33」を開いておきましょう。

次の操作を行いましょう。
(1)「■目次情報」の下に10行2列の表を作成してください。列の幅は文字列に合わせて自動調整されるように設定します。1行目に左から「第1章」「情報化社会のモラルとセキュリティ」と入力してください。

## Point

### 《表の挿入》

**❶表のサイズ**
作成する表の行数と列数を指定します。

**❷列の幅を固定する**
指定した列の幅で表が作成されます。

**❸文字列の幅に合わせる**
最小の列の幅で表が作成されます。文字列を追加すると、文字列の長さに合わせて拡張します。

**❹ウィンドウサイズに合わせる**
ウィンドウの幅に合わせて表が作成されます。

## Point

### 表の選択

表をポイントすると、表の左上に 🕂 (表の移動ハンドル) が表示されます。🕂 (表の移動ハンドル) をクリックすると、表全体を選択できます。

## Point

### 行や列の挿入

`2019` `365`

◆《表ツール》の《レイアウト》タブ→《行と列》グループの (上に行を挿入)／ (下に行を挿入)／ (左に列を挿入)／ (右に列を挿入)

※お使いの環境によっては、《表ツール》が表示されない場合があります。

◆行の罫線の左側/列の罫線の上側をポイント→ ⊕ / ⊕ をクリック

## Point

### 行や列の削除

`2019` `365`

◆《表ツール》の《レイアウト》タブ→《行と列》グループの (表の削除)→《行の削除》/《列の削除》

※お使いの環境によっては、《表ツール》が表示されない場合があります。

◆削除する行や列を選択→ [Back Space]

## Point

### 表の削除

表を削除するには、表全体を選択して [Back Space] を押します。[Delete] を押すと、表内の文字列が削除されるので、使い分けましょう。

---

**(1)**

①「■目次情報」の次の行にカーソルを移動します。

②《挿入》タブ→《表》グループの (表の追加)→《表の挿入》をクリックします。

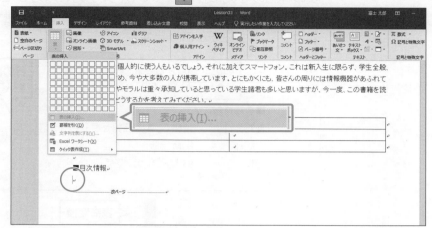

③《表の挿入》ダイアログボックスが表示されます。

④《列数》を「2」、《行数》を「10」に設定します。

⑤《文字列の幅に合わせる》を ◉ にします。

⑥《OK》をクリックします。

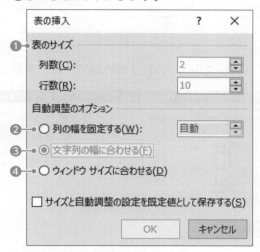

⑦表が作成されます。

⑧1行目に左から「第1章」「情報化社会のモラルとセキュリティ」と入力します。

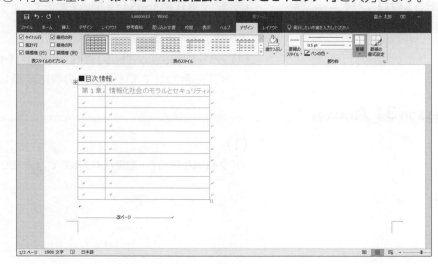

---

求められるスキル

出題範囲1

出題範囲2

出題範囲3

出題範囲4

出題範囲5

出題範囲6

確認問題 標準解答

## 3-1-2 文字列を表に変換する

 **解 説**　■文字列を表に変換

表の枠組みを先に作らなくても、文字列を入力したあとで表に変換することもできます。文字列を表に変換する場合は、あらかじめ、列や行の区切りとなる位置に記号を入力しておく必要があります。

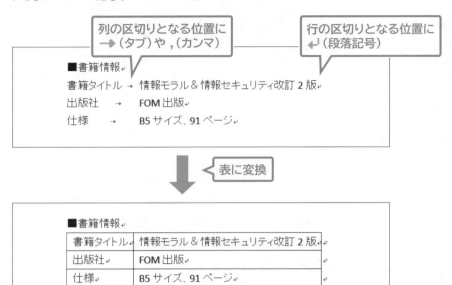

2019　365　◆《挿入》タブ→《表》グループの ▦（表の追加）→《文字列を表にする》

## Lesson 34

 文書「Lesson34」を開いておきましょう。

次の操作を行いましょう。

(1) 2ページ目の「タイトル」から「…恋愛バイブルです。」までを、ウィンドウのサイズに合わせて11行×3列の表に変換してください。

## Lesson 34 Answer

**(1)**
①「**タイトル**」から「**…恋愛バイブルです。**」までの段落を選択します。

②《挿入》タブ→《表》グループの 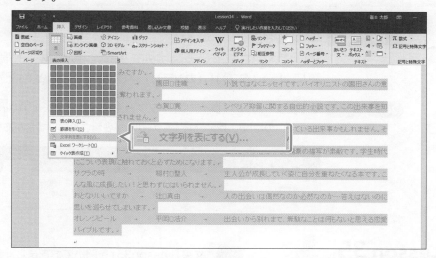（表の追加）→《文字列を表にする》をクリックします。

③《文字列を表にする》ダイアログボックスが表示されます。

④《列数》が「3」、《行数》が「11」になっていることを確認します。

⑤《ウィンドウサイズに合わせる》を ⦿ にします。

⑥《タブ》を ⦿ にします。

⑦《OK》をクリックします。

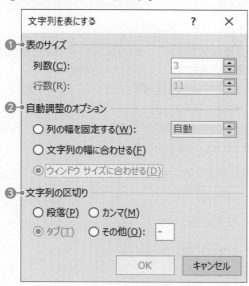

⑧文字列が表に変換されます。

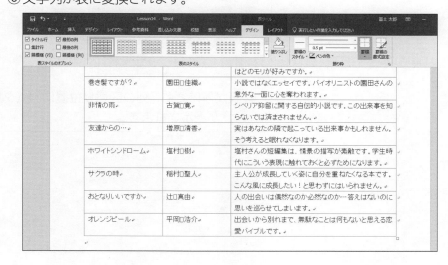

**! Point**

**《文字列を表にする》**

**❶表のサイズ**
文字列の区切りを読み取って、列数と行数が表示されます。

**❷自動調整のオプション**
表に変換する際に、列の幅をどのように調整するかを選択します。

**❸文字列の区切り**
文字列の区切り記号を選択します。

**! Point**

**表の配置**
表を中央や右に配置するには、表全体を選択して《ホーム》タブ→《段落》グループの ≡（中央揃え）や ≡（右揃え）をクリックします。

**! Point**

**表のスタイル**
表のスタイルを適用すると、罫線の種類や色、セルの網掛け、表内のフォントなど表全体の書式をまとめて設定できます。

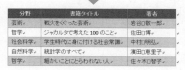

**2019** **365**

◆《表ツール》の《デザイン》タブ→表のスタイルの一覧から選択

※お使いの環境によっては、《表ツール》が表示されない場合があります。

## 3-1-3 | 表を文字列に変換する

**解説** ■表の解除

表内に入力されている文字列を残したまま、表を解除できます。表の列や行の区切り位置に、「→（タブ）」「,（カンマ）」「↵（段落記号）」などの記号を挿入して文字列に変換します。

`2019` `365` ◆《表ツール》の《レイアウト》タブ→《データ》グループの ⊞ 表の解除 （表の解除）

※お使いの環境によっては、《表ツール》が表示されない場合があります。

## Lesson 35

 文書「Lesson35」を開いておきましょう。

次の操作を行いましょう。
(1) 1ページ目の「■目次情報」の下の表を解除してください。文字列の区切りは「タブ」にします。

## Lesson 35 Answer

**(1)**
①「■目次情報」の下の表にカーソルを移動します。
※表内であれば、どこでもかまいません。
②《表ツール》の《レイアウト》タブ→《データ》グループの ⊞ 表の解除 （表の解除）をクリックします。
③《表の解除》ダイアログボックスが表示されます。
④《タブ》を ◉ にします。
⑤《OK》をクリックします。

⑥表が解除され、列の区切り位置に →（タブ）、行の区切り位置に ↵（段落記号）が表示されます。

出題範囲3 表やリストの管理

# 3-2 | 表を変更する

| ☑ 理解度チェック | 習得すべき機能 | 参照Lesson | 学習前 | 学習後 | 試験直前 |
|---|---|---|---|---|---|
| | ■ 表のデータを並べ替えることができる。 | ➡Lesson36 | ☑ | ☑ | ☑ |
| | ■ セルの余白を設定できる。 | ➡Lesson37 | ☑ | ☑ | ☑ |
| | ■ セルの間隔を設定できる。 | ➡Lesson37 | ☑ | ☑ | ☑ |
| | ■ セルを結合できる。 | ➡Lesson38 | ☑ | ☑ | ☑ |
| | ■ セルを分割できる。 | ➡Lesson38 | ☑ | ☑ | ☑ |
| | ■ 表の列の幅を調整できる。 | ➡Lesson39 | ☑ | ☑ | ☑ |
| | ■ 表の幅を調整できる。 | ➡Lesson40 | ☑ | ☑ | ☑ |
| | ■ 表の行の高さを調整できる。 | ➡Lesson40 | ☑ | ☑ | ☑ |
| | ■ 表を分割できる。 | ➡Lesson41 | ☑ | ☑ | ☑ |
| | ■ タイトル行を繰り返して表示できる。 | ➡Lesson42 | ☑ | ☑ | ☑ |

## 3-2-1 | 表のデータを並べ替える

 **解　説**

### ■ 表の並べ替え

特定の列を基準にして、表を行方向に並べ替えることができます。
並べ替える順序には**「昇順」**と**「降順」**があり、種類によって次のように並び替わります。

| 種類 | 昇順 | 降順 |
|---|---|---|
| JISコード | 小→大 | 大→小 |
| 数値 | 小→大 | 大→小 |
| 日付 | 古→新 | 新→古 |
| 五十音順 | A→Z<br>あ→ん | Z→A<br>ん→あ |

**2019** **365** ◆《表ツール》の《レイアウト》タブ→《データ》グループの ![並べ替え] （並べ替え）
※お使いの環境によっては、《表ツール》が表示されない場合があります。

## Lesson 36

 文書「Lesson36」を開いておきましょう。

次の操作を行いましょう。

(1) 2ページ目の表を「順位」の昇順に並べ替えてください。

(2) 3ページ目の表を「入荷日」の昇順、さらに「分野」の昇順に並べ替えてください。

出題範囲3　表やリストの管理

🖱 **その他の方法**

**表の並べ替え**

2019　365

◆《ホーム》タブ→《段落》グループ
の ⇵ (並べ替え)

**(1)**

① 2ページ目の表内にカーソルを移動します。

※表内であれば、どこでもかまいません。

②《表ツール》の《レイアウト》タブ→《データ》グループの [並べ替え] (並べ替え) をクリック
します。

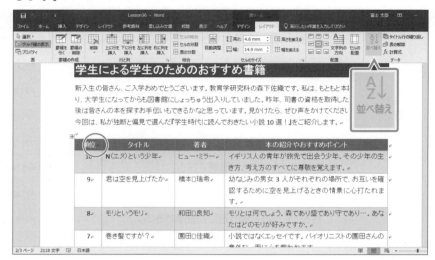

③《並べ替え》ダイアログボックスが表示されます。

④《最優先されるキー》の ∨ をクリックし、一覧から《順位》を選択します。

⑤《種類》が《数値》になっていることを確認します。

⑥《昇順》を ⦿ にします。

⑦《OK》をクリックします。

❗ **Point**

**《並べ替え》**

❶ **優先されるキー**
並べ替えの基準となる列見出しを
指定します。キーは3つまで指定で
きます。

❷ **種類と並べ替える順序**
データの種類と並べ替える順序を
指定します。

❸ **タイトル行**
表に列見出しが含まれる場合は《あ
り》、含まれない場合は《なし》にし
ます。

❗ **Point**

**部分的な並べ替え**
表の一部を範囲選択して並べ替え
を行うと、選択した部分のデータだ
けを並べ替えることができます。

⑧ 表のデータが並び替わります。

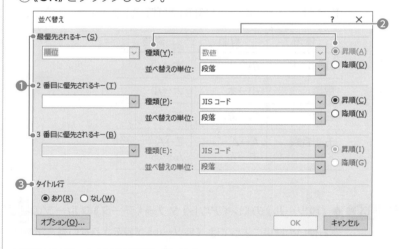

## (2)

① 3ページ目の表にカーソルを移動します。

※表内であれば、どこでもかまいません。

② 《表ツール》の《レイアウト》タブ→《データ》グループの ![AZ↓] (並べ替え) をクリックします。

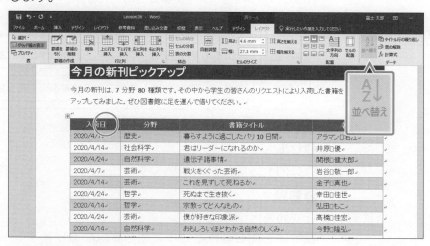

③ 《並べ替え》ダイアログボックスが表示されます。

④ 《最優先されるキー》の ∨ をクリックし、一覧から《入荷日》を選択します。

⑤ 《種類》の ∨ をクリックし、一覧から《日付》を選択します。

⑥ 《昇順》を ● にします。

⑦ 《2番目に優先されるキー》の ∨ をクリックし、一覧から《分野》を選択します。

⑧ 《種類》の ∨ をクリックし、一覧から《五十音順》を選択します。

⑨ 《昇順》を ● にします。

⑩ 《OK》をクリックします。

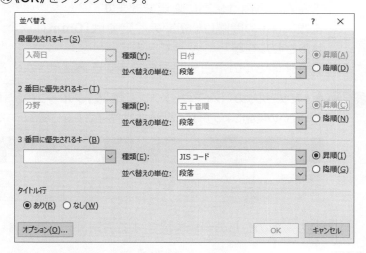

⑪ 表のデータが並び替わります。

| 入荷日 | 分野 | 書籍タイトル | 著者 |
|---|---|---|---|
| 2020/4/7 | 芸術 | 戦火をくぐった芸術 | 岩谷□敬一郎 |
| 2020/4/7 | 自然科学 | 統計学のすべて | 濱田□恵里子 |
| 2020/4/7 | 社会科学 | 学生時代に身に付ける社会常識 | 中村□明弘 |
| 2020/4/7 | 哲学 | 細かいことにとらわれない人 | 佐々木□智子 |
| 2020/4/7 | 哲学 | ジャカルタで考えた100のこと | 佐田□博 |
| 2020/4/7 | 歴史 | 暮らすように過ごしたパリ10日間 | アラマン□君江 |
| 2020/4/14 | 芸術 | これを見ずして死ねるか | 金子□真也 |
| 2020/4/14 | 自然科学 | おもしろいほどわかる自然のしくみ | 今野□隆弘 |
| 2020/4/14 | 社会科学 | 君はリーダーになれるのか | 井原□優 |
| 2020/4/14 | 社会科学 | みんなちがって·みんないい世の中とは？ | 草場□真由美 |
| 2020/4/14 | 社会科学 | お金の動きから何がわかる？ | 東□雄太 |
| 2020/4/14 | 哲学 | 宗教ってどんなもの | 弘田□もこ |
| 2020/4/24 | 芸術 | 僕が好きな印象派 | 髙橋□佳宏 |
| 2020/4/24 | 自然科学 | 遺伝子諸事情 | 関根□健太郎 |

求められるスキル

出題範囲1

出題範囲2

出題範囲3

出題範囲4

出題範囲5

出題範囲6

確認問題 標準解答

## 3-2-2 ｜ セルの余白と間隔を設定する

**■表の構成要素**

Wordの表は、次のような要素から構成されています。

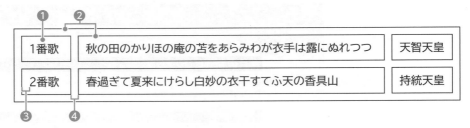

**①セル**

行と列で区切られた領域です。

**②罫線**

行や列を区切る線です。
表全体を囲む罫線とセルを囲む罫線があります。

**③セルの余白**

文字列と罫線の間の余白です。

**④セルの間隔**

セルとセルの間の間隔です。

**■セルの余白や間隔の設定**

セルの余白は、初期の設定では上下「0mm」、左右「1.9mm」になっています。この上下左右の余白は個別に変更できます。
また、セルの間隔は、初期の設定では「0mm」になっています。この間隔を広げると、セルとセルを離して表示できます。
表全体のセルの余白や間隔を設定する方法は、次のとおりです。

`2019` `365` ◆《表ツール》の《レイアウト》タブ→《配置》グループの ▦ (セルの配置)

※お使いの環境によっては、《表ツール》が表示されない場合があります。

表の一部のセルの余白を設定する方法は、次のとおりです。

`2019` `365` ◆変更するセルを選択→《表ツール》の《レイアウト》タブ→《表》グループの ▦ プロパティ (表のプロパティ)→《セル》タブ→《オプション》

※お使いの環境によっては、《表ツール》が表示されない場合があります。

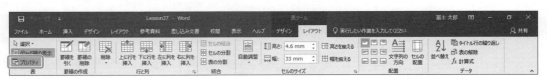

# Lesson 37

 文書「Lesson37」を開いておきましょう。

次の操作を行いましょう。

**(1)** 1ページ目の表のセルの左の余白を「5mm」、間隔を「0.5mm」に設定してください。

**(2)** 3ページ目の表のタイトル行を除くセルの上下の余白を「1mm」、左の余白を「3mm」に設定してください。

## Lesson37 Answer

**(1)**

①1ページ目の表にカーソルを移動します。

※表内であれば、どこでもかまいません。

 その他の方法

**セルの間隔の設定**

`2019` `365`

◆表内にカーソルを移動→《表ツール》の《レイアウト》タブ→《表》グループの プロパティ (表のプロパティ)→《表》タブ→《オプション》

※お使いの環境によっては、《表ツール》が表示されない場合があります。

◆表を右クリック→《表のプロパティ》→《表》タブ→《オプション》

②《表ツール》の《レイアウト》タブ→《配置》グループの （セルの配置）をクリックします。

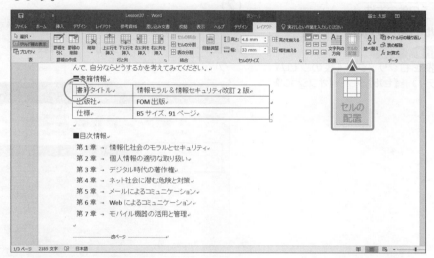

③《表のオプション》ダイアログボックスが表示されます。

④《左》を「5mm」に設定します。

⑤《セルの間隔を指定する》を ✔ にし、「0.5mm」に設定します。

⑥《OK》をクリックします。

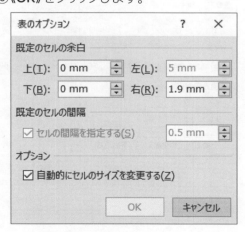

求められるスキル

出題範囲1

出題範囲2

出題範囲3

出題範囲4

出題範囲5

出題範囲6

確認問題 標準解答

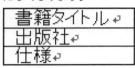

**Point**

## セルの余白

セルの余白が上下「0mm」でも、文字列と罫線の間に若干の余白を確認できます。これは、文字列のフォントサイズより行間が大きいためです。文字列のフォントサイズと行間がまったく同じ場合には、余白は完全になくなります。

| 書籍タイトル |
|---|
| 出版社 |
| 仕様 |

フォントサイズ：10.5ポイント
行間：固定値10.5ポイント

**その他の方法**

## セルの余白の設定

`2019` `365`

◆表を右クリック→《表のプロパティ》→《セル》タブ→《オプション》

---

⑦セルの余白と間隔が設定されます。

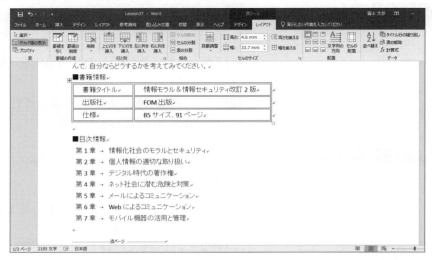

## (2)

①3ページ目の表の2行目から最終行までを選択します。

②《表ツール》の《レイアウト》タブ→《表》グループの ▦ プロパティ （表のプロパティ）をクリックします。

③《表のプロパティ》ダイアログボックスが表示されます。

④《セル》タブを選択します。

⑤《オプション》をクリックします。

⑥《セルのオプション》ダイアログボックスが表示されます。

⑦《表全体を同じ設定にする》を ☐ にします。

⑧《上》と《下》を「1mm」に、《左》を「3mm」に設定します。

⑨《OK》をクリックします。

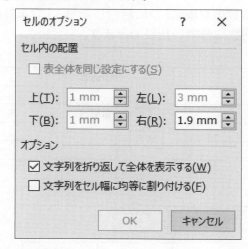

⑩《表のプロパティ》ダイアログボックスに戻ります。

⑪《OK》をクリックします。

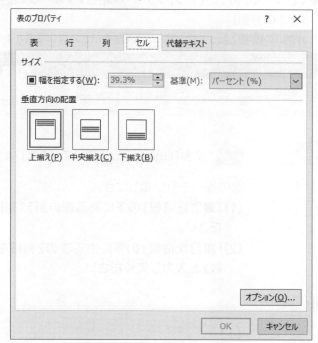

⑫ セルの余白が変更されます。

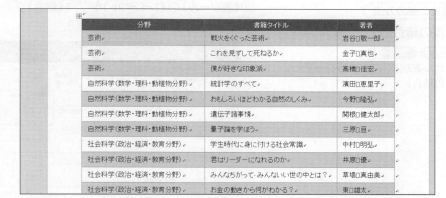

**! Point**

**セル内の文字の配置**

セル内の文字は、水平方向の位置や垂直方向の位置を調整できます。《表ツール》の《レイアウト》タブの《配置》グループにある各ボタンを使って設定します。

求められるスキル

出題範囲1

出題範囲2

出題範囲3

出題範囲4

出題範囲5

出題範囲6

確認問題 標準解答

## 3-2-3 | セルを結合する、分割する

 解 説　■セルの結合と分割

隣り合った複数のセルを1つに結合したり、1つまたは隣り合った複数のセルを、指定した行数や列数に分割したりできます。

**結合**

| 申込者 | |
|---|---|
| | |
| 希望日 | |
| | |
| | |

| 申込者 | |
|---|---|
| | |
| 希望日 | |
| | |

**分割**

| 申込者 | |
|---|---|

分割

| 申込者 | | | |
|---|---|---|---|

**2019** **365** ◆《表ツール》の《レイアウト》タブ→《結合》グループの ⊞ セルの結合 （セルの結合）／ ⊞ セルの分割 （セルの分割）

※お使いの環境によっては、《表ツール》が表示されない場合があります。

## Lesson 38

OPEN 文書「Lesson38」を開いておきましょう。

次の操作を行いましょう。

**(1)**「■書籍情報」の下にある表の3行1列目から5行1列目のセルを結合してください。

**(2)**「■目次情報」の下にある表の2列目を2列に分割し、1行3列目に「ページ数」と入力してください。

## Lesson 38 Answer

 その他の方法

**セルの結合**

**2019** **365**

◆セルを選択し右クリック→《セルの結合》

### (1)

①「**■書籍情報**」の下にある表の3行1列目から5行1列目のセルを選択します。

②《**表ツール**》の《**レイアウト**》タブ→《**結合**》グループの ⊞ セルの結合 （セルの結合）をクリックします。

③ セルが結合されます。

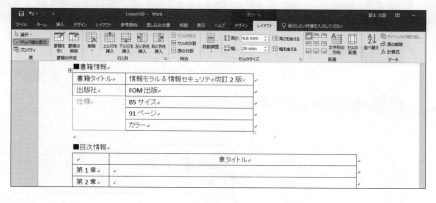

## (2)

① 「■目次情報」の下にある表の2列目を選択します。

② 《表ツール》の《レイアウト》タブ→《結合》グループの [セルの分割] (セルの分割) を
クリックします。

**その他の方法**

**セルの分割**

**2019** **365**

◆ セルを右クリック→《セルの分割》

③ 《セルの分割》ダイアログボックスが表示されます。

④ 《列数》を「2」に設定します。

⑤ 《行数》が「8」になっていることを確認します。

⑥ 《OK》をクリックします。

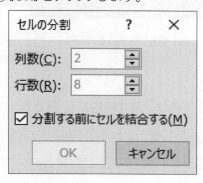

⑦ セルが分割されます。

⑧ 1行3列目のセルに「ページ数」と入力します。

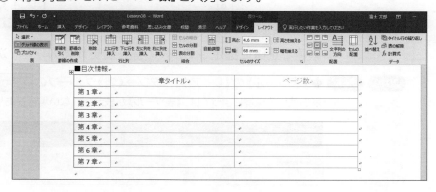

求められるスキル

出題範囲1

出題範囲2

出題範囲3

出題範囲4

出題範囲5

出題範囲6

確認問題 標準解答

**解説** ■列の幅や行の高さの変更

表の挿入後に、列の幅や行の高さは自由に変更できます。

`2019` `365` ◆列の下側や行の右側の境界線をドラッグ

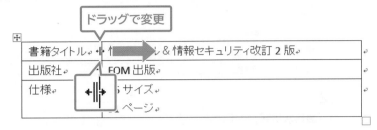

文字列の長さに合わせて、列の幅を自動的に調整する方法は、次のとおりです。

`2019` `365` ◆列の右側の境界線をダブルクリック

数値で正確に指定して、列の幅や行の高さを変更する方法は、次のとおりです。

`2019` `365` ◆《表ツール》の《レイアウト》タブ→《セルのサイズ》グループの 幅: (列の幅の設定)／
高さ: (行の高さの設定)

※お使いの環境によっては、《表ツール》が表示されない場合があります。

■表のサイズ変更

表の挿入後に、表全体のサイズは自由に変更できます。

`2019` `365` ◆表をポイントすると右下に表示される□（表のサイズ変更ハンドル）をドラッグ

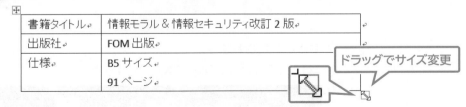

数値で正確に指定して、表の幅を変更する方法は、次のとおりです。

`2019` `365` ◆《表ツール》の《レイアウト》タブ→《表》グループの プロパティ （表のプロパティ）

※お使いの環境によっては、《表ツール》が表示されない場合があります。

# Lesson 39

 文書「Lesson39」を開いておきましょう。

次の操作を行いましょう。

(1)「■書籍情報」の下にある表の1列目の幅を文字列の長さに合わせて自動調整し、2列目の幅を「100mm」に設定してください。

## Lesson 39 Answer

### (1)

①「■書籍情報」の下にある表の1列目の右側の境界線をポイントし、マウスポインターの形が  に変わったらダブルクリックします。

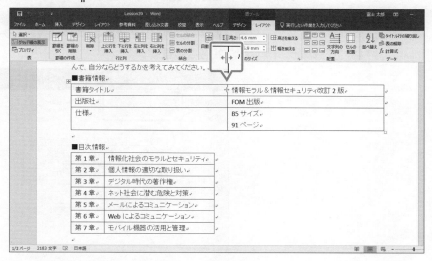

②1列目の列の幅が変更されます。

③2列目にカーソルを移動します。

※2列目であれば、どこでもかまいません。

④《表ツール》の《レイアウト》タブ→《セルのサイズ》グループの 幅: （列の幅の設定）を「100mm」に設定します。

⑤2列目の列の幅が変更されます。

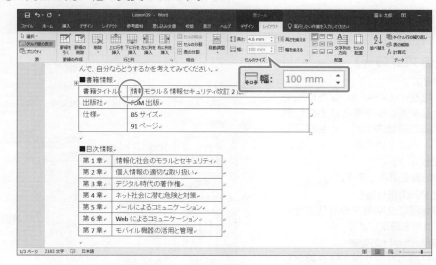

**その他の方法**

**列の幅の設定**

2019  365

◆列内にカーソルを移動→《表ツール》の《レイアウト》タブ→《表》グループの プロパティ （表のプロパティ）→《列》タブ→《☑幅を指定する》

※お使いの環境によっては、《表ツール》が表示されない場合があります。

◆列を右クリック→《表のプロパティ》→《列》タブ→《☑幅を指定する》

※《表のプロパティ》ダイアログボックスの《幅を指定する》にはセルの間隔は含まれません。

求められるスキル

出題範囲 1

出題範囲 2

出題範囲 3

出題範囲 4

出題範囲 5

出題範囲 6

確認問題 標準解答

# Lesson 40

 文書「Lesson40」を開いておきましょう。

次の操作を行いましょう。

(1)「■目次情報」の下にある表の幅を「140mm」に設定してください。

(2)「■目次情報」の下にある表のすべての行の高さを「8mm」に設定して、表全体では高さが「56mm」になるようにしてください。

## Lesson 40 Answer

### (1)

①「■目次情報」の下にある表内にカーソルを移動します。

※表内であれば、どこでもかまいません。

②《表ツール》の《レイアウト》タブ→《表》グループの 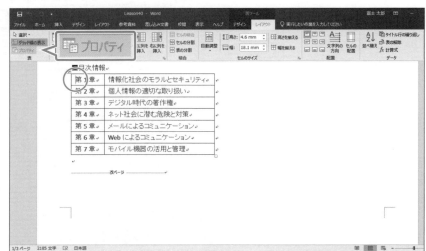 プロパティ (表のプロパティ) をクリックします。

③《表のプロパティ》ダイアログボックスが表示されます。

④《表》タブを選択します。

⑤《幅を指定する》を ☑ にし、「140mm」に設定します。

⑥《OK》をクリックします。

## ! Point

### 《表のプロパティ》

**❶サイズ**

表の幅をミリメートル、または％で設定します。％の場合は余白以外の本文の領域内で何％かを設定します。

**❷配置**

表の配置を選択します。

**❸文字列の折り返し**

表の周囲に文字列を周り込ませるかどうかを設定します。

**❹線種/網かけの変更**

表の枠線の種類や網かけを設定します。

**❺オプション**

セルの余白や間隔を設定します。

⑦表の幅が変更されます。

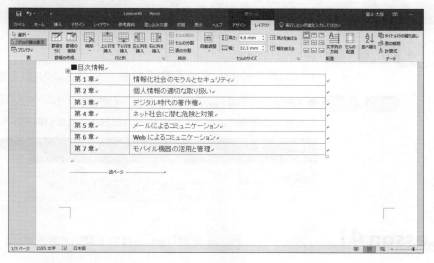

## (2)

①「■目次情報」の下にある表を選択します。

②《表ツール》の《レイアウト》タブ→《セルのサイズ》グループの [≣{] 高さ: (行の高さの設定）を「8mm」に設定します。

③行の高さが変更されます。

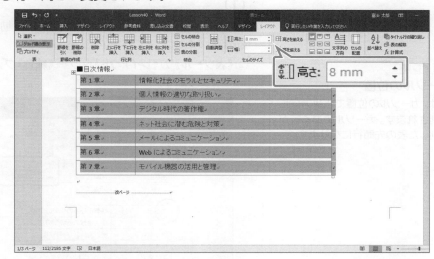

### ! Point
**表の高さの指定**
表の高さを数値で指定することはできません。正確に指定したい場合は、表を構成する行の高さを個別に設定します。

求められるスキル

出題範囲1

出題範囲2

出題範囲3

出題範囲4

出題範囲5

出題範囲6

確認問題 標準解答

## 3-2-5 表を分割する

**解説** ■表の分割

1つの表を分割して、それぞれ独立した2つの表にすることができます。

 `2019` `365` ◆《表ツール》の《レイアウト》タブ→《結合》グループの 🔳表の分割 （表の分割）

※お使いの環境によっては、《表ツール》が表示されない場合があります。

### Lesson 41

OPEN 文書「Lesson41」を開いておきましょう。

次の操作を行いましょう。

(1)1ページ目の表の4行目から表を分割し、分割した表の上の行に「目次情報」と入力してください。

### Lesson 41 Answer

**(1)**

①1ページ目の表の4行目にカーソルを移動します。

※4行目であれば、どこでもかまいません。

②《表ツール》の《レイアウト》タブ→《結合》グループの 🔳表の分割 （表の分割）をクリックします。

**Point**

**カーソルの位置**

表は、カーソルの位置で水平方向に分割されます。カーソルのある行が分割した表の先頭行になります。

③表が分割されます。

④分割した表の上の行にカーソルを移動します。

⑤「**目次情報**」と入力します。

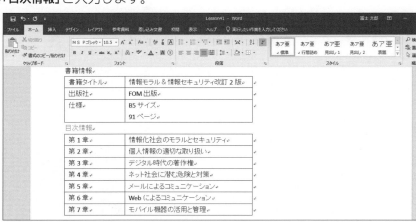

## 3-2-6 タイトル行の繰り返しを設定する

 **解 説** ■タイトル行の繰り返し

「**タイトル行**」とは、表の項目名が書かれた1行目のことです。「**列見出し**」ともいいます。複数ページにわたる大きな表の場合タイトル行が各ページに表示されるように設定できます。

**2019** **365** ◆《表ツール》の《レイアウト》タブ→《データ》グループの <kbd>タイトル行の繰り返し</kbd> （タイトル行の繰り返し）
※お使いの環境によっては、《表ツール》が表示されない場合があります。

## Lesson 42

 OPEN 文書「Lesson42」を開いておきましょう。

次の操作を行いましょう。
**(1)** 2ページ目の表のタイトル行が次のページにも表示されるように設定してください。

## Lesson 42 Answer

### (1)

① 2ページ目から始まっている表が3ページ目にかけて表示されていることを確認します。

② 2ページ目の表の1行目にカーソルを移動します。
※1行目であれば、どこでもかまいません。

③《表ツール》の《レイアウト》タブ→《データ》グループの <kbd>タイトル行の繰り返し</kbd> （タイトル行の繰り返し）をクリックします。

④ 3ページ目の表の先頭にタイトル行が表示されます。

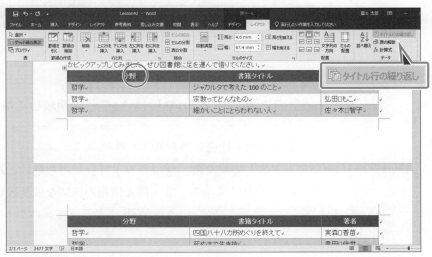

---

 **その他の方法**

**タイトル行の繰り返し**

**2019** **365**

◆タイトル行を選択→《表ツール》の《レイアウト》タブ→《表》グループの <kbd>プロパティ</kbd>（表のプロパティ）→《行》タブ→《☑各ページにタイトル行を表示する》

※お使いの環境によっては、《表ツール》が表示されない場合があります。

**Point**

**タイトル行の繰り返しの解除**

**2019** **365**

◆表の1行目にカーソルを移動→《表ツール》の《レイアウト》タブ→《データ》グループの <kbd>タイトル行の繰り返し</kbd>（タイトル行の繰り返し）

※お使いの環境によっては、《表ツール》が表示されない場合があります。

※ボタンが標準の色に戻ります。

※2ページ目以降に表示されているタイトル行は実際のデータではないので選択することはできません。

# 3-3 リストを作成する、変更する

理解度チェック

| 習得すべき機能 | 参照Lesson | 学習前 | 学習後 | 試験直前 |
|---|---|---|---|---|
| ■箇条書きや段落番号を設定できる。 | ➡Lesson43 | ☑ | ☑ | ☑ |
| ■新しい行頭文字や番号書式を定義できる。 | ➡Lesson44 | ☑ | ☑ | ☑ |
| ■リストのレベルを変更できる。 | ➡Lesson45 | ☑ | ☑ | ☑ |
| ■アウトラインを設定し、レベルを変更できる。 | ➡Lesson46 | ☑ | ☑ | ☑ |
| ■レベルごとに行頭文字や番号書式を定義できる。 | ➡Lesson47 | ☑ | ☑ | ☑ |
| ■段落番号の開始番号を設定できる。 | ➡Lesson48 | ☑ | ☑ | ☑ |
| ■リストの番号を1から振り直したり、継続したりできる。 | ➡Lesson49 | ☑ | ☑ | ☑ |

## 3-3-1 箇条書きや段落番号を設定する

### 解説　■箇条書きの設定

段落の先頭に「●」や「◆」などの行頭文字を付けることができます。

> ●→ 日程：2020 年 4 月 20 日（月）、23 日（木）↵
> ●→ 時間：13：00～16 ⋮
> ●→ 定員：両日とも 50 ⋮
> ●→ 場所：1 号館 301 教 ⋮

> ◆→ 日程：2020 年 4 月 20 日（月）、23 日（木）↵
> ◆→ 時間：13：00～16：30↵
> ◆→ 定員：両日とも 50 名ずつ（先着順）↵
> ◆→ 場所：1 号館 301 教室↵

`2019` `365` ◆《ホーム》タブ→《段落》グループの 📋▾ （箇条書き）

### ■段落番号の設定

段落の先頭に「1.2.3.」や「①②③」などの連続した番号を付けることができます。

> 1.→ ネット社会に潜む危険と対策↵
> 2.→ 個人情報の適 ⋮
> 3.→ Web によるコ ⋮

> ①→ ネット社会に潜む危険と対策↵
> ②→ 個人情報の適切な取り扱い↵
> ③→ Web によるコミュニケーション↵

`2019` `365` ◆《ホーム》タブ→《段落》グループの 📋▾ （段落番号）

# Lesson 43

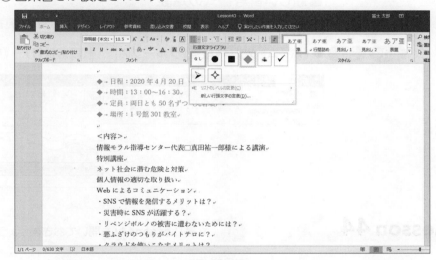

OPEN 文書「Lesson43」を開いておきましょう。

次の操作を行いましょう。

(1)「記」の下にある「日程…」から「…301教室」までの段落に行頭文字「◆」の箇条書きを設定してください。

(2)「＜内容＞」の下にある「ネット社会に…」から「…コミュニケーション」までの段落に段落番号「①②③」を設定してください。

## Lesson 43 Answer

### (1)

①「日程…」から「…301教室」までの段落を選択します。

②《ホーム》タブ→《段落》グループの ≔▾ （箇条書き）の ▾ →《行頭文字ライブラリ》の《◆》をクリックします。

③箇条書きが設定されます。

!Point
**箇条書きの解除**
2019 365
◆箇条書きを選択→《ホーム》タブ→《段落》グループの ≔ （箇条書き）
※ボタンが標準の色に戻ります。

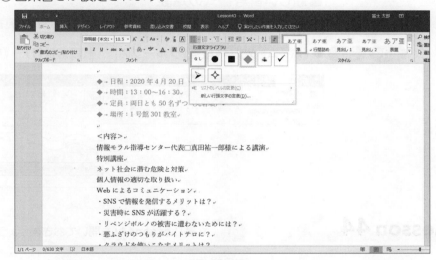

### (2)

①「ネット社会に…」から「…コミュニケーション」までの段落を選択します。

②《ホーム》タブ→《段落》グループの ≔▾ （段落番号）の ▾ →《番号ライブラリ》の《①②③》をクリックします。

③段落番号が設定されます。

!Point
**段落番号の解除**
2019 365
◆段落番号を選択→《ホーム》タブ→《段落》グループの ≔ （段落番号）
※ボタンが標準の色に戻ります。

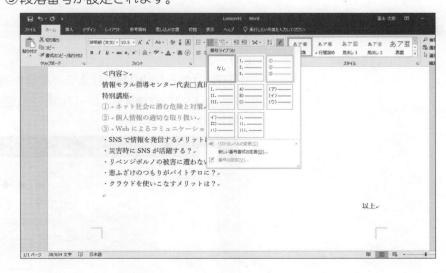

求められるスキル
出題範囲1
出題範囲2
出題範囲3
出題範囲4
出題範囲5
出題範囲6
確認問題 標準解答

**解 説** ■新しい行頭文字の定義

「★」や「♪」、「✓」など、様々な記号を行頭文字として定義できます。また、自分で用意した図（画像）を定義することもできます。

`2019` `365` ◆《ホーム》タブ→《段落》グループの ▤▾ （箇条書き）→《新しい行頭文字の定義》

■新しい番号書式の定義

段落番号の種類やフォント、配置を設定して、新しい番号書式を定義できます。

`2019` `365` ◆《ホーム》タブ→《段落》グループの ▤▾ （段落番号）→《新しい番号書式の定義》

## Lesson 44

OPEN 文書「Lesson44」を開いておきましょう。

次の操作を行いましょう。

**(1)** 記書きの「日程…」から「…301教室」までの段落に箇条書きを設定してください。行頭文字は、フォルダー「Lesson44」のファイル「マル.gif」にします。

**(2)** 「<内容>」の下の「情報モラル指導センター…」と「特別講座」の段落に段落番号を設定してください。段落番号は「第一部、第二部」と表示されるようにします。

## Lesson 44 Answer

**(1)**

①「**日程…**」から「**…301教室**」までの段落を選択します。

②《**ホーム**》タブ→《**段落**》グループの ▤▾ （箇条書き）の ▾ →《**新しい行頭文字の定義**》をクリックします。

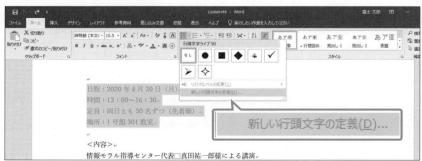

新しい行頭文字の定義(D)...

**! Point**

## 《新しい行頭文字の定義》

**❶記号**
記号を行頭文字として定義します。
フォントや文字コードを指定して記号を選択できます。

**❷図**
画像を行頭文字として定義します。
自分が用意した画像や、インターネットから検索した画像を選択できます。

**❸文字書式**
行頭文字として定義した記号のサイズや色などの書式を設定します。

**❹配置**
行頭文字の配置を変更します。

**! Point**

## 《画像の挿入》が表示されない場合

インターネットに接続されていない環境では、《画像の挿入》が表示されません。次のような画面が表示されるので、《オフライン作業》をクリックします。

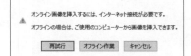

③《新しい行頭文字の定義》ダイアログボックスが表示されます。

④《図》をクリックします。

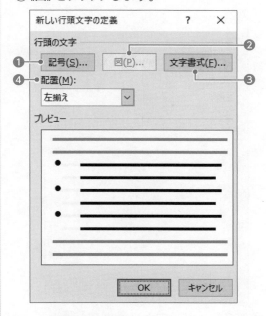

⑤《画像の挿入》が表示されます。

⑥《ファイルから》をクリックします。

⑦《図の挿入》ダイアログボックスが表示されます。

⑧ フォルダー「**Lesson44**」を開きます。

※《PC》→《ドキュメント》→「MOS-Word 365 2019（1）」→「Lesson44」を選択します。

⑨ 一覧から「**マル**」を選択します。

⑩《**挿入**》をクリックします。

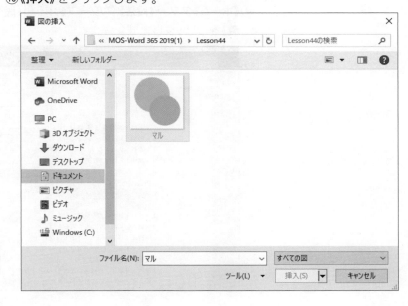

116

⑪《**新しい行頭文字の定義**》ダイアログボックスに戻ります。

⑫《**OK**》をクリックします。

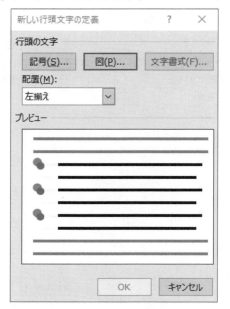

⑬箇条書きが設定されます。

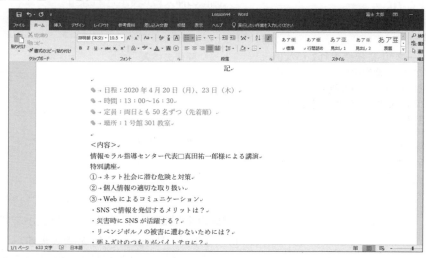

**(2)**

①「**情報モラル指導センター…**」と「**特別講座**」の段落を選択します。

②《**ホーム**》タブ→《**段落**》グループの 三・（段落番号）の ・→《**新しい番号書式の定義**》をクリックします。

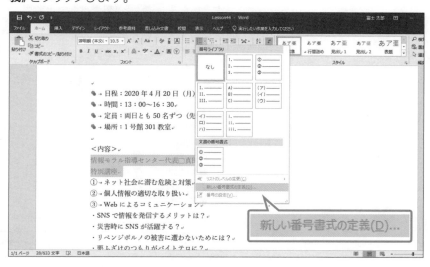

**! Point**

**行頭文字ライブラリへの登録**

新しく定義した行頭文字は、三・（箇条書き）の ・をクリックすると表示される《行頭文字ライブラリ》に自動的に登録され、ほかの文書でも利用できるようになります。

**! Point**

**行頭文字ライブラリからの削除**

**2019** **365**

◆《ホーム》タブ→《段落》グループの 三・（箇条書き）の ・→《行頭文字ライブラリ》の行頭文字を右クリック→《削除》

③《新しい番号書式の定義》ダイアログボックスが表示されます。

④《番号の種類》の ✓ をクリックし、一覧から《一, 二, 三…》を選択します。

⑤《番号書式》を「第一部」に修正します。

※「一」は削除しないように注意しましょう。「第」と「部」を入力し、「.」を削除します。

⑥《OK》をクリックします。

**❗ Point**

**《新しい番号書式の定義》**

**❶番号の種類**
番号の種類を選択します。

**❷フォント**
フォントやフォントサイズ、フォントの色などの書式を設定します。

**❸番号書式**
連番以外に表示する文字列や記号などを定義します。

**❹配置**
段落番号の配置を変更します。

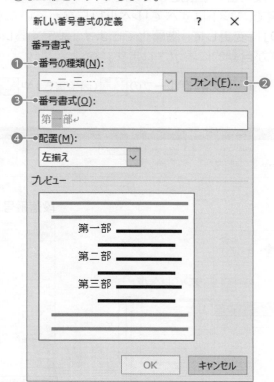

⑦新しい番号書式で段落番号が設定されます。

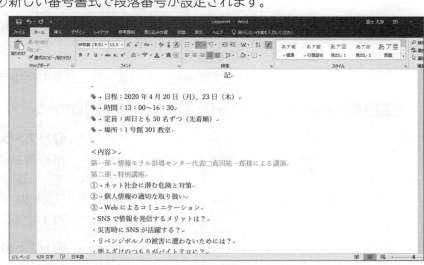

求められるスキル

出題範囲1

出題範囲2

出題範囲3

出題範囲4

出題範囲5

出題範囲6

確認問題 標準解答

# 3-3-3 リストのレベルを変更する

**解 説**

## ■リストのレベルの変更

箇条書きや段落番号を設定した段落を「**リスト**」といいます。

初期の設定で、リストはすべて「**レベル1**」になっていますが、内容に応じて「**レベル2**」から「**レベル9**」に変更して、階層化できます。設定するレベルによって、異なる行頭文字や番号書式が自動的に表示されます。

**2019** **365** ◆《ホーム》タブ→《段落》グループの ▤▾ (箇条書き) や ▤▾ (段落番号) →《リストのレベルの変更》

### 箇条書き

### 段落番号

9つのレベル

9つのレベル

## ■アウトラインの設定

レベルを変更して階層化したリストのことを「**アウトライン**」といいます。

**2019** **365** ◆《ホーム》タブ→《段落》グループの ▤▾ (アウトライン)

9つのレベル

**❶リストライブラリ**

番号書式の組み合わせが用意されているので、一覧から選択します。

リストのレベルに応じて、番号書式が適用されます。

**❷リストのレベルの変更**

リストのレベルを9段階から選択して、変更します。

一覧には、リストライブラリで選択した番号書式が表示されます。

# Lesson 45

 文書「Lesson45」を開いておきましょう。

次の操作を行いましょう。
(1)「＜内容＞」の下にある「SNSで…」から「…を使いこなすメリットは？」までのリストのレベルを「レベル2」に変更してください。

## Lesson 45 Answer

🖱 その他の方法

**リストのレベルの変更**

`2019` `365`

◆箇条書きまたは段落番号を選択→《ホーム》タブ→《段落》グループの (インデントを増やす)／ (インデントを減らす)

◆箇条書きまたは段落番号を選択→ Tab (レベル下げ)／ Shift + Tab (レベル上げ)

❗ Point

**段落番号とアウトラインの違い**

●(段落番号)
《番号ライブラリ》に表示されるのは、レベル1の番号書式です。設定後に、レベルを変更すると、Wordにあらかじめ用意されている番号書式が表示されます。

●(アウトライン)
《リストライブラリ》に表示されるのは、各レベルの番号書式の組み合わせです。設定後に、レベルを変更すると、《リストライブラリ》の一覧で選択した番号書式が表示されます。

**(1)**

①「SNSで…」から「…を使いこなすメリットは？」までの段落を選択します。

②《ホーム》タブ→《段落》グループの (箇条書き) の →《リストのレベルの変更》→《レベル2》をクリックします。

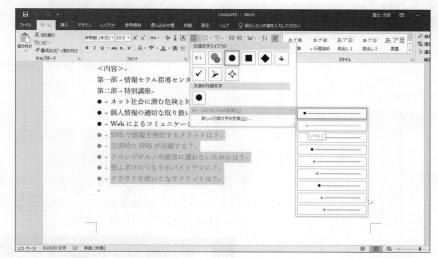

③レベルが変更されます。

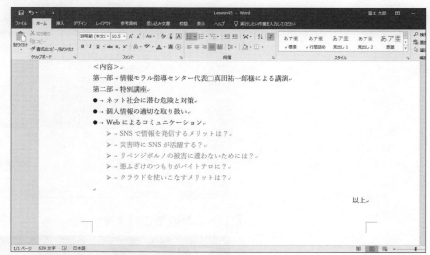

# Lesson 46

 文書「Lesson46」を開いておきましょう。

次の操作を行いましょう。
(1)「＜内容＞」の下にある「ネット社会に…」から「…を使いこなすメリットは？」までの段落に「1.、1.1.、1.1.1.」のアウトラインを設定してください。次に、「SNSで…」から「…を使いこなすメリットは？」までのアウトラインのレベルを「レベル2」に変更してください。

求められるスキル

出題範囲1

出題範囲2

出題範囲3

出題範囲4

出題範囲5

出題範囲6

確認問題 標準解答

**(1)**

① 「**ネット社会に…**」から「**…を使いこなすメリットは？**」までの段落を選択します。

② 《**ホーム**》タブ→《**段落**》グループの （アウトライン）→《**リストライブラリ**》の 《**1.、1.1.、1.1.1.**》をクリックします。

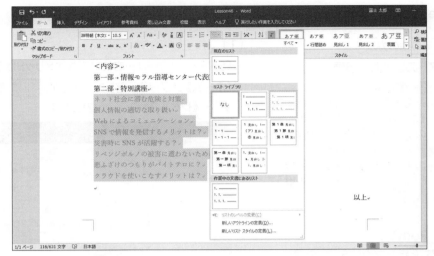

③ アウトラインが設定されます。

④ 「**SNSで…**」から「**…を使いこなすメリットは？**」までの段落を選択します。

⑤ 《**ホーム**》タブ→《**段落**》グループの （アウトライン）→《**リストのレベルの変更**》 →《**レベル2**》をクリックします。

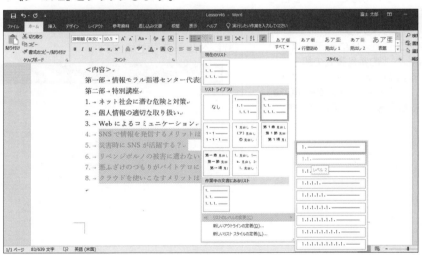

⑥ レベルが変更されます。

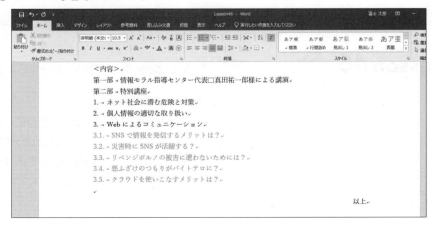

**Point**

アウトラインと見出しスタイルの連動

《リストライブラリ》の中で、「見出し」を含むリストを選択すると、段落の見出しスタイルと連動したアウトラインが設定されます。

## 3-3-4 リストのレベルごとに行頭文字や番号書式を変更する

解 説　■レベルごとに行頭文字や番号書式を定義

リストのレベルを変更すると、Wordにあらかじめ定義されている行頭文字や番号書式が表示されますが、ユーザーが定義することもできます。

2019　365　◆《ホーム》タブ→《段落》グループの （アウトライン）→《新しいアウトラインの定義》

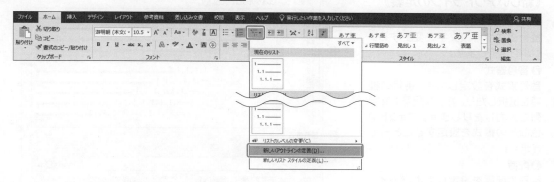

## Lesson 47

 文書「Lesson47」を開いておきましょう。

次の操作を行いましょう。
(1)「＜内容＞」の下にある「1　情報モラル指導センター…」から「…を使いこなすメリットは？」までのアウトラインの番号書式を変更してください。レベル1は「第一部、第二部」、レベル2は「1,2,3,…」、レベル3は「1_①,1_②,1_③,…」とします。

## Lesson 47 Answer

**(1)**
①「1　情報モラル指導センター…」から「…を使いこなすメリットは？」までの段落を選択します。
②《ホーム》タブ→《段落》グループの （アウトライン）→《新しいアウトラインの定義》をクリックします。

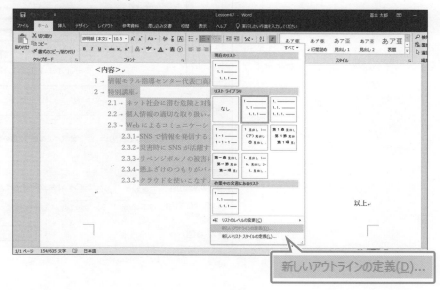

③《新しいアウトラインの定義》ダイアログボックスが表示されます。

④《変更するレベルをクリックしてください》の「1」をクリックします。

⑤《このレベルに使用する番号の種類》の ∨ をクリックし、一覧から《一, 二, 三…》を選択します。

⑥《番号書式》を「第一部」に修正します。

※「一」は削除しないように注意しましょう。「第」と「部」を入力します。

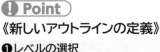

**《新しいアウトラインの定義》**

**❶レベルの選択**
番号書式や行頭文字を変更するレベルを選択します。

**❷番号書式**
番号書式を設定します。番号の種類を選択したり、好きな記号や文字列を入力したりします。フォントや色などの書式を設定することもできます。

**❸配置**
番号の配置を設定します。《左インデントからの距離》で本文の左端から番号までの間隔を、《インデント位置》で本文の左端からリストの内容までの間隔を設定します。

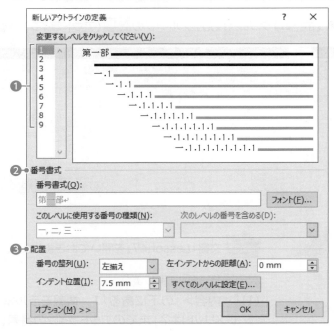

⑦《変更するレベルをクリックしてください》の「2」をクリックします。

⑧《このレベルに使用する番号の種類》の ∨ をクリックし、一覧から《1, 2, 3, …》を選択します。

⑨《番号書式》を「1」に修正します。

※「1」は削除しないように注意しましょう。「一」と「.」を削除します。

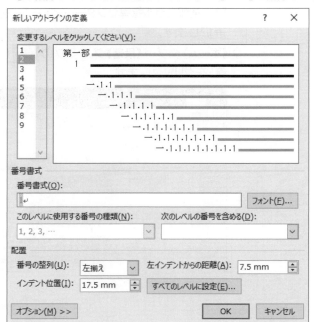

⑩《変更するレベルをクリックしてください》の「3」をクリックします。

⑪《このレベルに使用する番号の種類》の ∨ をクリックし、一覧から《①, ②, ③…》を選択します。

⑫《番号書式》を「1_①」に修正します。

※「1」と「①」は削除しないように注意しましょう。「一」と「.」を削除し、「_」を入力します。

⑬《OK》をクリックします。

**! Point**

**リストライブラリへの登録**

新しく定義したアウトライン番号をほかの文書でも利用する場合は、《リストライブラリ》に登録する必要があります。

**2019** **365**

◆《ホーム》タブ→《段落》グループの ▼ (アウトライン) →《作業中の文書にあるリスト》の登録する番号を右クリック→《リストライブラリに保存》

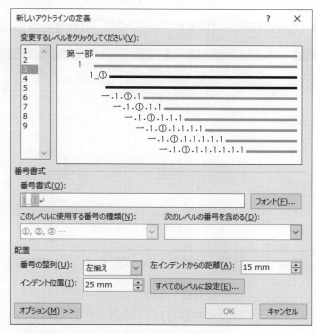

⑭ アウトラインが設定されます。

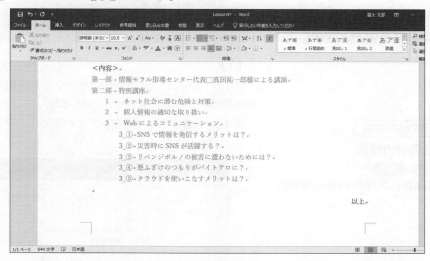

求められるスキル

出題範囲1

出題範囲2

出題範囲3

出題範囲4

出題範囲5

出題範囲6

確認問題 標準解答

# 3-3-5 開始する番号の値を設定する

**解説** ■開始番号の設定

段落番号を設定すると、「**1**」から始まる連続番号が表示されますが、開始番号は指定できます。

`2019` `365` ◆《ホーム》タブ→《段落》グループの （段落番号）→《番号の設定》

## Lesson 48

**OPEN** 文書「Lesson48」を開いておきましょう。

次の操作を行いましょう。
**(1)**「＜内容＞」の下にある「① SNSで…」の段落番号を「②」から開始するように設定してください。次に、「第1部 パネルディスカッション」の段落番号を「第3部」に変更してください。

## Lesson 48 Answer

**(1)**
①「① SNSで…」の段落にカーソルを移動します。
※段落内であれば、どこでもかまいません。

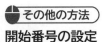
**開始番号の設定**
`2019` `365`
◆段落を右クリック→《番号の設定》

②《ホーム》タブ→《段落》グループの（段落番号）の →《番号の設定》をクリックします。

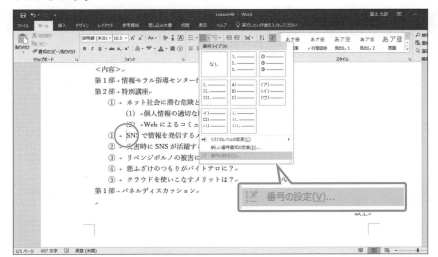

③《番号の設定》ダイアログボックスが表示されます。

④《開始番号》を「②」に設定します。

⑤《OK》をクリックします。

**! Point**

**《番号の設定》**

❶ **新しくリストを開始する**
前の続きではない番号を設定します。

❷ **前のリストから継続する**
前の続きの番号を設定します。
《値の繰り上げ》を✓にすると、指定した《開始番号》まで、段落番号の設定された空白行を挿入します。

❸ **開始番号**
開始する番号を設定します。

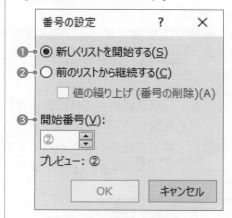

⑥段落番号が変更されます。

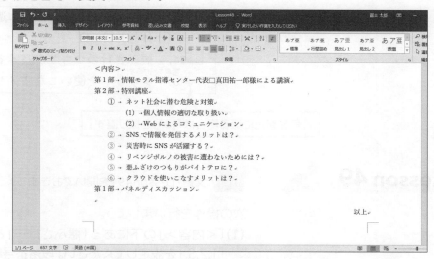

⑦同様に、「**第1部　パネルディスカッション**」を「**第3部　パネルディスカッション**」に変更します。

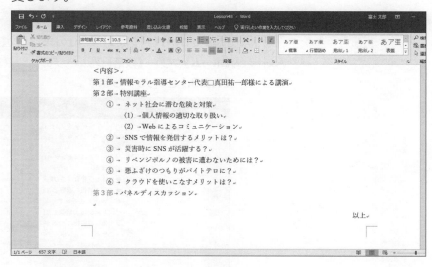

求められるスキル

出題範囲1

出題範囲2

出題範囲3

出題範囲4

出題範囲5

出題範囲6

確認問題 標準解答

## 3-3-6 リストの番号を振り直す、自動的に振る

 **解 説**　■番号の振り直しと継続

同じ種類の段落番号を繰り返し設定すると、2回目以降に ⚡▾ (オートコレクトのオプション) が表示されます。⚡▾ (オートコレクトのオプション) を使うと、番号を振り直すか、継続するかを選択できます。

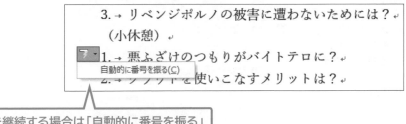

番号を継続する場合は「自動的に番号を振る」

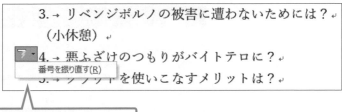

番号を新たに振る場合は「番号を振り直す」

## Lesson 49

📂 OPEN 文書「Lesson49」を開いておきましょう。

次の操作を行いましょう。

**(1)**「＜内容＞」の下にある「悪ふざけ…」と「クラウドを…」の段落に段落番号「1.2.3.」を設定してください。段落番号は連続番号になるように設定します。

## Lesson 49 Answer

**(1)**

①「**悪ふざけ…**」と「**クラウドを…**」の段落を選択します。

②《**ホーム**》タブ→《**段落**》グループの  (段落番号) の ▾ →《**番号ライブラリ**》の《**1.2.3.**》をクリックします。

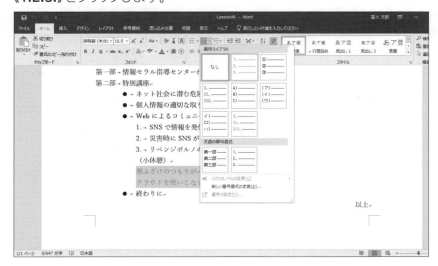

**自動的に番号を振る**

`2019` `365`

◆ 段落番号を右クリック→《自動的に番号を振る》

③段落番号が設定されます。

④ ⚡▾ (オートコレクトのオプション) をクリックします。

⑤《自動的に番号を振る》をクリックします。

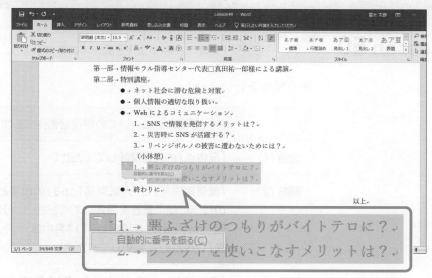

**1から再開**

連続番号が設定されているリストの途中で、1から番号を振り直すことができます。

`2019` `365`

◆ 段落番号を右クリック→《1から再開》

⑥段落番号が振り直されます。

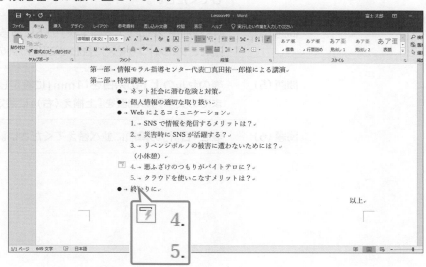

# Exercise | 確認問題

## Lesson 50

 文書「Lesson50」を開いておきましょう。

次の操作を行いましょう。

| | お歳暮の売上についての報告書を作成します。 |
|---|---|
| 問題（1） | 「反省点」の表を解除してください。 |
| 問題（2） | 「開催期間…」と「人気商品Top3」の段落と、「反省点」から「配送処理で…」までの段落に箇条書きを設定してください。行頭文字は、フォルダー「Lesson50」の図「mark.gif」を設定し、「11月中は…」と「配送処理で…」の箇条書きのレベルを「レベル2」に変更してください。 |
| 問題（3） | 「Casablancaの…」から「…745点」までの段落に、「1.2.3.」の段落番号を設定してください。 |
| 問題（4） | 「店舗別ギフトコーナー売上表」の下にある「支店名…」から「…5,807」までの段落を、ウィンドウサイズに合わせて7行7列の表に変換してください。 |
| 問題（5） | 表のセルの上下の余白を「1mm」に設定してください。2行2列目から7行7列目までの文字列の配置を「上揃え（右）」に設定してください。 |
| 問題（6） | 表を「合計」の降順に並べ替えてください。 |

# 出題範囲 4

# 参考資料の作成と管理

# 4-1 参照のための要素を作成する、管理する

## ☑ 理解度チェック

| 習得すべき機能 | 参照Lesson | 学習前 | 学習後 | 試験直前 |
|---|---|---|---|---|
| ■ 脚注や文末脚注を挿入できる。 | →Lesson51 | ☑ | ☑ | ☑ |
| ■ 脚注の場所やレイアウト、番号書式を変更できる。 | →Lesson52 | ☑ | ☑ | ☑ |
| ■ 文末脚注を脚注に変換できる。 | →Lesson53 | ☑ | ☑ | ☑ |
| ■ 資料文献を登録できる。 | →Lesson54 | ☑ | ☑ | ☑ |
| ■ 資料文献を変更できる。 | →Lesson54 | ☑ | ☑ | ☑ |
| ■ 登録済みの資料文献を引用文献として挿入できる。 | →Lesson55 | ☑ | ☑ | ☑ |
| ■ 新しく資料文献を追加し、引用文献として挿入できる。 | →Lesson55 | ☑ | ☑ | ☑ |
| ■ 資料文献を削除できる。 | →Lesson55 | ☑ | ☑ | ☑ |
| ■ プレースホルダーを追加し、引用文献を挿入できる。 | →Lesson56 | ☑ | ☑ | ☑ |
| ■ 文献目録を挿入できる。 | →Lesson57 | ☑ | ☑ | ☑ |

## 4-1-1 脚注や文末脚注を挿入する

 **解説**

### ■脚注や文末脚注の挿入

「脚注」を使うと、文書内の単語の後ろに記号を付けて、ページや文書の最後に、説明や補足などを入力できます。論文やレポートなどを作成するときに、本文と区別して説明を補う場合に使います。
脚注には、次の2つがあります。

**脚注**
各ページの最後に脚注内容が表示されます。

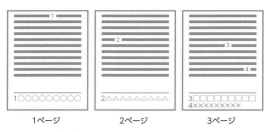

**文末脚注**
文書やセクションの最後に脚注内容がまとめて表示されます。

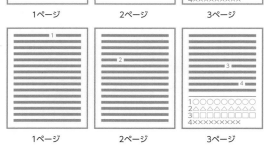

2019　365 ◆《参考資料》タブ→《脚注》グループの（脚注の挿入）／文末脚注の挿入（文末脚注の挿入）

# Lesson 51

 文書「Lesson51」を開いておきましょう。

次の操作を行いましょう。

**(1)** 1ページ目の見出し「1.　はじめに」の下にある「EU」の後ろに、脚注を挿入してください。脚注内容は「European Unionの略称。欧州連合ともいう。」と入力します。

**(2)** 3ページ目の見出し「3.　ユーロ導入国の推移」の下にある「19か国」の後ろに、文末脚注を挿入してください。脚注内容には、ユーロ導入国の表の下にある「2019年現在、…」から「…導入していない。」までの文字列を切り取って貼り付けます。

## Lesson 51  Answer

### (1)

① 「**EU**」の後ろにカーソルを移動します。

② 《**参考資料**》タブ→《**脚注**》グループの AB¹（脚注の挿入）をクリックします。

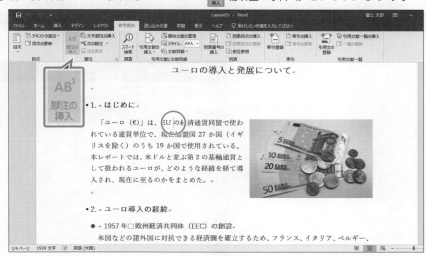

③ 1ページ目の最後に、脚注の境界線とカーソルが表示されていることを確認し、「**European Unionの略称。欧州連合ともいう。**」と入力します。

※ 本文中のカーソルのあった位置には、脚注記号が挿入されます。

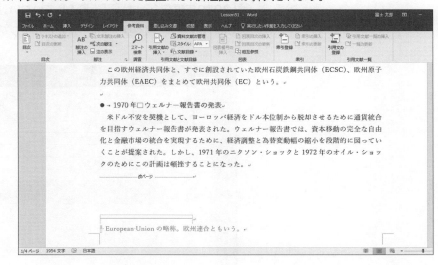

求められるスキル

出題範囲1

出題範囲2

出題範囲3

出題範囲4

出題範囲5

出題範囲6

確認問題　標準解答

### ⚠ Point

**脚注記号と脚注内容**

脚注を挿入した位置とページの最後や文末に振られる記号を「脚注記号」、説明や補足を「脚注内容」といいます。本文中の脚注記号をポイントすると、脚注内容がポップヒントで表示されます。脚注は文書内に複数挿入でき、自動的に連続番号が振られます。

> European Unionの略称。欧州連合ともいう。
>
> EU¹の経済通貨同盟で使わ
> 現在加盟国 27 か国（イギ

## （2）

①「**19か国**」の後ろにカーソルを移動します。

②《**参考資料**》タブ→《**脚注**》グループの 文末脚注の挿入 （文末脚注の挿入）をクリックします。

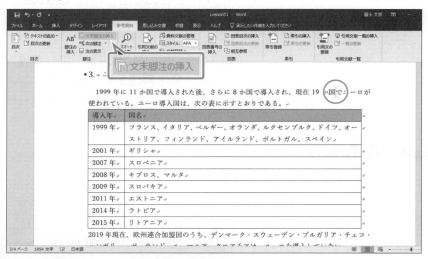

③カーソルが文書の最後に表示されていることを確認します。

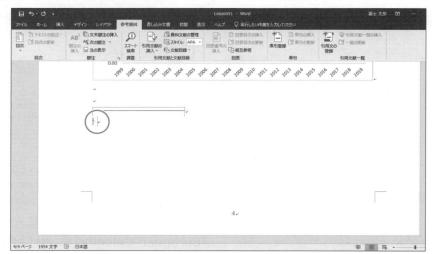

④「**2019年現在、…**」から「**…導入していない。**」までを選択します。

⑤《**ホーム**》タブ→《**クリップボード**》グループの 切り取り （切り取り）をクリックします。

⑥カーソルを文書の最後に移動します。

⑦《ホーム》タブ→《クリップボード》グループの 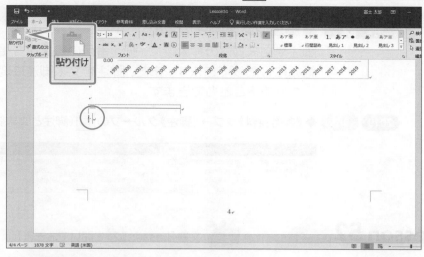 (貼り付け)をクリックします。

⑧脚注内容に文字列が貼り付けられます。

※本文中のカーソルのあった位置には、脚注記号が挿入されます。

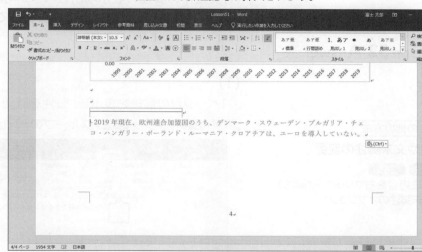

**!Point**

**脚注や文末脚注の削除**

`2019` `365`

◆本文中の脚注記号を選択→
　`Delete`

※ページや文書の最後にある脚注
　記号と脚注内容、脚注の境界線
　も削除されます。

求められるスキル

出題範囲1

出題範囲2

出題範囲3

出題範囲4

出題範囲5

出題範囲6

確認問題 標準解答

# 4-1-2　脚注や文末脚注のプロパティを変更する

 **解 説**　■脚注や文末脚注の変更

脚注や文末脚注の挿入後に、脚注番号の書式を変更したり、脚注内容のレイアウトを段組みにしたりできます。また、脚注を文末脚注に変換したり、文末脚注を脚注に変換したりすることもできます。

`2019` `365` ◆《参考資料》タブ→《脚注》グループの （脚注と文末脚注）

## Lesson 52

OPEN　文書「Lesson52」を開いておきましょう。

次の操作を行いましょう。

**(1)** 文書中の脚注の表示場所をページ内の文字列の直後に、レイアウトを2段に、番号書式を「A,B,C,…」に変更してください。

## Lesson 52 Answer

**その他の方法**

**脚注や文末脚注の変更**

`2019` `365`

◆脚注内容を右クリック→《脚注と文末脚注のオプション》

### (1)

①1ページ目の最後を表示し、脚注を確認します。

②《参考資料》タブ→《脚注》グループの （脚注と文末脚注）をクリックします。

③《脚注と文末脚注》ダイアログボックスが表示されます。

④《脚注》を ⦿ にします。

⑤《脚注》の ∨ をクリックし、一覧から《ページ内文字列の直後》を選択します。

⑥《列》の ∨ をクリックし、一覧から《2段》を選択します。

⑦《番号書式》の ∨ をクリックし、一覧から《A,B,C,…》を選択します。

## Point

### 《脚注と文末脚注》

**❶場所**

脚注と文末脚注の表示場所を設定
します。脚注は、初期の設定の《ペー
ジの最後》から《ページ内文字列の
直後》に変更できます。文末脚注は、
初期の設定の《文書の最後》から《セ
クションの最後》に変更できます。

**❷変換**

脚注を文末脚注に、文末脚注を脚
注に変換します。

**❸脚注のレイアウト**

脚注内容を段組みで表示します。

**❹書式**

脚注記号の番号書式を変更したり、
任意の脚注記号を設定したりしま
す。また、開始番号を変更したり、
番号の付け方を設定したりするこ
ともできます。

**❺変更の反映**

変更の対象を文書全体にするかセク
ション単位にするかを選択します。

⑧《適用》をクリックします。

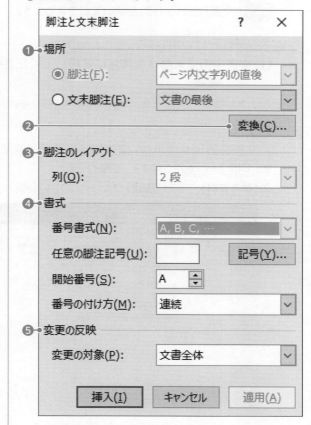

⑨脚注が変更されます。

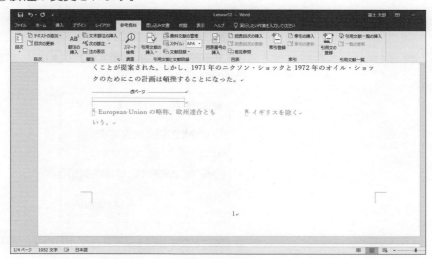

求められるスキル

出題範囲1

出題範囲2

出題範囲3

出題範囲4

出題範囲5

出題範囲6

確認問題 標準解答

136

# Lesson 53

 文書「Lesson53」を開いておきましょう。

次の操作を行いましょう。
**(1)** 文書中の文末脚注を脚注に変換してください。

## Lesson 53 Answer

### その他の方法
**文末脚注を脚注に変換**

`2019` `365`

◆脚注内容を右クリック→《脚注に変換》

※一括変換はできないので、個別に設定します。

## (1)

① 文書の最後を表示し、文末脚注を確認します。

※ `Ctrl` + `End` を押すと、効率的です。

②《**参考資料**》タブ→《**脚注**》グループの 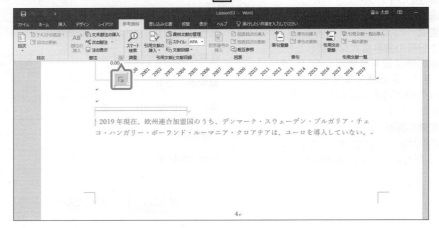 (脚注と文末脚注) をクリックします。

③《**脚注と文末脚注**》ダイアログボックスが表示されます。

④《**変換**》をクリックします。

⑤《**脚注の変更**》ダイアログボックスが表示されます。

⑥《**文末脚注を脚注に変更する**》を ◉ にします。

⑦《**OK**》をクリックします。

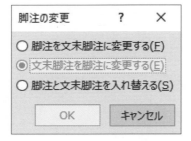

⑧《**脚注と文末脚注**》ダイアログボックスに戻ります。

⑨《**閉じる**》をクリックします。

⑩ 文末脚注が脚注に変換されます。

※3ページ目の最後を表示して確認しておきましょう。

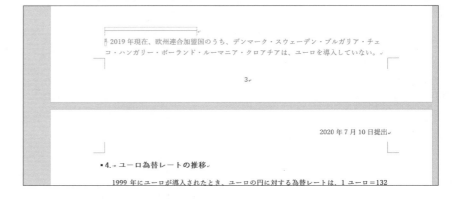

## 4-1-3　資料文献を作成する、変更する

**解　説**

### ■資料文献と引用文献

書籍やWebサイトなどの文献を参考にして論文やレポートを作成する場合、出典元を明示するのが一般的です。Wordでは、参考にした文献を「**資料文献**」、文書中でその文献の出典を明示した箇所を「**引用文献**」といいます。

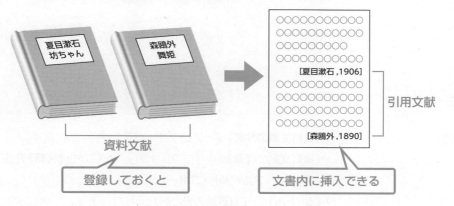

資料文献　登録しておくと　引用文献　文書内に挿入できる

### ■資料文献の登録と変更

Wordには、資料文献を管理できる機能が備わっています。参考にした資料文献を登録しておけば、文書中に引用文献を簡単に挿入できるようになります。
また、登録した文献の情報に間違いがあった場合には、あとから変更できます。

**2019　365**　◆《参考資料》タブ→《引用文献と文献目録》グループの ［資料文献の管理］（資料文献の管理）

※引用文献の挿入については、P.142を参照してください。

## Lesson 54

 文書「Lesson54」を開いておきましょう。

次の操作を行いましょう。

(1) 資料文献として、アルベルト・コポー著「EU経済の光と影」（2016年増田書房発行）を登録してください。資料文献の種類は書籍とします。

(2) 登録済みの資料文献の著者名を「アルベール・コポー」に変更してください。マスターリストと現在のリストの両方を変更します。

## Lesson 54 Answer

### (1)

①《参考資料》タブ→《引用文献と文献目録》グループの ［資料文献の管理］（資料文献の管理）をクリックします。

②《資料文献の管理》ダイアログボックスが表示されます。

③《作成》をクリックします。

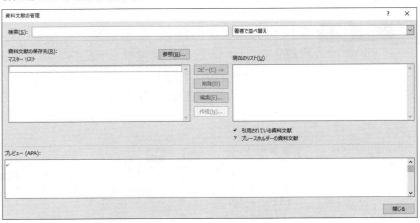

④《資料文献の作成》ダイアログボックスが表示されます。

⑤《資料文献の種類》の ∨ をクリックし、一覧から《書籍》を選択します。

⑥《著者》に「アルベルト・コポー」と入力します。

⑦《タイトル》に「EU経済の光と影」と入力します。

⑧《年》に「2016」と入力します。

⑨《発行元》に「増田書房」と入力します。

⑩《OK》をクリックします。

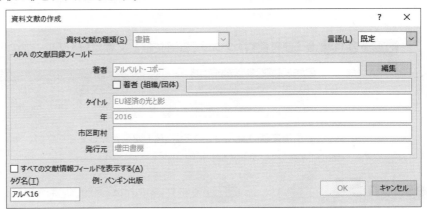

⑪《資料文献の管理》ダイアログボックスに戻ります。

⑫《マスターリスト》と《現在のリスト》に文献が登録されていることを確認します。

⑬《閉じる》をクリックします。

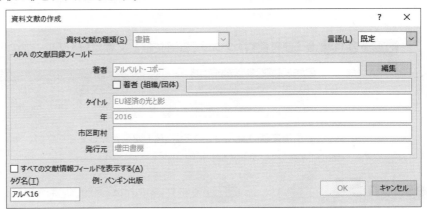

## Point

### 《資料文献の管理》

**❶検索**
登録されている一覧から目的の資料文献を検索します。キーワードを入力すると、そのキーワードを含む資料文献が、《マスターリスト》と《現在のリスト》に表示されます。

**❷並べ替え**
《マスターリスト》と《現在のリスト》に表示されている資料文献の一覧を並べ替えます。

**❸マスターリスト**
Wordで作成するすべての文書で利用できる資料文献の一覧です。

**❹現在のリスト**
現在開いている文書だけで利用できる資料文献の一覧です。

**❺コピー**
《マスターリスト》から《現在のリスト》に、あるいは《現在のリスト》から《マスターリスト》に、資料文献をコピーします。

**❻削除**
《マスターリスト》または《現在のリスト》の一覧から選択されている資料文献を削除します。

**❼編集**
《マスターリスト》または《現在のリスト》の一覧から選択されている資料文献を編集します。

**❽作成**
新しい資料文献を登録します。

## (2)

①《**参考資料**》タブ→《**引用文献と文献目録**》グループの ⬛ 資料文献の管理 (資料文献の管理) をクリックします。

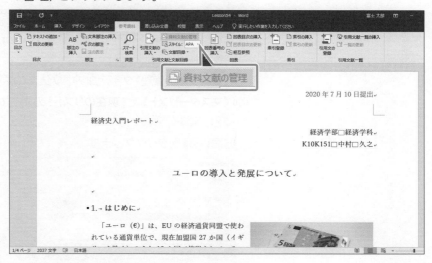

②《**資料文献の管理**》ダイアログボックスが表示されます。

③《**マスターリスト**》の「**アルベルト・コポー；EU経済の光と影（2016）**」を選択します。

※《**現在のリスト**》の資料文献を選択してもかまいません。

④《**編集**》をクリックします。

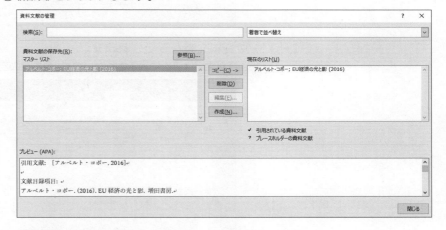

⑤《**資料文献の編集**》ダイアログボックスが表示されます。

⑥《**著者**》を「**アルベール・コポー**」に修正します。

⑦《**OK**》をクリックします。

求められるスキル

出題範囲1

出題範囲2

出題範囲3

出題範囲4

出題範囲5

出題範囲6

確認問題 標準解答

⑧《はい》をクリックします。

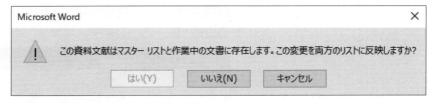

⑨《資料文献の管理》ダイアログボックスに戻ります。

⑩《マスターリスト》と《現在のリスト》の両方の著者名が変更されていることを確認します。

⑪《閉じる》をクリックします。

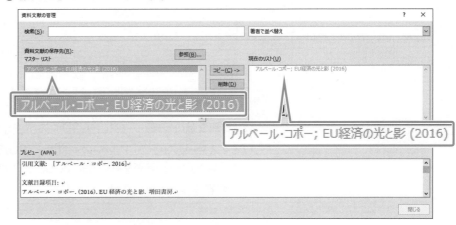

⑫資料文献が変更されます。

※資料文献は画面に表示されないので、見た目の変化はありません。

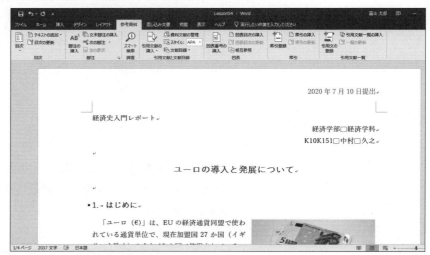

## 4-1-4 引用文献を挿入する

■ 解 説　■引用文献の挿入

作成中の文書に、著者名や発行年などの出典を引用文献として挿入できます。

`2019` `365` ◆《参考資料》タブ→《引用文献と文献目録》グループの [アイコン]（引用文献の挿入）

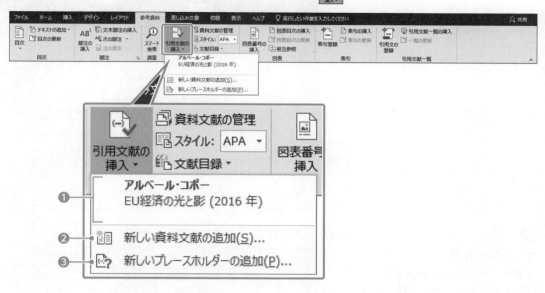

### ❶登録されている資料文献の一覧

登録されている資料文献の一覧から選択して、文書中に引用文献として挿入します。

### ❷新しい資料文献の追加

新しく資料文献に登録したうえで、文書中に引用文献を挿入します。
マスターリストと現在のリストの両方に登録されます。

### ❸新しいプレースホルダーの追加

文書中に引用文献を挿入できるプレースホルダーを挿入します。

## Lesson 55

 文書「Lesson55」を開いておきましょう。
※このLessonに進む前に、必ずLesson54を実習してください。

次の操作を行いましょう。

(1) 1ページ目の「●　1970年　ウェルナー報告書の発表」の下にある「…垣間見ることさえままならない』」の後ろに、引用文献として「アルベール・コポー　EU経済の光と影（2016年）」を挿入してください。

(2) 文末に引用文献を挿入してください。挿入する引用文献は、山本直義著「ユーロ導入と未来」（2013年経済再生社発行）とし、新しく資料文献にも登録してください。資料文献の種類は書籍とします。

(3) マスターリストからすべての資料文献を削除してください。

## (1)

① 「…垣間見ることさえままならない』」の後ろにカーソルを移動します。

② 《参考資料》タブ→《引用文献と文献目録》グループの [引用文献の挿入] (引用文献の挿入) → 《アルベール・コポー　EU経済の光と影（2016年）》をクリックします。

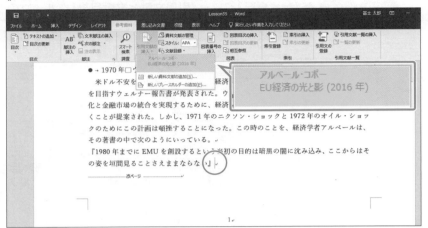

③ 引用文献が挿入されます。

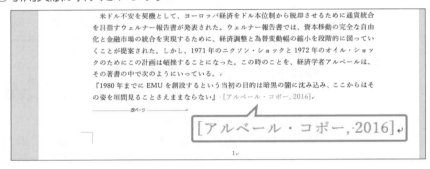

## (2)

① 文末にカーソルを移動します。

※ [Ctrl] + [End] を押すと、効率的です。

② 《参考資料》タブ→《引用文献と文献目録》グループの [引用文献の挿入] (引用文献の挿入) → 《新しい資料文献の追加》をクリックします。

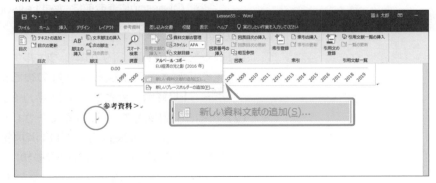

③ 《資料文献の作成》ダイアログボックスが表示されます。

④ 《資料文献の種類》の [v] をクリックし、一覧から《書籍》を選択します。

⑤ 《著者》に「山本直義」と入力します。

⑥ 《タイトル》に「ユーロ導入と未来」と入力します。

⑦ 《年》に「2013」と入力します。

⑧ 《発行元》に「経済再生社」と入力します。

---

### 🔵 Point

**プレースホルダー**

文書内に引用文献を挿入すると、「プレースホルダー」という枠が表示されます。
プレースホルダーの ▎(引用文献の オプション) をクリックすると、文献の情報を登録したり、引用したページを記載したりできます。

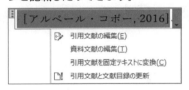

⑨《**OK**》をクリックします。

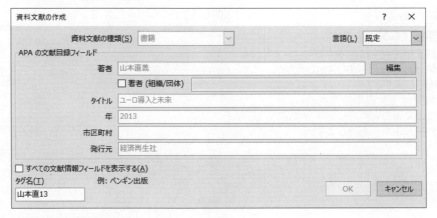

（左側の欄外）

**! Point**

**引用文献の削除**

2019　365

◆挿入した引用文献をクリック→プレースホルダーの左側の **⁝** をクリック→ Delete

※引用文献を削除しても、資料文献は削除されません。

⑩引用文献が挿入されます。

※《**参考資料**》タブ→《**引用文献と文献目録**》グループの **資料文献の管理** （資料文献の管理）をクリックし、マスターリストと現在のリストに資料文献が追加されていることを確認しておきましょう。

**(3)**

①《**参考資料**》タブ→《**引用文献と文献目録**》グループの **資料文献の管理** （資料文献の管理）をクリックします。

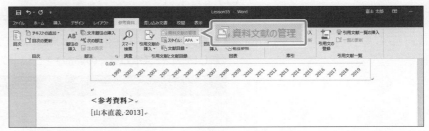

②《**資料文献の管理**》ダイアログボックスが表示されます。

③《**マスターリスト**》の一覧から「**アルベール・コポー；EU経済の光と影（2016）**」を選択します。

④ Shift を押しながら、「**山本直義；ユーロ導入と未来（2013）**」を選択します。

⑤《**削除**》をクリックします。

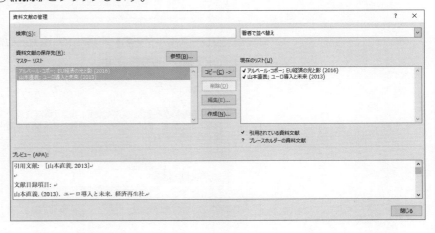

（右側の欄外・縦書き）

求められるスキル

出題範囲1

出題範囲2

出題範囲3

出題範囲4

出題範囲5

出題範囲6

確認問題　標準解答

⑥マスターリストから資料文献が削除されます。

⑦《閉じる》をクリックします。

**!) Point**

**資料文献の削除**

資料文献を完全に削除するには、マスターリストと現在のリストの両方から削除します。

資料文献を文書単位で利用し、すべての文書で利用しない場合は、マスターリストから削除します。

# Lesson 56

 文書「Lesson56」を開いておきましょう。

次の操作を行いましょう。

(1) 1ページ目の「●　1970年　ウェルナー報告書の発表」の下にある「…垣間見ることさえままならない』」の後ろに、引用文献のプレースホルダーを挿入してください。

(2) 挿入したプレースホルダーから、アルベール・コポー著「EU経済の光と影」（2016年増田書房発行）を資料文献として登録してください。

## Lesson 56 Answer

### (1)

①「…**垣間見ることさえままならない**』」の後ろにカーソルを移動します。

②《**参考資料**》タブ→《**引用文献と文献目録**》グループの（引用文献の挿入）→《**新しいプレースホルダーの追加**》をクリックします。

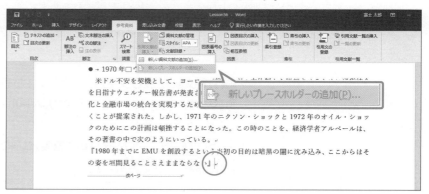

③《**プレースホルダー名**》ダイアログボックスが表示されます。

④《**OK**》をクリックします。

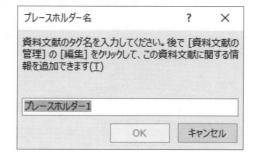

⑤プレースホルダーが挿入されます。

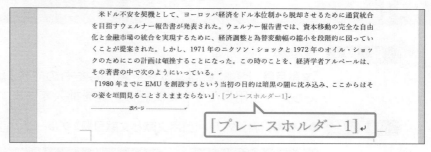

## (2)

①《[プレースホルダー1]》をクリックします。

②　（引用文献のオプション）をクリックします。

③《資料文献の編集》をクリックします。

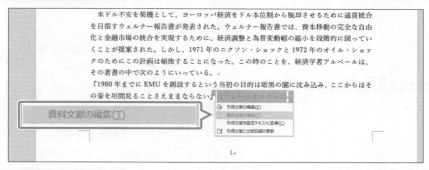

④《資料文献の編集》ダイアログボックスが表示されます。

⑤《資料文献の種類》の　をクリックし、一覧から《書籍》を選択します。

⑥《著者》に「アルベール・コポー」と入力します。

⑦《タイトル》に「EU経済の光と影」と入力します。

⑧《年》に「2016」と入力します。

⑨《発行元》に「増田書房」と入力します。

⑩《OK》をクリックします。

| 資料文献の編集 | | ? × |
|---|---|---|
| 資料文献の種類(S) 書籍 ▼ | | 言語(L) 既定 ▼ |
| APA の文献目録フィールド | | |
| 著者 アルベール・コポー | | 編集 |
| □ 著者 (組織/団体) | | |
| タイトル EU経済の光と影 | | |
| 年 2016 | | |
| 市区町村 | | |
| 発行元 増田書房 | | |
| □ すべての文献情報フィールドを表示する(A) | | |
| タグ名(T) 例: ペンギン出版 | | |
| プレースホルダー1 | | OK キャンセル |

⑪引用文献が挿入されます。

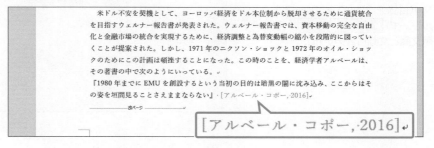

! Point

**引用文献の編集**

引用文献にページを追加したり、表示する項目を変更したりできます。

2019 365

◆プレースホルダーをクリック→
　（引用文献のオプション）→《引用文献の編集》

| 引用文献の編集 | ? × |
|---|---|
| 追加 | |
| ページ(P): | 56 |
| 表示しない | |
| □ 著者(A): ☑ 年(Y) □ タイトル(T): | |
| OK | キャンセル |

求められるスキル

出題範囲1

出題範囲2

出題範囲3

出題範囲4

出題範囲5

出題範囲6

確認問題 標準解答

## 4-1-5 参考文献一覧を挿入する

### 解説 ■文献目録の挿入

「**文献目録**」とは、資料文献を一覧にしたものです。論文やレポートの末尾などに、参考にしたり引用したりした文献の一覧を挿入できます。

2019 365 ◆《参考資料》タブ→《引用文献と文献目録》グループの 📑文献目録 ▾ （文献目録）

## Lesson 57

OPEN 文書「Lesson57」を開いておきましょう。

次の操作を行いましょう。
**(1)** 文末に組み込みの文献目録を挿入してください。

## Lesson 57 Answer

### (1)
① 文末にカーソルを移動します。
※ Ctrl + End を押すと、効率的です。
②《**参考資料**》タブ→《**引用文献と文献目録**》グループの 📑文献目録 ▾ （文献目録）→《**組み込み**》の《**文献目録**》をクリックします。

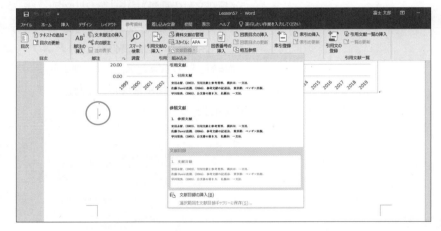

③ 文献目録が挿入されます。
※タイトルの「文献目録」には、見出し1が自動的に適用されます。

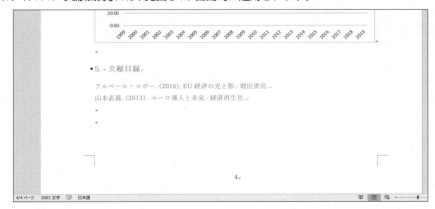

### ❗Point

**文献目録のスタイル**

論文で使用する文献目録のスタイルを選択できます。
選択したスタイルは、《資料文献の管理》ダイアログボックスでの項目や、引用文献を挿入するプレースホルダーなどにも適用されます。

2019 365
◆《参考資料》タブ→《引用文献と文献目録》グループの APA ▾ （文献目録のスタイル）

### ❗Point

**文献目録の更新**

文献目録を挿入したあとで、資料文献を追加したり編集したりした場合、文献目録を更新して、最新の内容を反映します。

2019 365
◆文献目録をクリック→プレースホルダーの 📄引用文献と文献目録の更新 （引用文献と文献目録の更新）

# 4-2 参照のための一覧を作成する、管理する

 理解度チェック

| 習得すべき機能 | 参照Lesson | 学習前 | 学習後 | 試験直前 |
|---|---|---|---|---|
| ■ 目次を挿入できる。 | ➡Lesson58 | ☑ | ☑ | ☑ |
| ■ ユーザー設定の目次を挿入できる。 | ➡Lesson59 | ☑ | ☑ | ☑ |
| ■ 目次オプションを使って、目次に表示する見出しレベルを変更できる。 | ➡Lesson60 | ☑ | ☑ | ☑ |
| ■ 目次のスタイルを変更できる。 | ➡Lesson60 | ☑ | ☑ | ☑ |

## 4-2-1 目次を挿入する

**解説**

### ■目次の挿入

文書に見出しを設定しておくと、その見出しをもとに「**目次**」を簡単に作成できます。
目次には、見出しのレベルや書式などがあらかじめ設定されます。

`2019` `365` ◆《参考資料》タブ→《目次》グループの [目次] （目次）

## Lesson 58

OPEN 文書「Lesson58」を開いておきましょう。
※文書「Lesson58」には、あらかじめ見出しが設定されています。

次の操作を行いましょう。

(1) 1ページ目の「ユーロの導入と発展について」の次の行に自動作成の目次2を挿入してください。

(2) 挿入した目次を利用して、見出し「2.　ユーロ導入の経緯」を表示してください。

## Lesson 58 Answer

**! Point**

**見出しの設定**
目次として抜き出されるのは、見出しが設定されている段落です。
見出しを設定する方法は、次のとおりです。

`2019` `365`
◆ 段落を選択→《ホーム》タブ→《スタイル》グループの ▼ （その他）→《見出し1》/《見出し2》/《見出し3》

### (1)

① 「ユーロの導入と発展について」の次の行にカーソルを移動します。

② 《参考資料》タブ→《目次》グループの  （目次）→《組み込み》の《自動作成の目次2》をクリックします。

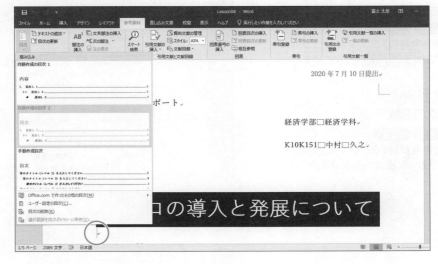

③目次が挿入されます。

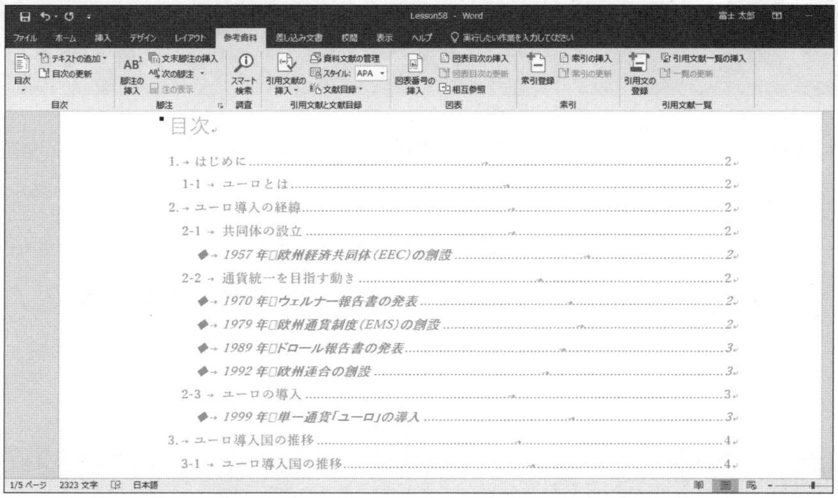


## (2)

①Ctrl を押しながら、**「2.　ユーロ導入の経緯…2」**をポイントします。

②マウスポインターの形が👆に変わったら、クリックします。

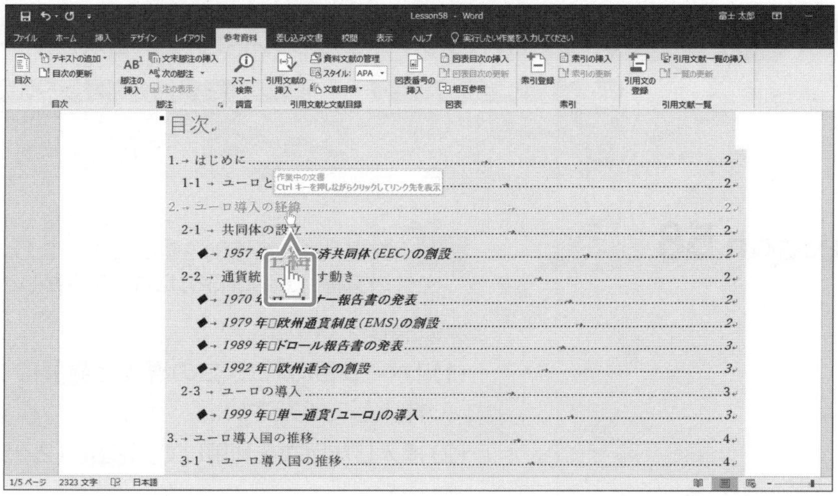


③**「2.　ユーロ導入の経緯」**が表示されます。

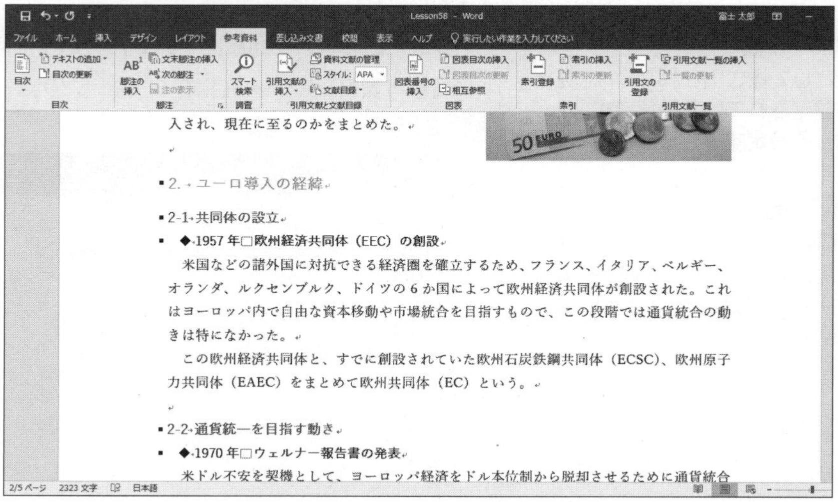


**Point**

### 目次フィールド

作成された目次は、網かけされた状態で表示されます。この領域を「目次フィールド」といいます。Ctrl を押しながら、目次フィールドの見出しをクリックすると、カーソルが本文内の見出しに移動します。

**Point**

### 目次の更新

目次を作成したあとで、文書を編集した場合、目次を更新する必要があります。見出しを追加したり修正したりした場合は、目次をすべて更新し、ページの調整だけを行った場合は、ページ番号だけを更新するとよいでしょう。

2019　365

◆《参考資料》タブ→《目次》グループの 目次の更新 （目次の更新）

**Point**

### 目次の削除

2019　365

◆《参考資料》タブ→《目次》グループの （目次）→《目次の削除》

## 4-2-2 ユーザー設定の目次を作成する

**解 説** ■ユーザー設定の目次の挿入

**「ユーザー設定の目次」**を使うと、自分で見出しのレベルを指定したり、書式を設定したりして目次を作成できます。

`2019` `365` ◆《参考資料》タブ→《目次》グループの（目次）→《ユーザー設定の目次》

## Lesson 59

OPEN 文書「Lesson59」を開いておきましょう。

次の操作を行いましょう。

(1) 1ページ目の「目次」の下に目次を挿入してください。書式は「フォーマル」、タブリーダーは「-------」とし、見出し2まで表示します。

## Lesson 59 Answer

### (1)

① **「目次」**の次の行にカーソルを移動します。

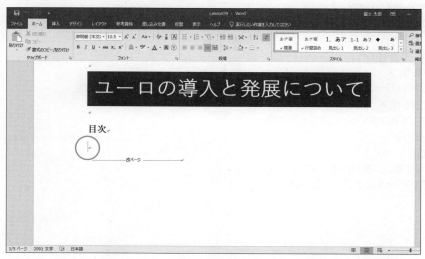

②《参考資料》タブ→《目次》グループの 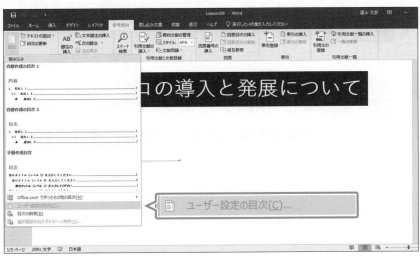 (目次)→《ユーザー設定の目次》をクリックします。

③《目次》ダイアログボックスが表示されます。

④《目次》タブを選択します。

⑤《書式》の⌄をクリックし、一覧から《フォーマル》を選択します。

⑥《アウトラインレベル》を「2」に設定します。

⑦《タブリーダー》の⌄をクリックし、一覧から《-------》を選択します。

⑧《OK》をクリックします。

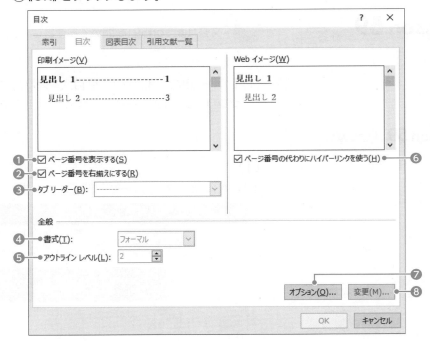

 Point

《目次》

❶ ページ番号を表示する
項目のページ番号を表示します。

❷ ページ番号を右揃えにする
ページ番号を右揃えにして表示します。

❸ タブリーダー
項目と右揃えにしたページ番号の間に表示するタブリーダーを選択します。

❹ 書式
目次に設定する書式を選択します。

❺ アウトラインレベル
目次にするアウトラインのレベルを設定します。

❻ ページ番号の代わりにハイパーリンクを使う
目次をハイパーリンクとして挿入します。

❼ オプション
目次にするスタイルと目次レベルを設定します。

❽ 変更
❹で《任意のスタイル》を選択した場合に目次スタイルの書式を変更します。

出題範囲4　参考資料の作成と管理

151

⑨目次が挿入されます。

| 目次 |
|---|
| 1.→ はじめに ‥‥‥‥‥‥‥‥‥‥‥‥‥‥‥‥‥‥‥‥‥‥‥‥‥‥‥‥‥‥ 2 |
| 1-1 → ユーロとは ‥‥‥‥‥‥‥‥‥‥‥‥‥‥‥‥‥‥‥‥‥‥‥‥‥ 2 |
| 2.→ ユーロ導入の経緯 ‥‥‥‥‥‥‥‥‥‥‥‥‥‥‥‥‥‥‥‥‥ 2 |
| 2-1 → 共同体の設立 ‥‥‥‥‥‥‥‥‥‥‥‥‥‥‥‥‥‥‥‥‥‥ 2 |
| 2-2 → 通貨統一を目指す動き ‥‥‥‥‥‥‥‥‥‥‥‥‥‥‥‥ 2 |
| 2-3 → ユーロの導入 ‥‥‥‥‥‥‥‥‥‥‥‥‥‥‥‥‥‥‥‥‥‥ 3 |
| 3.→ ユーロ導入国の推移 ‥‥‥‥‥‥‥‥‥‥‥‥‥‥‥‥‥‥ 4 |
| 3-1 → ユーロ導入国の推移 ‥‥‥‥‥‥‥‥‥‥‥‥‥‥‥‥‥ 4 |
| 3-2 → ユーロを導入していない国 ‥‥‥‥‥‥‥‥‥‥‥‥ 4 |
| 4.→ ユーロ為替レートの推移 ‥‥‥‥‥‥‥‥‥‥‥‥‥‥‥ 5 |
| 4-1 → ユーロ導入時の為替レート ‥‥‥‥‥‥‥‥‥‥‥‥ 5 |

# Lesson 60

 文書「Lesson60」を開いておきましょう。

次の操作を行いましょう。

(1) 1ページ目の「目次」の下に目次を挿入してください。タブリーダーは、「＿＿」とし、見出し2のみ表示します。スタイル「目次2」はフォント「MSPゴシック」、斜体に変更します。

## Lesson 60 Answer

### (1)

① 「目次」の次の行にカーソルを移動します。

② 《参考資料》タブ→《目次》グループの（目次）→《ユーザー設定の目次》をクリックします。

③ 《目次》ダイアログボックスが表示されます。

④ 《目次》タブを選択します。

⑤ 《オプション》をクリックします。

⑥ 《目次オプション》ダイアログボックスが表示されます。

⑦ 《見出し1》の《目次レベル》の「1」を削除します。

⑧ 《見出し3》の《目次レベル》の「3」を削除します。

⑨ 《OK》をクリックします。

**!Point**

**《目次オプション》**

❶ **スタイルを指定する**
スタイルと目次レベルの関連付けを設定します。

❷ **スタイルの一覧**
スタイル名が表示されます。

❸ **目次レベル**
スタイルに設定する目次レベルを「1」から「9」の数値で指定します。設定した目次レベルは、目次スタイルと連動します。

| 目次オプション | ? | × |
|---|---|---|
| 目次のスタイル： | | |
| ❶ ☑ スタイルを指定する(S) | | |
| ❷ スタイルの一覧： | 目次レベル(L)： ❸ | |
| ヘッダー | | |
| リスト段落 | | |
| 見出し 1 | | |
| ✓ 見出し 2 | 2 | |
| 見出し 3 | | |
| 見出し 4 | | |
| ☑ アウトライン レベル(O) | | |
| ☐ 目次登録フィールドを使用する(E) | | |
| 元に戻す(R) | OK | キャンセル |

求められるスキル

出題範囲1

出題範囲2

出題範囲3

出題範囲4

出題範囲5

出題範囲6

確認問題 標準解答

⑩《**目次**》ダイアログボックスに戻ります。

⑪《**変更**》をクリックします。

⑫《**文字/段落スタイルの設定**》ダイアログボックスが表示されます。

⑬《**スタイル**》の一覧から《**目次2**》を選択します。

⑭《**変更**》をクリックします。

### Point

**《文字/段落スタイルの設定》**

**❶ スタイル**
目次スタイルが表示されます。書式を変更する場合は、変更する目次スタイルを選択します。

**❷ 変更**
選択した目次スタイルの書式を変更します。

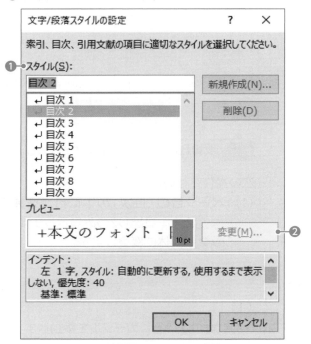

⑮《**スタイルの変更**》ダイアログボックスが表示されます。

⑯ 游明朝 (本文のフ▽) の ▽ をクリックし、一覧から《**MSPゴシック**》を選択します。

⑰ *I* をクリックします。

⑱《**OK**》をクリックします。

⑲《**文字/段落スタイルの設定**》ダイアログボックスに戻ります。

⑳《**OK**》をクリックします。

㉑《**目次**》ダイアログボックスに戻ります。

㉒《**タブリーダー**》の ⌄ をクリックし、一覧から《＿＿》を選択します。

㉓《**OK**》をクリックします。

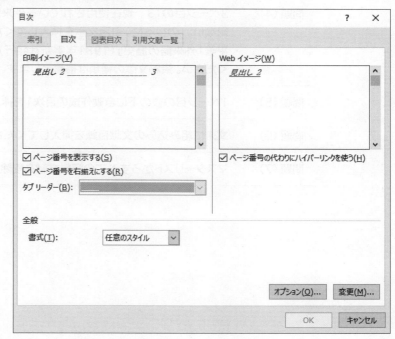

㉔目次が挿入されます。

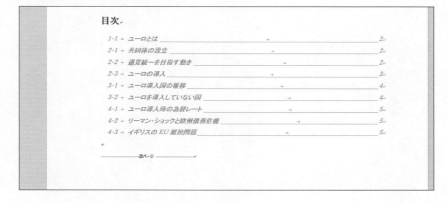

求められるスキル

出題範囲1

出題範囲2

出題範囲3

出題範囲4

出題範囲5

出題範囲6

確認問題 標準解答

# Exercise | 確認問題

解答 ▶ P.239

## Lesson 61

 文書「Lesson61」を開いておきましょう。

次の操作を行いましょう。

| | | |
|---|---|---|
| | | 外来語についてのレポートを作成します。 |
| 問題（1） | | 2ページ目の「2　外来語の歴史」の下の「…史論（ヒストリカル・エツセイ）を草する時には…」の後ろに、脚注を挿入してください。脚注番号は「A,B,C,…」とし、内容は「坪内逍遥『当世書生気質』（1885-1886年）」とします。 |
| 問題（2） | | 資料文献として、木村早雲著「日本語と外来語」（1978年和語研究社発行）を登録してください。資料文献の種類は書籍とします。 |
| 問題（3） | | 2ページ目の「2　外来語の歴史」の下の「…「電報」「化学」という言葉になっている。」の後ろに、引用文献として「木村早雲　日本語と外来語（1978年）」を挿入してください。 |
| 問題（4） | | 3ページ目の「3　現在使用されている外来語の成り立ち」の下の「…認めざるを得ない。」の後ろに、引用文献を挿入してください。挿入する引用文献は、新宮良平著「外来語の歴史」（1981年実新社発行）とし、新しく資料文献にも登録してください。資料文献の種類は書籍とします。 |
| 問題（5） | | 1ページ目の表の下に自動作成の目次1を挿入してください。 |
| 問題（6） | | 文末に組み込みの文献目録を挿入してください。 |
| 問題（7） | | マスターリストからすべての資料文献を削除してください。 |

# 出題範囲 5

# グラフィック要素の挿入と書式設定

# 5-1 図やテキストボックスを挿入する

| ☑ 理解度チェック | 習得すべき機能 | 参照Lesson | 学習前 | 学習後 | 試験直前 |
|---|---|---|---|---|---|
| ■図形を挿入できる。 | | ➡Lesson62 | ☑ | ☑ | ☑ |
| ■図形のサイズを調整できる。 | | ➡Lesson62 | ☑ | ☑ | ☑ |
| ■図を挿入できる。 | | ➡Lesson63 | ☑ | ☑ | ☑ |
| ■図のサイズを調整できる。 | | ➡Lesson63 | ☑ | ☑ | ☑ |
| ■テキストボックスを挿入できる。 | | ➡Lesson64 | ☑ | ☑ | ☑ |
| ■SmartArtグラフィックを挿入できる。 | | ➡Lesson65 | ☑ | ☑ | ☑ |
| ■SmartArtグラフィックのサイズを調整できる。 | | ➡Lesson65 | ☑ | ☑ | ☑ |
| ■3Dモデルを挿入できる。 | | ➡Lesson66 | ☑ | ☑ | ☑ |
| ■3Dモデルのサイズを調整できる。 | | ➡Lesson66 | ☑ | ☑ | ☑ |
| ■スクリーンショットを挿入できる。 | | ➡Lesson67 | ☑ | ☑ | ☑ |

## 5-1-1 図形を挿入する

 **解 説**

### ■図形の挿入

Wordでは、様々な種類の**「図形」**を簡単に作成できます。図形は、線や四角形、基本図形、吹き出しなどに分類されており、目的に合わせて種類を選択できます。

**2019** **365** ◆《挿入》タブ→《図》グループの 図形▾（図形の作成）→図形の種類を選択→図形のサイズに合わせて開始位置から終了位置までドラッグ

### ■図形のサイズ変更

図形の挿入後でも、図形のサイズは自由に変更できます。

**2019** ◆《書式》タブ→《サイズ》グループの（図形の高さ）や（図形の幅）に数値を入力

**365** ◆《書式》タブ／《図形の書式》タブ→《サイズ》グループの（図形の高さ）や（図形の幅）に数値を入力

# Lesson 62

 文書「Lesson62」を開いておきましょう。

次の操作を行いましょう。

(1) 1ページ目の左上に図形「太陽」を挿入し、高さと幅を「39mm」に設定してください。

## Lesson62 Answer

### (1)

①《挿入》タブ→《図》グループの　🔲 図形 ▼ （図形の作成）→《基本図形》の 🔅（太陽）をクリックします。

※マウスポインターの形が ✚ に変わります。

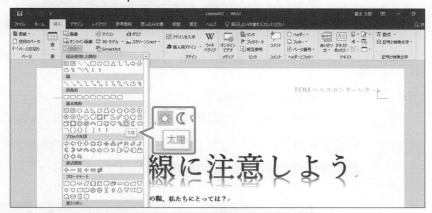

②開始位置から終了位置までドラッグします。

③図形が挿入されます。

④《書式》タブ→《サイズ》グループの 🔲（図形の高さ）を「**39mm**」に設定します。

⑤《書式》タブ→《サイズ》グループの 🔲（図形の幅）を「**39mm**」に設定します。

⑥図形の高さと幅が設定されます。

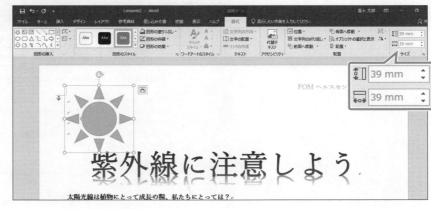

---



**❗Point**

**縦横比が1対1の図形の挿入**

[Shift]を押しながらドラッグすると、縦横比が1対1の図形を挿入できます。真円や正方形の図形を挿入する場合に使います。

**❗Point**

**レイアウトオプション**

図形を選択すると、📐（レイアウトオプション）が表示されます。📐（レイアウトオプション）を使うと文字列の折り返しを設定できます。

※文字列の折り返しについては、P.198を参照してください。

**🖱 その他の方法**

**図形のサイズ変更**

`2019`
◆図形を選択→《書式》タブ→《配置》グループの 🔲 位置 ▼ （オブジェクトの配置）→《その他のレイアウトオプション》→《サイズ》タブ→《高さ》/《幅》

`365`
◆図形の選択→《書式》タブ/《図形の書式》タブ→《配置》グループの 🔲 位置 ▼ （オブジェクトの配置）→《その他のレイアウトオプション》→《サイズ》タブ→《高さ》/《幅》

**❗Point**

**図形の削除**

`2019` `365`
◆図形を選択→[Delete]

**❗Point**

**図形の移動**

`2019` `365`
◆図形を選択→マウスポインターの形が 🖑 に変わったらドラッグ

---

求められるスキル

出題範囲1

出題範囲2

出題範囲3

出題範囲4

出題範囲5

出題範囲6

確認問題 標準解答

## 5-1-2　図を挿入する

　**解 説**

### ■図の挿入

デジタルカメラで撮影した写真やスキャナーで取り込んだイラストなどの「**画像**」を文書に挿入できます。Wordでは画像のことを「**図**」と表現します。

挿入できる図の形式は、GIFやJPEG、PNG、WMF、BMPなどがあり、様々なファイル形式に対応しています。

**2019**　◆《挿入》タブ→《図》グループの ［画像］（ファイルから）

**365**　◆《挿入》タブ→《図》グループの ［画像］（ファイルから）

◆《挿入》タブ→《図》グループの ［画像］（画像を挿入します）→《このデバイス》

### ■図のサイズ変更

文書に挿入した図が意図するサイズで表示されない場合、適切なサイズに変更します。

**2019**　◆《書式》タブ→《サイズ》グループの ［図形の高さ］や ［図形の幅］に数値を入力

**365**　◆《書式》タブ／《図の形式》タブ→《サイズ》グループの ［図形の高さ］や ［図形の幅］に数値を入力

## Lesson 63

[OPEN] 文書「Lesson63」を開いておきましょう。

次の操作を行いましょう。

**(1)** 1ページ目の「太陽光線は植物にとって…」の下に、フォルダー「Lesson63」のファイル「ひまわり.jpg」を挿入してください。

**(2)** 挿入した図の高さを「78mm」、幅を「104mm」に設定してください。

## Lesson 63 Answer

### (1)

①「太陽光線は植物にとって…」の下の行にカーソルを移動します。

②《挿入》タブ→《図》グループの ［画像］（ファイルから）をクリックします。

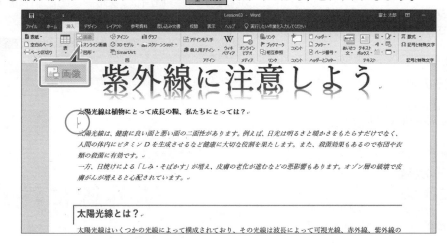

③《図の挿入》ダイアログボックスが表示されます。

④ フォルダー「**Lesson63**」を開きます。

※《PC》→《ドキュメント》→「MOS-Word 365 2019（1）」→「Lesson63」を選択します。

⑤ 一覧から「**ひまわり**」を選択します。

⑥《挿入》をクリックします。

⑦ 図が挿入されます。

## (2)

① 図を選択します。

②《書式》タブ→《サイズ》グループの 🔼（図形の高さ）を「**78mm**」に設定します。

③《書式》タブ→《サイズ》グループの 🔼（図形の幅）が「**104mm**」になっていることを確認します。

※高さを変更すると、自動的に幅も調整されます。

④ 図のサイズが調整されます。

求められるスキル

出題範囲1

出題範囲2

出題範囲3

出題範囲4

出題範囲5

出題範囲6

確認問題 標準解答

---

**! Point**

**レイアウトオプション**

図を選択すると、🔼（レイアウトオプション）が表示されます。🔼（レイアウトオプション）を使うと文字列の折り返しを設定できます。

※文字列の折り返しについては、P.198を参照してください。

**🖱 その他の方法**

**図のサイズ変更**

**2019**

◆図を選択→《書式》タブ→《配置》グループの 位置▾（オブジェクトの配置）→《その他のレイアウトオプション》→《サイズ》タブ→《高さ》／《幅》

**365**

◆図を選択→《書式》タブ／《図の形式》タブ→《配置》グループの 位置▾（オブジェクトの配置）→《その他のレイアウトオプション》→《サイズ》タブ→《高さ》／《幅》

**! Point**

**図の削除**

**2019** **365**

◆図を選択→Delete

**! Point**

**図の移動**

**2019** **365**

◆図を選択→マウスポインターの形が に変わったらドラッグ

※図を任意の場所に移動するには、文字列の折り返しを「行内」以外に設定する必要があります。

## 5-1-3 | テキストボックスを挿入する

 **解説** ■テキストボックスの挿入

「**テキストボックス**」は、文字列を入力できる箱のようなもので、文書内の自由な位置に配置できます。テキストボックスにはあらかじめスタイルが設定された組み込みのテキストボックスとユーザーが自由に作成できるテキストボックスがあります。

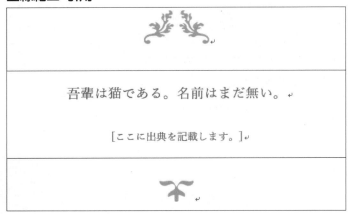

**横書きテキストボックス**

吾輩は猫である。名前はまだ無い。↵

**イオン-引用（濃色）**

吾輩は猫である。名前はまだ無い。

[ここに出典を記載します。]

**金線細工-引用**

吾輩は猫である。名前はまだ無い。↵

[ここに出典を記載します。]↵

2019 365 ◆《挿入》タブ→《テキスト》グループの 📄（テキストボックスの選択）

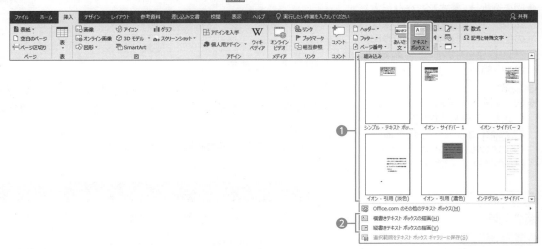

### ❶組み込み

書式や配置などがあらかじめ設定されています。ヘッダーやフッターなどと同じスタイルを選択すると、統一感のある文書を作成できます。

### ❷横書きテキストボックスの描画／縦書きテキストボックスの描画

ユーザーが自由に書式や配置を設定できます。横書きの文書の中で一部分だけを縦書きにしたいときや、本文とは独立させて強調したいときなどに使います。

# Lesson 64

 文書「Lesson64」を開いておきましょう。

次の操作を行いましょう。

**(1)** ひまわりの写真の上に横書きテキストボックスを挿入してください。テキストボックスに「太陽光線は植物にとって成長の糧、私たちにとっては？」と入力します。

## Lesson 64 Answer

### (1)

① 《挿入》タブ→《テキスト》グループの  （テキストボックスの選択）→《横書きテキストボックスの描画》をクリックします。

※マウスポインターの形が ✛ に変わります。

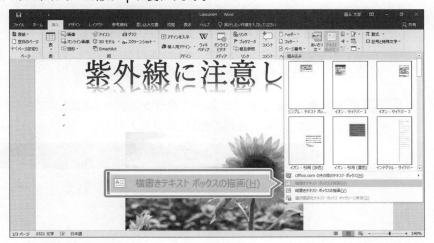

② 開始位置から終了位置までドラッグします。

③ テキストボックス内にカーソルが表示されます。

④ 「**太陽光線は植物にとって成長の糧、私たちにとっては？**」と入力します。

**!** Point

**テキストボックスの削除**

`2019` `365`

◆テキストボックスを選択→
Delete

**!** Point

**テキストボックスの移動**

`2019` `365`

◆テキストボックスを選択→マウスポインターの形が ✣ に変わったらドラッグ

求められるスキル

出題範囲 1

出題範囲 2

出題範囲 3

出題範囲 4

出題範囲 5

出題範囲 6

確認問題 標準解答

解 説　■SmartArtグラフィックの挿入

「**SmartArtグラフィック**」とは、複数の図形を組み合わせて、情報の相互関係をわかりやすく表現した図解のことです。Wordには、様々な種類のSmartArtグラフィックがあらかじめ用意されており、簡単に文書に挿入できます。SmartArtグラフィックは、「**手順**」「**循環**」「**集合関係**」「**ピラミッド**」などに分類されて管理されています。

2019　365 ◆《挿入》タブ→《図》グループの SmartArt（SmartArtグラフィックの挿入）

■SmartArtグラフィックのサイズ変更

文書に挿入されたSmartArtグラフィックが意図するサイズで表示されない場合、適切なサイズに変更します。

2019　365 ◆SmartArtグラフィック全体を選択→《書式》タブ→《サイズ》グループの 高さ:（図形の高さ）や 幅:（図形の幅）に数値を入力

※《サイズ》グループが （SmartArtのサイズ）で表示されている場合は、 （SmartArtのサイズ）をクリックすると、《サイズ》グループのボタンが表示されます。

## Lesson 65

OPEN 文書「Lesson65」を開いておきましょう。

次の操作を行いましょう。
(1) 2ページ目の箇条書き「● UV-A（長波長紫外線）」の上にSmartArtグラフィック「放射ブロック」を挿入してください。中心の図形に「紫外線」、1つ目の図形に「UV-A」、2つ目の図形に「UV-B」、3つ目の図形に「UV-C」と表示します。
(2) SmartArtグラフィックの高さと幅を「87mm」に設定してください。

## Lesson 65 Answer

**(1)**
① 「● **UV-A（長波長紫外線）**」の上の行にカーソルを移動します。
② 《挿入》タブ→《図》グループの  SmartArt（SmartArtグラフィックの挿入）をクリックします。

③《SmartArtグラフィックの選択》ダイアログボックスが表示されます。
④左側の一覧から《循環》を選択します。
⑤中央の一覧から《放射ブロック》を選択します。
⑥《OK》をクリックします。

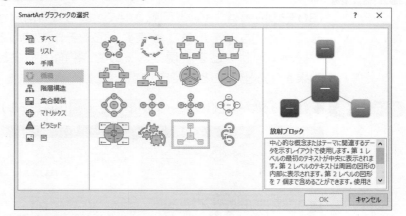

⑦SmartArtグラフィックが挿入されます。
⑧テキストウィンドウの1行目に「紫外線」と入力します。
※テキストウィンドウが表示されていない場合は、SmartArtグラフィックを選択し、《SmartArtツール》の《デザイン》タブ→《グラフィックの作成》グループの [🖹テキスト ウィンドウ] (テキストウィンドウ)をクリックします。
⑨テキストウィンドウの2行目に「UV-A」と入力します。
⑩同様に、テキストウィンドウの3行目に「UV-B」、4行目に「UV-C」と入力します。

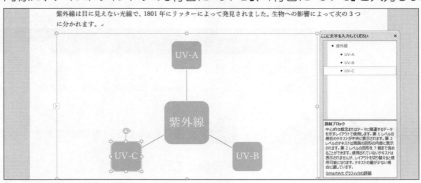

## (2)
①SmartArtグラフィックを選択します。
※SmartArtグラフィックの外側の枠線をクリックし、SmartArtグラフィック全体を選択します。
②《書式》タブ→《サイズ》グループの [🔼高さ:] (図形の高さ)を「87mm」に設定します。
※《サイズ》グループが [🔳] (SmartArtのサイズ)で表示されている場合は、[🔳] (SmartArtのサイズ)をクリックすると、《サイズ》グループのボタンが表示されます。
③《書式》タブ→《サイズ》グループの [🔽幅:] (図形の幅)を「87mm」に設定します。
④SmartArtグラフィックのサイズが調整されます。

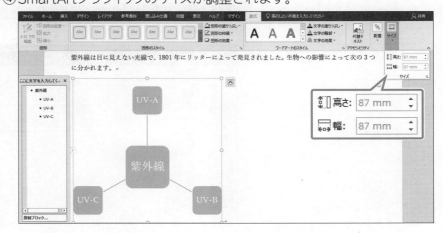

求められるスキル
出題範囲1
出題範囲2
出題範囲3
出題範囲4
出題範囲5
出題範囲6
確認問題 標準解答

---



**Point**

### テキストウィンドウ

SmartArtグラフィックを選択すると、テキストウィンドウが表示されます。このテキストウィンドウを使うと、効率よく文字列を入力できます。

**Point**

### SmartArtグラフィックの選択

SmartArtグラフィックのサイズを変更したり、書式を設定したりする場合はSmartArtグラフィック全体を選択します。

**Point**

### レイアウトオプション

SmartArtグラフィックを選択すると、[🖻](レイアウトオプション)が表示されます。[🖻](レイアウトオプション)を使うと、文字列の折り返しを設定できます。
※文字列の折り返しについては、P.198を参照してください。

**その他の方法**

### SmartArtグラフィックのサイズ変更

**2019** **365**

◆SmartArtグラフィックを選択→《書式》タブ→《配置》グループの[🔳](オブジェクトの配置)→《その他のレイアウトオプション》→《サイズ》タブ→《高さ》/《幅》

**Point**

### SmartArtグラフィックの削除

**2019** **365**

◆SmartArtグラフィックを選択→[Delete]

**Point**

### SmartArtグラフィックの移動

**2019** **365**

◆SmartArtグラフィックを選択→マウスポインターの形が[✥]に変わったらドラッグ
※SmartArtグラフィックを任意の場所に移動するには、文字列の折り返しを「行内」以外に設定する必要があります。

# 5-1-5　3Dモデルを挿入する

 **解 説**　■3Dモデルの挿入

「**3Dモデル**」とは、360度回転させて、あらゆる角度から表示できる立体的なモデルのことです。3Dモデルを使うと、奥行きや細かい形状などを表現できるので、平面の画像とは異なる効果を生み出すことができます。

**2019** **365** ◆《挿入》タブ→《図》グループの 3D モデル （3Dモデル）→《ファイルから》

■3Dモデルのサイズ変更

文書に挿入された3Dモデルが意図するサイズで表示されない場合、適切なサイズに変更します。

**2019** ◆《書式設定》タブ→《サイズ》グループの 高さ:（図形の高さ）や 幅:（図形の幅）に数値を入力

**365** ◆《書式》タブ／《3Dモデル》タブ→《サイズ》グループの 高さ:（図形の高さ）や 幅:（図形の幅）に数値を入力

## Lesson 66

 文書「Lesson66」を開いておきましょう。

次の操作を行いましょう。
**(1)** 文書の先頭に、フォルダー「Lesson66」のファイル「himawari.glb」を挿入してください。
**(2)** 挿入した3Dモデルの高さを「45mm」、幅を「46.9mm」に設定してください。

### Lesson 66 Answer

**(1)**

①文書の先頭にカーソルを移動します。

②《挿入》タブ→《図》グループの 3D モデル （3Dモデル）の →《ファイルから》をクリックします。

③《**3Dモデルの挿入**》ダイアログボックスが表示されます。

④フォルダー「**Lesson66**」を開きます。

※《PC》→《ドキュメント》→「MOS-Word 365 2019 (1)」→「Lesson66」を選択します。

⑤一覧から「**himawari**」を選択します。

⑥《**挿入**》をクリックします。

⑦3Dモデルが挿入されます。

## (2)

①3Dモデルを選択します。

②《**書式設定**》タブ→《**サイズ**》グループの 高さ:（図形の高さ）を「**45mm**」に設定します。

③《**書式設定**》タブ→《**サイズ**》グループの 幅:（図形の幅）が「**46.9mm**」になっていることを確認します。

※高さを変更すると、自動的に幅も調整されます。

④3Dモデルのサイズが調整されます。

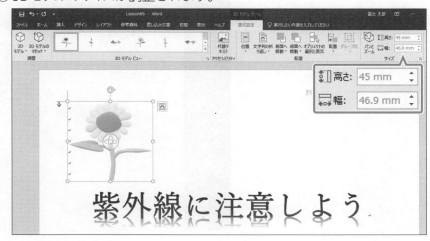

---

### ! Point

**3Dモデルを挿入できない場合**

《ドキュメント》がOneDriveの同期の対象になっているなど、お使いの環境によって、フォルダー「Lesson66」内の3Dモデルを挿入するとエラーが表示される場合があります。そのような場合は、フォルダー「3Dオブジェクト」内に3Dモデルを移動してから挿入してください。

### ! Point

**レイアウトオプション**

3Dモデルを選択すると、 （レイアウトオプション）が表示されます。 （レイアウトオプション）を使うと文字列の折り返しを設定できます。

※文字列の折り返しについては、P.198を参照してください。

### 🖱 その他の方法

**3Dモデルのサイズ変更**

**2019**

◆3Dモデルを選択→《書式設定》タブ→《配置》グループの （オブジェクトの配置）→《その他のレイアウトオプション》→《サイズ》タブ→《高さ》/《幅》

**365**

◆3Dモデルを選択→《書式》タブ／《3Dモデル》タブ→《配置》グループの （オブジェクトの配置）→《その他のレイアウトオプション》→《サイズ》タブ→《高さ》/《幅》

### ! Point

**3Dモデルの削除**

**2019** **365**

◆3Dモデルを選択→ Delete

### ! Point

**3Dモデルの移動**

**2019** **365**

◆3Dモデルを選択→マウスポインターの形が に変わったらドラッグ

※3Dモデルを任意の場所に移動するには、文字列の折り返しを「行内」以外に設定する必要があります。

## 5-1-6 スクリーンショットや画面の領域を挿入する

**解説**

### ■スクリーンショットの挿入

「**スクリーンショット**」とは、ディスプレイに表示されている画面を、画像として保存したものを指します。Wordには、スクリーンショットを取得して、文書に挿入できる機能が備わっています。Wordの画面に限らず、表示されている画面をそのまま取り込むことができます。

2019　365　◆《挿入》タブ→《図》グループの 🖼スクリーンショット▾ （スクリーンショットをとる）

### ❶使用できるウィンドウ

現在表示しているWordのウィンドウ以外で、デスクトップに開かれているウィンドウが表示されます。一覧から選択すると、ウィンドウが図として挿入されます。
※一部のアプリケーションソフトは、一覧に表示されません。

### ❷画面の領域

デスクトップが淡色で表示されます。開始位置から終了位置までドラッグすると、その範囲が図として挿入されます。

## Lesson 67

 文書「Lesson67」を開いておきましょう。

**Hint**
あらかじめスクリーンショットとして挿入する画面を表示しておきます。

次の操作を行いましょう。
**(1)文末にExcelのバージョン情報のスクリーンショットを挿入してください。**

## Lesson 67 Answer

### (1)

①Excelを起動し、新しいブックを作成します。

②《**ファイル**》タブを選択します。

③《**アカウント**》→《**Excelのバージョン情報**》をクリックします。

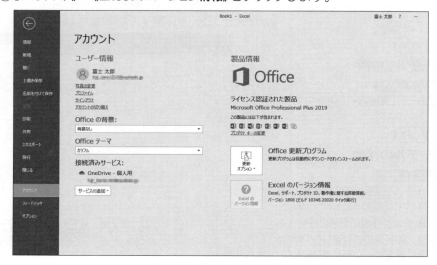

④Excelのバージョン情報が表示されます。

⑤文書「**Lesson67**」を表示します。

※タスクバーのWordのアイコンをクリックして切り替えます。

⑥文末にカーソルを移動します。

⑦《**挿入**》タブ→《**図**》グループの 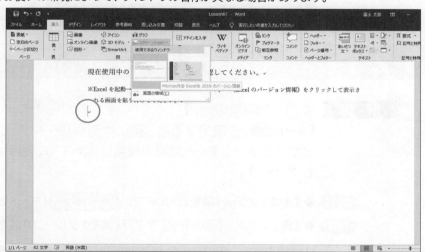 (スクリーンショットをとる)→《**使用できるウィンドウ**》の《**Microsoft® Excel® 2019のバージョン情報**》をクリックします。

※お使いの環境によって、ウィンドウの名称が異なる場合があります。

⑧Excelのバージョン情報の画面が挿入されます。

理解度チェック

| 習得すべき機能 | 参照Lesson | 学習前 | 学習後 | 試験直前 |
|---|---|---|---|---|
| ■ 図にアート効果を適用できる。 | ➡Lesson68 | ☑ | ☑ | ☑ |
| ■ アート効果のオプションを設定できる。 | ➡Lesson68 | ☑ | ☑ | ☑ |
| ■ 図の背景を削除できる。 | ➡Lesson69 | ☑ | ☑ | ☑ |
| ■ 図や図形に効果を適用できる。 | ➡Lesson70 | ☑ | ☑ | ☑ |
| ■ 図や図形にスタイルを適用できる。 | ➡Lesson71 | ☑ | ☑ | ☑ |
| ■ 図や図形に塗りつぶしや枠線などの書式を設定できる。 | ➡Lesson72 | ☑ | ☑ | ☑ |
| ■ 図形を別の図形に変更できる。 | ➡Lesson73 | ☑ | ☑ | ☑ |
| ■ 図の明るさやコントラストを調整できる。 | ➡Lesson73 | ☑ | ☑ | ☑ |
| ■ SmartArtグラフィックにスタイルを適用できる。 | ➡Lesson74 | ☑ | ☑ | ☑ |
| ■ SmartArtグラフィックの図形を変更したり、色や効果などの書式を設定したりできる。 | ➡Lesson74 | ☑ | ☑ | ☑ |
| ■ 3Dモデルのビューを変更できる。 | ➡Lesson75 | ☑ | ☑ | ☑ |
| ■ 3Dモデルのカメラの位置を設定できる。 | ➡Lesson75 | ☑ | ☑ | ☑ |

## 5-2-1 アート効果を適用する

### 解 説 ■アート効果の適用

**「アート効果」**を適用すると、図に線画やパッチワーク、マーカーなどの効果を付けることができます。アート効果の種類によっては、透明度などのオプションを設定することもできます。

**2019** ◆《書式》タブ→《調整》グループの ⊞ アート効果 ▾（アート効果）

**365** ◆《書式》タブ／《図の形式》タブ→《調整》グループの ⊞ アート効果 ▾（アート効果）

### ❶アート効果の一覧
アート効果の一覧が表示されます。

### ❷アート効果のオプション
アート効果の透明度や鉛筆・ブラシのサイズ、ぼかしの割合などを設定します。設定できるオプションはアート効果によって異なります。

# Lesson 68

 文書「Lesson68」を開いておきましょう。

次の操作を行いましょう。

**(1)** ひまわりの写真に、アート効果「マーカー」を適用してください。

**(2)** ひまわりの写真に、適用したアート効果のオプションのサイズを「50」に設定してください。

## Lesson 68 Answer

### 🖱 その他の方法

**アート効果の適用**

**2019**

◆ 図を選択→《書式》タブ→《図のスタイル》グループの 🖫 (図の書式設定)→ ⬠ (効果)→《アート効果》の ▦ ▾

◆ 図を右クリック→《図の書式設定》→ ⬠ (効果)→《アート効果》の ▦ ▾

**365**

◆ 図を選択→《書式》タブ／《図の形式》タブ→《図のスタイル》グループの 🖫 (図の書式設定)→ ⬠ (効果)→《アート効果》の ▦ ▾

◆ 図を右クリック→《図の書式設定》→ ⬠ (効果)→《アート効果》の ▦ ▾

## (1)

①図を選択します。

②《書式》タブ→《調整》グループの [▦ アート効果 ▾] (アート効果)→《マーカー》をクリックします。

③図にアート効果が適用されます。

求められるスキル

出題範囲 1

出題範囲 2

出題範囲 3

出題範囲 4

出題範囲 5

出題範囲 6

確認問題 標準解答

その他の方法

**アート効果のオプションの設定**

**2019**
◆図を選択→《書式》タブ→《図のスタイル》グループの ⬜（図の書式設定）→ ⬠（効果）→《アート効果》
◆図を右クリック→《図の書式設定》→ ⬠（効果）→《アート効果》

**365**
◆図を選択→《書式》タブ／《図の形式》タブ→《図のスタイル》グループの ⬜（図の書式設定）→ ⬠（効果）→《アート効果》
◆図を右クリック→《図の書式設定》→ ⬠（効果）→《アート効果》

**Point**

**《図の書式設定》**

**❶影**
影を設定します。影の色や透明度、サイズなども設定できます。

**❷反射**
反射を設定します。反射のサイズや距離なども設定できます。

**❸光彩**
光彩を設定します。光彩の色やサイズなども設定できます。

**❹ぼかし**
ぼかしを設定します。ぼかしのサイズも設定できます。

**❺3-D書式**
3-D効果の面取りや奥行き、輪郭などを設定します。質感や光源の角度なども設定できます。

**❻3-D回転**
3-D効果の回転角度を設定します。

**❼リセット**
設定した図の書式を解除します。

**(2)**
①図を選択します。
②《書式》タブ→《調整》グループの 🖼アート効果▾（アート効果）→《アート効果のオプション》をクリックします。

③《図の書式設定》作業ウィンドウが表示されます。
④ ⬠（効果）をクリックします。
⑤《アート効果》の詳細を表示します。
※表示されていない場合は、《アート効果》をクリックします。
⑥《サイズ》を「50」に設定します。
⑦アート効果のオプションが設定されます。

※《図の書式設定》作業ウィンドウを閉じておきましょう。

## 5-2-2 図の背景を削除する

**解 説** ■図の背景の削除

写真に写り込んだ建物や人物など不要なものを削除できます。図の一部分だけを使いたい場合に便利です。

**2019** ◆《書式》タブ→《調整》グループの (背景の削除)

**365** ◆《書式》タブ／《図の形式》タブ→《調整》グループの (背景の削除)

## Lesson 69

**OPEN** 文書「Lesson69」を開いておきましょう。

次の操作を行いましょう。
(1)中央のひまわりの花だけになるように、図の背景を削除してください。

## Lesson 69 Answer

**(1)**
①図を選択します。
②《書式》タブ→《調整》グループの  (背景の削除) をクリックします。

求められるスキル

出題範囲1

出題範囲2

出題範囲3

出題範囲4

出題範囲5

出題範囲6

確認問題 標準解答

## ! Point

### 《背景の削除》タブ

背景の削除中は、リボンに《背景の削除》タブが表示され、背景の削除に関するコマンドが使用できる状態になります。

**❶ 保持する領域としてマーク**

削除する範囲として認識された部分をクリック、またはドラッグすると、削除しないように設定できます。

**❷ 削除する領域としてマーク**

削除しない範囲として認識された部分をクリック、またはドラッグすると、削除するように設定できます。

**❸ 背景の削除を終了して、変更を破棄する**

変更内容を破棄して、背景の削除を終了します。図は元の状態に戻ります。

**❹ 背景の削除を終了して、変更を保持する**

変更内容を保持して、背景の削除を終了します。

③自動的に背景が認識され、削除する部分が紫色で表示されます。

④《背景の削除》タブ→《設定し直す》グループの（保持する領域としてマーク）をクリックします。

※マウスポインターの形が🖉に変わります。

⑤図のように花びらの部分をドラッグします。

※ドラッグ中、緑色の線が表示されます。

※ドラッグの開始位置（花びらの部分）をクリックしてもかまいません。

⑥保持する範囲が調整されます。

⑦《背景の削除》タブ→《設定し直す》グループの （削除する領域としてマーク）をクリックします。

※マウスポインターの形が ✐ に変わります。

⑧図のようにドラッグします。

※ドラッグ中、赤色の線が表示されます。

⑨削除する範囲が調整されます。

※必要に応じて、《背景の削除》タブ→《設定し直す》グループの （保持する領域としてマーク）／ （削除する領域としてマーク）を使って、保持する範囲や削除する範囲を調整します。

⑩《背景の削除》タブ→《閉じる》グループの （背景の削除を終了して、変更を保持する）をクリックします。

⑪図の背景が削除されます。

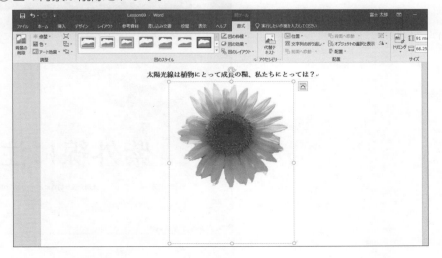

求められるスキル　出題範囲1　出題範囲2　出題範囲3　出題範囲4　出題範囲5　出題範囲6　確認問題　標準解答

 **解説** ■図の効果の適用

「**図の効果**」を使うと、図に影や光彩、3-D回転などの視覚的効果を付けることができます。

**2019** ◆《書式》タブ→《図のスタイル》グループの 🖼 図の効果 ▾ （図の効果）

**365** ◆《書式》タブ／《図の形式》タブ→《図のスタイル》グループの 🖼 図の効果 ▾ （図の効果）

■図形の効果の適用

「**図形の効果**」を使うと、図形に影や光彩、3-D回転などの視覚的効果を付けることができます。

**2019** ◆《書式》タブ→《図形のスタイル》グループの 🖸 図形の効果 ▾ （図形の効果）

**365** ◆《書式》タブ／《図形の書式》タブ→《図形のスタイル》グループの 🖸 図形の効果 ▾ （図形の効果）

## Lesson 70

📂 OPEN 文書「Lesson70」を開いておきましょう。

次の操作を行いましょう。
**(1)** 太陽の図形に効果「反射（強）：8ptオフセット」を適用してください。
**(2)** ひまわりの写真に効果「ぼかし10ポイント」を適用してください。

## Lesson 70 Answer

**(1)**
①図形を選択します。

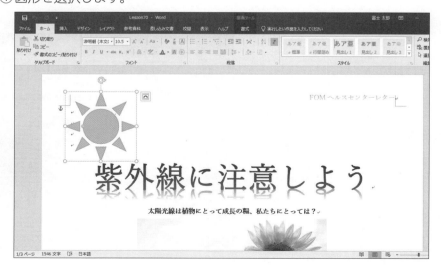

②《書式》タブ→《図形のスタイル》グループの 図形の効果▾（図形の効果）→《反射》→《反射の種類》の《反射（強）：8ptオフセット》をクリックします。

③図形の効果が適用されます。

## (2)

①図を選択します。

②《書式》タブ→《図のスタイル》グループの 図の効果▾（図の効果）→《ぼかし》→《ソフトエッジのバリエーション》の《10ポイント》をクリックします。

③図の効果が適用されます。

---

🖱 その他の方法

### 図形の効果の適用

**2019**
◆図形を選択→《書式》タブ→《図形のスタイル》グループの 🔲（図形の書式設定）→⬠（効果）
◆図形を右クリック→《図形の書式設定》→⬠（効果）

**365**
◆図形を選択→《書式》タブ／《図形の書式》タブ→《図形のスタイル》グループの 🔲（図形の書式設定）→⬠（効果）
◆図形を右クリック→《図形の書式設定》→⬠（効果）

---

🖱 その他の方法

### 図の効果の適用

**2019**
◆図を選択→《書式》タブ→《図のスタイル》グループの 🔲（図の書式設定）→⬠（効果）
◆図を右クリック→《図の書式設定》→⬠（効果）

**365**
◆図を選択→《書式》タブ／《図の形式》タブ→《図のスタイル》グループの 🔲（図の書式設定）→⬠（効果）
◆図を右クリック→《図の書式設定》→⬠（効果）

**解　説**　　■ 図のスタイルの適用

「**図のスタイル**」とは、図の周囲に付ける飾り枠や図の周囲をぼかすといった効果などの書式を組み合わせたものです。あらかじめ用意されている一覧から選択するだけで、簡単に図の見栄えを変更することができます。

**2019** ◆《書式》タブ→《図のスタイル》グループのボタン

**365** ◆《書式》タブ／《図の形式》タブ→《図のスタイル》グループのボタン

■ 図形のスタイルの適用

「**図形のスタイル**」とは、塗りつぶしや枠線の色、効果など図形を装飾するための書式を組み合わせたものです。あらかじめ用意されている一覧から選択するだけで、簡単に図形の見栄えを変更することができます。

**2019** ◆《書式》タブ→《図形のスタイル》グループのボタン

**365** ◆《書式》タブ／《図形の書式》→《図形のスタイル》グループのボタン

# Lesson 71

OPEN　文書「Lesson71」を開いておきましょう。

次の操作を行いましょう。
**(1)** 太陽の図形にスタイル「光沢-赤、アクセント2」を適用してください。
**(2)** ひまわりの写真にスタイル「透視投影、緩い傾斜、白」を適用してください。

## Lesson 71 Answer

**その他の方法**

**図形のスタイルの適用**

**2019** **365**

◆図形を右クリック→ミニツールバーの （図形クイックスタイル）

**(1)**

①図形を選択します。

②《書式》タブ→《図形のスタイル》グループの ▽ （その他）→《テーマスタイル》の《**光沢-赤、アクセント2**》をクリックします。

③図形のスタイルが適用されます。

## (2)

①図を選択します。

②《書式》タブ→《図のスタイル》グループの ▽ （その他）→《透視投影、緩い傾斜、白》
をクリックします。

③図のスタイルが適用されます。

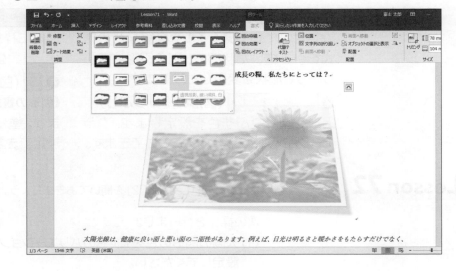

**その他の方法**

**図のスタイルの適用**

2019 365
◆図を右クリック→ミニツールバー
の ▣（画像のスタイル）

**Point**

**図のリセット**

図のスタイルや効果などを削除し
て、図をリセットする方法は、次のと
おりです。

2019
◆図を選択→《書式》タブ→《調整》
グループの ▣（図のリセット）

365
◆図を選択→《書式》タブ／《図の
形式》タブ→《調整》グループの
▣（図のリセット）

求められるスキル

出題範囲1

出題範囲2

出題範囲3

出題範囲4

出題範囲5

出題範囲6

確認問題 標準解答

# 5-2-4 グラフィック要素を書式設定する

## ■ 図の書式設定

図の効果やスタイル以外にも、図に枠線を設定するなどの書式を設定できます。また、図の色やトーン、彩度などを変更したり、明るさやコントラストを調整したりして図の印象を変えることもできます。

**2019** ◆《書式》タブ→《調整》グループや《図のスタイル》グループのボタン

**365** ◆《書式》タブ／《図の形式》タブ→《調整》グループや《図のスタイル》グループのボタン

### ❶ 修整▼（修整）

図の明るさやコントラスト、鮮明度などを設定します。

### ❷ 色▼（色）

色の彩度やトーン、色合いなどを設定します。

### ❸（図の変更）

別の図に変更します。設定されているスタイルや効果、枠線などの書式を引き継ぎます。

### ❹ 図の枠線▼（図の枠線）

図に枠線を設定します。枠線の色や太さ、種類などを設定することもできます。

### ❺（図の書式設定）

《図の書式設定》作業ウィンドウを表示します。塗りつぶしや枠線、影や反射などを設定できます。

## ■ 図形の書式設定

図形の効果やスタイル以外にも、図形の塗りつぶしや枠線などの書式を設定できます。

**2019** ◆《書式》タブ→《図形のスタイル》グループのボタン

**365** ◆《書式》タブ／《図形の書式》タブ→《図形のスタイル》グループのボタン

### ❶（図形の編集）

設定されているスタイルや枠線などの書式を引き継いだ状態で、別の図形に変更したり、形状を変更したりします。

### ❷ 図形の塗りつぶし▼（図形の塗りつぶし）

図形を塗りつぶす色を設定します。グラデーションや図を設定することもできます。

### ❸ 図形の枠線▼（図形の枠線）

図形に枠線を設定します。枠線の色や太さ、種類などを設定することもできます。

### ❹（図形の書式設定）

《図形の書式設定》作業ウィンドウを表示します。塗りつぶしや枠線、影や反射などを設定できます。

## Lesson 72

 文書「Lesson72」を開いておきましょう。

次の操作を行いましょう。

(1)太陽の図形の色を「淡色のバリエーション　中央から」にし、枠線をなしに設定してください。

(2)ひまわりの写真の枠線の色を「ベージュ、アクセント6、黒＋基本色25%」にし、太さ「3pt」に設定してください。

出題範囲5　グラフィック要素の挿入と書式設定

**(1)**

① 図形を選択します。

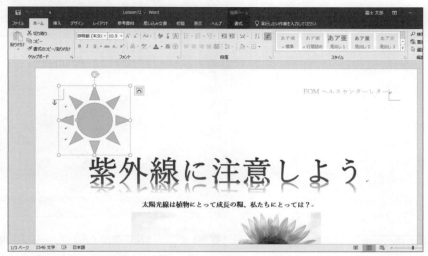

② 《書式》タブ→《図形のスタイル》グループの 図形の塗りつぶし▼（図形の塗りつぶし）
→《グラデーション》→《淡色のバリエーション》の《中央から》をクリックします。

③ 《書式》タブ→《図形のスタイル》グループの 図形の枠線▼（図形の枠線）→《枠線なし》をクリックします。

④ 図形に書式が設定されます。

🖱 その他の方法

**図形の塗りつぶしと枠線の設定**

**2019**

◆ 図形を選択→《書式》タブ→《図形のスタイル》グループの 🔲（図形の書式設定）→ ◇（塗りつぶしと線）

◆ 図形を右クリック→《図形の書式設定》→ ◇（塗りつぶしと線）

**365**

◆ 図形を選択→《書式》タブ／《図形の書式》タブ→《図形のスタイル》グループの 🔲（図形の書式設定）→ ◇（塗りつぶしと線）

◆ 図形を右クリック→《図形の書式設定》→ ◇（塗りつぶしと線）

求められるスキル

出題範囲1

出題範囲2

出題範囲3

出題範囲4

出題範囲5

出題範囲6

確認問題 標準解答

## (2)

①図を選択します。

②《書式》タブ→《図のスタイル》グループの 図の枠線 ▼ (図の枠線)→《テーマの色》の《ベージュ、アクセント6、黒+基本色25%》をクリックします。

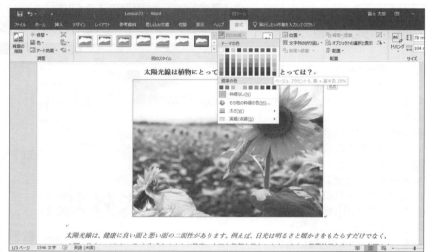

③《書式》タブ→《図のスタイル》グループの 図の枠線 ▼ (図の枠線)→《太さ》→《3pt》をクリックします。

④図の枠線が設定されます。

その他の方法

**図の枠線の設定**

**2019**
◆図を選択→《書式》タブ→《図のスタイル》グループの □(図の書式設定)→ ◇(塗りつぶしと線)→《線》
◆図を右クリック→《図の書式設定》→ ◇(塗りつぶしと線)→《線》

**365**
◆図を選択→《書式》タブ/《図の形式》タブ→《図のスタイル》グループの □(図の書式設定)→ ◇(塗りつぶしと線)→《線》
◆図を右クリック→《図の書式設定》→ ◇(塗りつぶしと線)→《線》

# Lesson 73

 文書「Lesson73」を開いておきましょう。

次の操作を行いましょう。

**(1)** 太陽の図形を「稲妻」に変更してください。

**(2)** ひまわりの写真の明るさを「−20%」、コントラストを「＋20%」に設定してください。

## Lesson 73 Answer

**(1)**

① 図形を選択します。

②《書式》タブ→《図形の挿入》グループの （図形の編集）→《図形の変更》→《基本図形》の（稲妻）をクリックします。

③ 図形が変更されます。

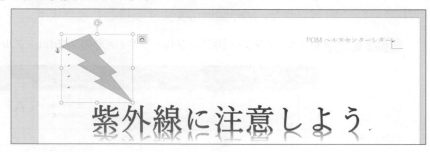

**(2)**

① 図を選択します。

②《書式》タブ→《調整》グループの ※ 修整（修整）→《明るさ/コントラスト》の《明るさ：−20% コントラスト：＋20%》をクリックします。

③ 図の明るさとコントラストが調整されます。

---

🖱 その他の方法

**図の修整**

**2019**

◆図を選択→《書式》タブ→《図のスタイル》グループの（図の書式設定）→（図）→《図の修整》

◆図を右クリック→《図の書式設定》→（図）→《図の修整》

**365**

◆図を選択→《書式》タブ／《図の形式》タブ→《図のスタイル》グループの（図の書式設定）→（図）→《図の修整》

◆図を右クリック→《図の書式設定》→（図）→《図の修整》

求められるスキル

出題範囲1

出題範囲2

出題範囲3

出題範囲4

出題範囲5

出題範囲6

確認問題 標準解答

 解 説 ■SmartArtグラフィックのスタイルの適用

「**SmartArtのスタイル**」とは、SmartArtグラフィックを装飾するための書式を組み合わせたものです。様々な色のパターンやデザインが用意されており、SmartArtグラフィック全体の見た目を瞬時に変えることができます。

2019 ◆《SmartArtツール》の《デザイン》タブ→《SmartArtのスタイル》グループのボタン

365 ◆《SmartArtツール》の《デザイン》タブ／《SmartArtのデザイン》タブ→《SmartArtのスタイル》グループのボタン

❶ （色の変更）
SmartArtグラフィックの配色を変更します。
一覧に表示される配色は、文書に適用されているテーマによって異なります。

❷SmartArtグラフィックのスタイルの一覧
SmartArtグラフィックのデザインを変更します。

■SmartArtグラフィックの図形の書式設定
SmartArtグラフィックを構成する図形は、個々に色や効果などの書式を設定できます。また、別の図形に変更することもできます。

2019 365 ◆《書式》タブ→《図形》グループや《図形のスタイル》グループのボタン

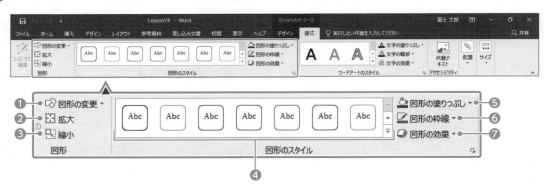

❶ 🔲 図形の変更 ▾ （図形の変更）
別の図形に変更します。

❷ 図形 拡大 （拡大）
クリックするごとに図形を1段階ずつ拡大します。

❸ 図形 縮小 （縮小）
クリックするごとに図形を1段階ずつ縮小します。

❹図形のスタイルの一覧
図形のデザインを変更します。

❺ 図形の塗りつぶし ▾ （図形の塗りつぶし）
図形を塗りつぶす色を設定します。グラデーションや図を設定することもできます。

❻ 図形の枠線 ▾ （図形の枠線）
図形に枠線を設定します。枠線の色や太さ、種類などを設定することもできます。

❼ 図形の効果 ▾ （図形の効果）
図形に影や反射、ぼかしなどの効果を設定します。

# Lesson 74

 文書「Lesson74」を開いておきましょう。

次の操作を行いましょう。

**(1)** 2ページ目のSmartArtグラフィックにスタイル「パウダー」、色「カラフル-アクセント3から4」を適用してください。

**(2)** SmartArtグラフィックの「紫外線」の図形を「星：24pt」に変更し、2段階拡大してください。塗りつぶしの色は「紫」、図形の効果は「面取り　丸い凸レンズ」とします。

## Lesson 74 Answer

**その他の方法**

**SmartArtグラフィックのスタイルの適用**

`2019` `365`

◆SmartArtグラフィックを右クリック→ミニツールバーの （SmartArtクイックスタイル）

### (1)

①SmartArtグラフィックを選択します。

②《SmartArtツール》の《デザイン》タブ→《SmartArtのスタイル》グループの（その他）→《3-D》の《パウダー》をクリックします。

③SmartArtグラフィックにスタイルが適用されます。

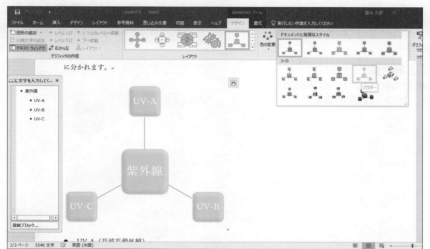

**その他の方法**

**SmartArtグラフィックの色の変更**

`2019` `365`

◆SmartArtグラフィックを右クリック→ミニツールバーの（色）

④《SmartArtツール》の《デザイン》タブ→《SmartArtのスタイル》グループの（色の変更）→《カラフル》の《カラフル-アクセント3から4》をクリックします。

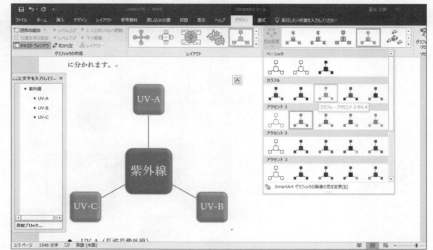

求められるスキル

出題範囲1

出題範囲2

出題範囲3

出題範囲4

出題範囲5

出題範囲6

確認問題　標準解答

⑤SmartArtグラフィックの配色が変更されます。

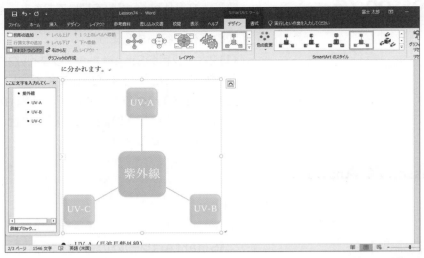

**🖱 その他の方法**

**SmartArtグラフィックの図形の変更**

`2019` `365`

◆SmartArtグラフィックの図形を右クリック→《図形の変更》

## (2)

①SmartArtグラフィックの**「紫外線」**の図形を選択します。

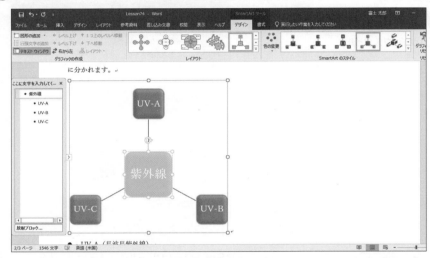

②《書式》タブ→《図形》グループの 🔲 図形の変更 ▾ （図形の変更）→《星とリボン》の 🌟 （星：24pt）をクリックします。

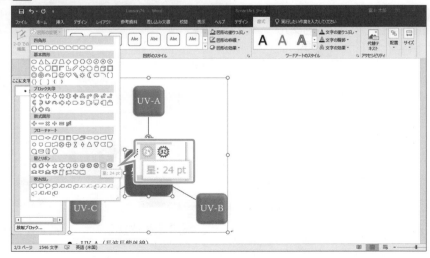

③図形が変更されます。

④《書式》タブ→《図形》グループの ⊞ 拡大 （拡大）を2回クリックします。

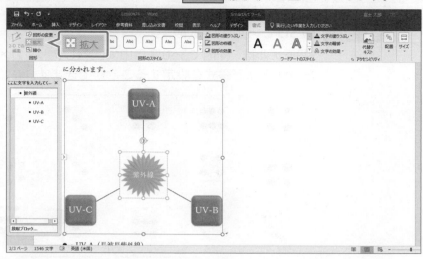

⑤図形が2段階拡大されます。

⑥《書式》タブ→《図形のスタイル》グループの 図形の塗りつぶし ▼ （図形の塗りつぶし）→《標準の色》の《紫》をクリックします。

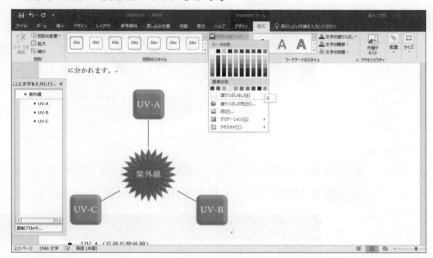

⑦《書式》タブ→《図形のスタイル》グループの 🔵 図形の効果 ▼ （図形の効果）→《面取り》→《面取り》の《丸い凸レンズ》をクリックします。

⑧SmartArtグラフィック内の図形の書式が変更されます。

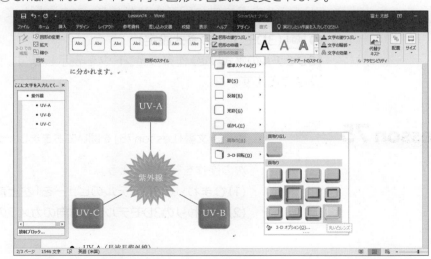

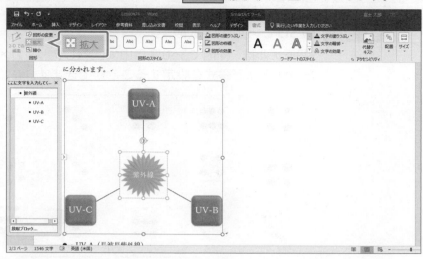

**🖰 その他の方法**

**SmartArtグラフィックの図形の塗りつぶし**

[2019] [365]

◆SmartArtグラフィックの図形を右クリック→ミニツールバーの 🔳 （図形の塗りつぶし）

**❗ Point**

**SmartArtグラフィックのリセット**

SmartArtグラフィックに設定した書式をすべてリセットし、元に戻す方法は、次のとおりです。

[2019]

◆SmartArtグラフィックを選択→《SmartArtツール》の《デザイン》タブ→《リセット》グループの 🔳 （グラフィックのリセット）

[365]

◆SmartArtグラフィックを選択→《SmartArtツール》の《デザイン》タブ／《SmartArtのデザイン》タブ→《リセット》グループの 🔳 （グラフィックのリセット）

求められるスキル

出題範囲1

出題範囲2

出題範囲3

出題範囲4

出題範囲5

出題範囲6

確認問題 標準解答

## 5-2-6 | 3Dモデルを書式設定する

 **解 説** ■ 3Dモデルの書式設定

3Dモデルは、枠内で360度自由に回転したり、カメラの位置を変更して枠内で移動したりするなど書式を設定することができます。

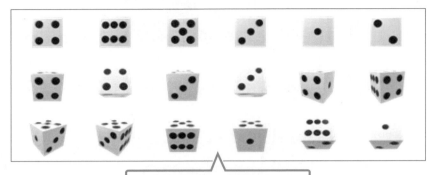

> 回転させたパターンを選択して、ビューを変更できる

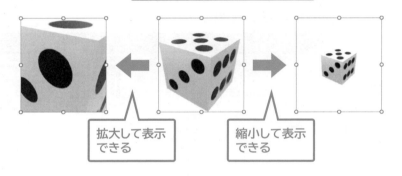

> 拡大して表示できる

> 縮小して表示できる

**2019** ◆《書式設定》タブ→《3Dモデルビュー》グループのボタン

**365** ◆《書式》タブ／《3Dモデル》タブ→《3Dモデルビュー》グループのボタン

### ❶3Dモデルビューの一覧

3Dモデルを各方向に回転させたパターンを選択して、ビューを変更します。

### ❷ ⬚ (3Dモデルの書式設定)

《3Dモデルの書式設定》作業ウィンドウを表示します。回転の角度やカメラの位置などを設定できます。

## Lesson 75

 文書「Lesson75」を開いておきましょう。

次の操作を行いましょう。
(1)ひまわりの3Dモデルのビューを「左上前面」に変更してください。
(2)ひまわりの3DモデルのZ方向のカメラの位置を「2.5」に設定してください。

# Lesson 75 Answer

## 🖱 その他の方法

### 3Dモデルのビューの変更

**2019**

◆《書式設定》タブ→《3Dモデルビュー》グループの 🔲（3Dモデルの書式設定）→ 📦（3Dモデル）→《モデルの回転》→《標準スタイル》の 🔲▾（3Dモデルビュー）

**365**

◆《書式》タブ／《3Dモデル》タブ→《3Dモデルビュー》グループの 🔲（3Dモデルの書式設定）→ 📦（3Dモデル）→《モデルの回転》→《標準スタイル》の 🔲▾（3Dモデルビュー）

## ❗ Point

### 3Dモデルの回転

3Dモデルの中央に表示される 🔄 をドラッグすると、任意の方向に回転させることができます。

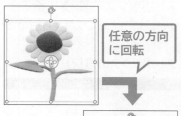

任意の方向に回転

## ❗ Point

### 《3Dモデルの書式設定》

❶ モデルの回転
回転角度を設定します。

❷ カメラ
カメラの位置を上下・左右・前後に移動します。

## ❗ Point

### 3Dモデルのリセット

3Dモデルの書式をすべてリセットし、元に戻す方法は、次のとおりです。

**2019**

◆ 3Dモデルを選択→《書式設定》タブ→《調整》グループの 📦（3Dモデルのリセット）

**365**

◆《書式》タブ／《3Dモデル》タブ→《調整》グループの 📦（3Dモデルのリセット）

---

## （1）

① 3Dモデルを選択します。

②《書式設定》タブ→《3Dモデルビュー》グループの ▾（その他）→《左上前面》をクリックします。

③ 3Dモデルのビューが変更されます。

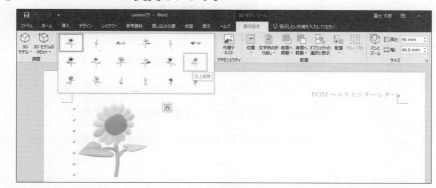

## （2）

① 3Dモデルを選択します。

②《書式設定》タブ→《3Dモデルビュー》グループの 🔲（3Dモデルの書式設定）をクリックします。

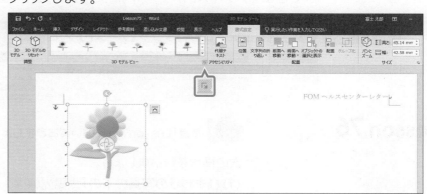

③《3Dモデルの書式設定》作業ウィンドウが表示されます。

④ 📦（3Dモデル）をクリックします。

⑤《カメラ》の詳細を表示します。

⑥《位置》の《Z方向の位置》を「2.5」に設定します。

⑦ カメラの位置が調整されます。

※《3Dモデルの書式設定》作業ウィンドウを閉じておきましょう。

求められるスキル

出題範囲1

出題範囲2

出題範囲3

出題範囲4

出題範囲5

出題範囲6

確認問題 標準解答

# 5-3　グラフィック要素にテキストを追加する

### ☑ 理解度チェック

| 習得すべき機能 | 参照Lesson | 学習前 | 学習後 | 試験直前 |
|---|---|---|---|---|
| ■ 文字列をテキストボックスに変換できる。 | ⇒Lesson76 | ☑ | ☑ | ☑ |
| ■ テキストボックス内の文字列を変更できる。 | ⇒Lesson77 | ☑ | ☑ | ☑ |
| ■ 図形に文字列を追加できる。 | ⇒Lesson78 | ☑ | ☑ | ☑ |
| ■ SmartArtグラフィックの図形を削除できる。 | ⇒Lesson79 | ☑ | ☑ | ☑ |
| ■ SmartArtグラフィックの図形のレベルを変更できる。 | ⇒Lesson79 | ☑ | ☑ | ☑ |
| ■ SmartArtグラフィックの図形の順番を変更できる。 | ⇒Lesson79 | ☑ | ☑ | ☑ |
| ■ SmartArtグラフィックのレイアウトを変更できる。 | ⇒Lesson79 | ☑ | ☑ | ☑ |

## 5-3-1　テキストボックスにテキストを追加する、変更する

 **解説**　■ 文字列をテキストボックスに変換

文書の本文として入力されている文字列を選択してテキストボックスに変換することができます。テキストボックス内に文字列を入力し直したり、コピーしたりする手間を省くことができます。

**2019** **365** ◆文字列を選択→《挿入》タブ→《テキスト》グループの（テキストボックスの選択）

## Lesson 76

OPEN 文書「Lesson76」を開いておきましょう。

次の操作を行いましょう。
(1) ひまわりの写真の下の「太陽光線は、…」から「…心配されています。」までの段落を、横書きテキストボックスに変換してください。

## Lesson 76 Answer

**Point**

**文字列の方向**

テキストボックスに表示する文字列の方向は、テキストボックスを作成したあとでも変更できます。

**2019**
◆テキストボックスを選択→《書式》タブ→《テキスト》グループの　　（文字列の方向）

**365**
◆テキストボックスを選択→《書式》タブ／《図形の書式》タブ→《テキスト》グループの　　（文字列の方向）

### (1)
① 「太陽光線は、…」から「…心配されています。」までの段落を選択します。
② 《挿入》タブ→《テキスト》グループの （テキストボックスの選択）→《横書きテキストボックスの描画》をクリックします。

**Point**

**文字の配置**

テキストボックス内の文字列は、初期の設定では上揃えになっています。垂直方向の文字の配置を変更する方法は次のとおりです。

**2019**
◆テキストボックスを選択→《書式》タブ→《テキスト》グループの 文字の配置 （文字の配置）

**365**
◆テキストボックスを選択→《書式》タブ／《図形の書式》タブ→《テキスト》グループの 文字の配置 （文字の配置）

③選択した段落が横書きテキストボックスに変換されます。

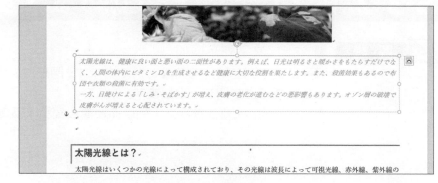

**解 説** ■テキストボックスの文字列の変更

テキストボックスに入力された文字列はあとから変更することができます。

**2019** **365** ◆テキストボックス内をクリックしてカーソルを表示→文字列の変更

# Lesson 77

OPEN 文書「Lesson77」を開いておきましょう。

次の操作を行いましょう。

(1) テキストボックス内の「また、殺菌効果もあるので布団や衣類の殺菌に有効です。」を削除してください。

## Lesson 77 Answer

**(1)**

①「また、殺菌効果もあるので布団や衣類の殺菌に有効です。」を選択します。

② Delete を押します。

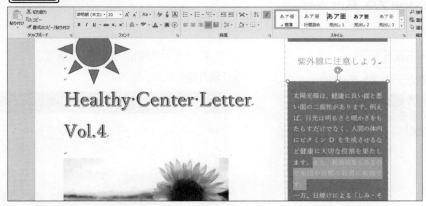

③文字列が削除されます。

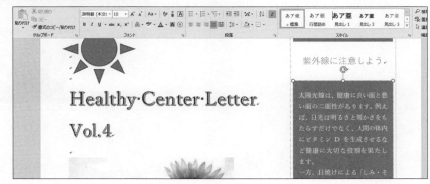

**解 説** ■図形に文字列を追加

図形に文字列を追加することができます。図形に文字列を追加するには、図形を選択した状態で文字列を入力します。

また、図形に入力された文字列はあとから変更することができます。

2019 365 ◆ 図形を選択→文字列を入力

## Lesson 78

OPEN 文書「Lesson78」を開いておきましょう。

次の操作を行いましょう。

**(1)** 文書の先頭の図形に「紫外線に注意」と入力し、フォントサイズを「28ポイント」に設定してください。

**(2)** ひまわりの写真の下の「太陽光線は、…」から「…心配されています。」までの文字列を、写真の右側の図形内に移動してください。

**(3)** 文書の先頭の図形内の文字列を「紫外線に注意しよう！」に修正してください。

## Lesson 78 Answer

● その他の方法

**図形にテキストを追加**

2019 365

◆ 図形を右クリック→《テキストの追加》

**(1)**

① 文書の先頭の図形を選択します。

②「**紫外線に注意**」と入力します。

**! Point**

**文字列が追加された図形の選択**

文字列が追加された図形内をクリックすると、カーソルが表示され、周囲に点線(----)の囲みが表示されます。この点線上をクリックすると、図形が選択され、周囲に実線(—)の囲みが表示されます。この状態のとき、図形や図形内のすべての文字列に書式を設定できます。

**図形内にカーソルがある状態**

**図形が選択されている状態**

③図形に文字列が追加されます。

④図形を選択します。

※図形の枠線をクリックし、図形全体を選択します。

⑤《ホーム》タブ→《フォント》グループの 10.5 ▼ (フォントサイズ) の ▼ →《28》をクリックします。

⑥フォントサイズが変更されます。

**(2)**

①「太陽光線は、…」から「…心配されています。」までの段落を選択します。

②《ホーム》タブ→《クリップボード》グループの ✂ 切り取り (切り取り) をクリックします。

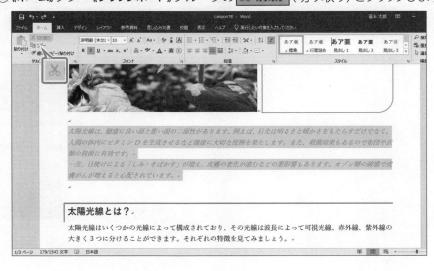

求められるスキル

出題範囲1

出題範囲2

出題範囲3

出題範囲4

出題範囲5

出題範囲6

確認問題 標準解答

③図の右側の図形を選択します。

④《ホーム》タブ→《クリップボード》グループの  （貼り付け）をクリックします。

⑤文字列が移動します。

## （3）

①先頭の図形内をクリックします。

②図形内にカーソルが表示されます。

③「**紫外線に注意しよう！**」に修正します。

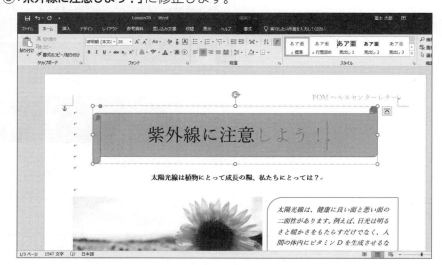

🖱️ その他の方法

**図形内のテキストを編集**

`2019` `365`

◆図形を右クリック→《テキストの
編集》

**解 説**

### ■SmartArtグラフィックの図形の追加・削除

SmartArtグラフィックを構成する図形は、項目数に応じて追加したり削除したりできます。図形を追加するには、テキストウィンドウに箇条書きの項目を追加します。図形を削除するには、テキストウィンドウの箇条書きの項目を削除します。
テキストウィンドウはSmartArtグラフィックと連動しているので、テキストウィンドウの変更は自動的にSmartArtグラフィックに反映されます。

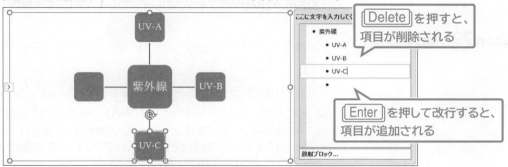

### ■SmartArtグラフィックのレイアウトとレベルの変更

SmartArtグラフィックは、あとからレイアウトを変更したり、項目のレベルや順番を入れ替えたりできます。

**2019** ◆《SmartArtツール》の《デザイン》タブ→《グラフィックの作成》グループや《レイアウト》グループのボタン

**365** ◆《SmartArtツール》の《デザイン》タブ／《SmartArtのデザイン》タブ→《グラフィックの作成》グループや《レイアウト》グループのボタン

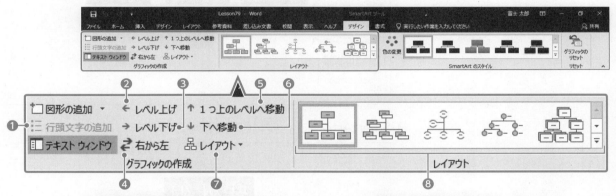

**❶ 行頭文字の追加 （行頭文字の追加）**
選択している図形や箇条書き内に、レベルが1つ下の図形や箇条書きを追加します。
※SmartArtグラフィックの種類によって、追加できない場合があります。

**❷ レベル上げ （選択対象のレベル上げ）**
選択している図形や箇条書きのレベルを上げます。

**❸ レベル下げ （選択対象のレベル下げ）**
選択している図形や箇条書きのレベルを下げます。

**❹ 右から左 （右から左）**
SmartArtグラフィックのレイアウトの左右を入れ替えます。

**❺ 1つ上のレベルへ移動 （選択したアイテムを上へ移動）**
選択している図形や箇条書きの順番を前に移動します。

**❻ 下へ移動 （選択したアイテムを下へ移動）**
選択している図形や箇条書きの順番を後ろに移動します。

**❼ レイアウト （組織図レイアウト）**
組織図のレイアウトを選択している場合に、分岐の方向を変更します。

**❽レイアウトの一覧**
SmartArtグラフィックのレイアウトを変更します。

# Lesson 79

 文書「Lesson79」を開いておきましょう。

次の操作を行いましょう。
**(1)** 2ページ目のSmartArtグラフィック内の文字列が入力されていない図形を削除してください。
**(2)** SmartArtグラフィックの図形「UV-A」のレベルを「UV-B」や「UV-C」と同じレベルに変更し、左から「UV-A」「UV-B」「UV-C」と表示されるように順番を入れ替えてください。
**(3)** SmartArtグラフィックのレイアウトを「矢印付き放射」に変更してください。

## Lesson 79 Answer

**出題範囲5 グラフィック要素の挿入と書式設定**

### (1)

①SmartArtグラフィックを選択します。

②テキストウィンドウの4行目の「**UV-A**」の後ろにカーソルを移動します。

※テキストウィンドウが表示されていない場合は、SmartArtグラフィックを選択し、《SmartArtツール》の《デザイン》タブ→《グラフィックの作成》グループの〔 テキストウィンドウ 〕(テキストウィンドウ)をクリックします。

③〔Delete〕を押します。

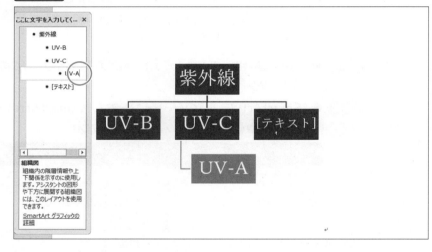

④SmartArtグラフィックの図形が削除されます。

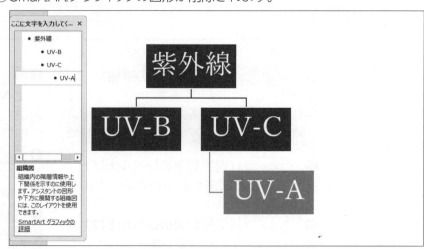

---

🖱 **その他の方法**

**SmartArtグラフィックの図形の削除**

[2019] [365]

◆削除する図形を選択→〔Delete〕

---

⚠ **Point**

**図形の追加**

[2019]

◆SmartArtグラフィックを選択→《SmartArtツール》の《デザイン》タブ→《グラフィックの作成》グループの〔 図形の追加 〕(図形の追加)

[365]

◆SmartArtグラフィックを選択→《SmartArtツール》の《デザイン》タブ/《SmartArtのデザイン》タブ→《グラフィックの作成》グループの〔 図形の追加 〕(図形の追加)

## (2)

①「UV-A」の図形を選択します。

②《SmartArtツール》の《デザイン》タブ→《グラフィックの作成》グループの ← レベル上げ （選択対象のレベル上げ）をクリックします。

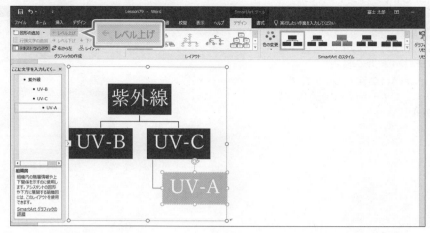

③「UV-A」の図形のレベルが変更されます。

④《SmartArtツール》の《デザイン》タブ→《グラフィックの作成》グループの ↑ 1つ上のレベルへ移動 （選択したアイテムを上へ移動）を2回クリックします。

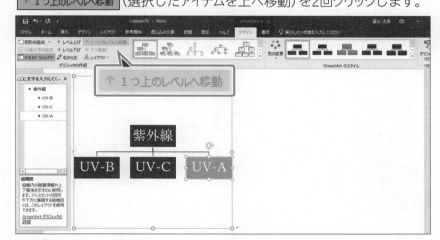

⑤SmartArtグラフィックの図形の順番が変更されます。

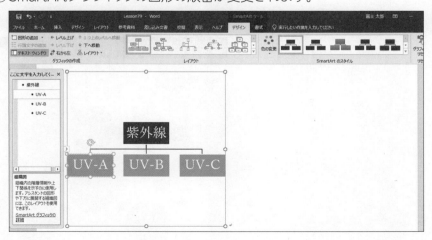

その他の方法

## SmartArtグラフィックの項目のレベル上げ／レベル下げ

2019 365

◆テキストウィンドウの項目を右クリック→《レベル上げ》/《レベル下げ》

◆テキストウィンドウの項目にカーソルを移動→[Shift]+[Tab]（レベル上げ）/[Tab]（レベル下げ）

その他の方法

## SmartArtグラフィックの項目の順番の変更

2019 365

◆テキストウィンドウの項目を右クリック→《1つ上のレベルへ移動》/《下へ移動》

求められるスキル

出題範囲1

出題範囲2

出題範囲3

出題範囲4

出題範囲5

出題範囲6

確認問題 標準解答

**(3)**

① SmartArtグラフィックを選択します。

② 《SmartArtツール》の《デザイン》タブ→《レイアウト》グループの ▼ （その他）→《その他のレイアウト》をクリックします。

🖱 その他の方法

**SmartArtグラフィックの
レイアウトの変更**

2019　365

◆ SmartArtグラフィックを右クリック→《レイアウトの変更》
◆ SmartArtグラフィックを右クリック→ミニツールバーの □ （レイアウト）

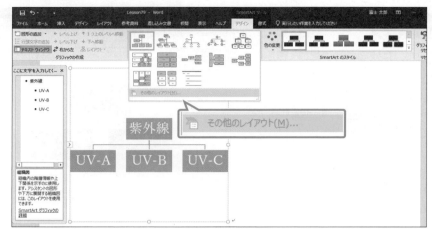

③ 《SmartArtグラフィックの選択》ダイアログボックスが表示されます。

④ 左側の一覧から《循環》を選択します。

⑤ 中央の一覧から《矢印付き放射》を選択します。

⑥ 《OK》をクリックします。

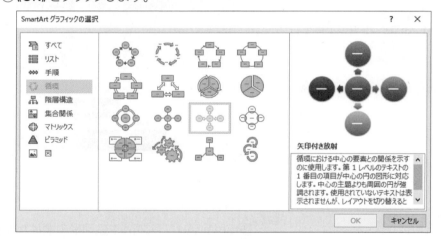

⑦ SmartArtグラフィックのレイアウトが変更されます。

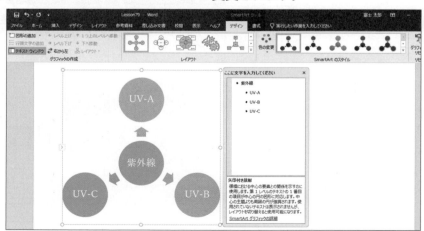

理解度チェック

| 習得すべき機能 | 参照Lesson | 学習前 | 学習後 | 試験直前 |
|---|---|---|---|---|
| ■図に文字列の折り返しを設定できる。 | ➡Lesson80 | ☑ | ☑ | ☑ |
| ■図や図形の配置を設定できる。 | ➡Lesson81 | ☑ | ☑ | ☑ |
| ■図形の重なり順を設定できる。 | ➡Lesson81 | ☑ | ☑ | ☑ |
| ■図に代替テキストを設定できる。 | ➡Lesson82 | ☑ | ☑ | ☑ |

## 5-4-1　オブジェクトの周囲の文字列を折り返す

**解説**

### ■文字列の折り返しの設定

図は、文字列と同じ扱いで行内に配置されます。この状態のとき、図は自由な位置に移動できません。一方、図形は、文字列の前面に配置されます。この状態のとき、図形は文字列から独立しており、自由な位置に移動できます。この違いは、図や図形などのオブジェクトに設定されている「**文字列の折り返し**」が異なるためです。

`2019` `365` ◆オブジェクトを選択→⬛（レイアウトオプション）

❶**行内**

1行の中に文字列とオブジェクトが配置されます。

❺**上下**

文字列が行単位でオブジェクトを避けて配置されます。

❷四角形　❸狭く　❹内部

文字列がオブジェクトの周囲に周り込んで配置されます。

❻背面　❼前面

文字列とオブジェクトが重なって配置されます。

求められるスキル

出題範囲1

出題範囲2

出題範囲3

出題範囲4

出題範囲5

出題範囲6

確認問題　標準解答

# Lesson 80

📂 **OPEN** 文書「Lesson80」を開いておきましょう。

次の操作を行いましょう。

(1)ひまわりの写真の周囲に文字列が周り込むように、文字列の折り返しを「四角形」に設定してください。

## Lesson 80 Answer

**🖱 その他の方法**

**文字列の折り返し**

**2019**

◆オブジェクトを選択→《書式》タブ→《配置》グループの 🔲 文字列の折り返し▾ （文字列の折り返し）

◆オブジェクトを右クリック→《文字列の折り返し》

**365**

◆オブジェクトを選択→《書式》タブ／《図の形式》タブ／《図形の書式》タブ→《配置》グループの 🔲 文字列の折り返し▾ （文字列の折り返し）

◆オブジェクトを右クリック→《文字列の折り返し》

**❗ Point**

**文字列との間隔**

文字列とオブジェクトとの上下左右の間隔を設定する方法は、次のとおりです。

**2019** **365**

◆オブジェクトを選択→🔲（レイアウトオプション）→《詳細表示》→《文字列の折り返し》タブ→《文字列との間隔》

※折り返しの種類によって、設定できない場合があります。

**(1)**

①図を選択します。

②🔲（レイアウトオプション）をクリックします。

③《文字列の折り返し》の《四角形》をクリックします。

④《レイアウトオプション》の ×（閉じる）をクリックします。

⑤文字列の折り返しが設定され、周囲に文字列が周り込んで表示されます。

## 5-4-2 オブジェクトを配置する

**解 説**

### ■オブジェクトの配置

図や図形などのオブジェクトの配置を設定できます。また、複数のオブジェクトが重なって表示されている場合に、その表示順を設定することもできます。

**2019** ◆《書式》タブ→《配置》グループのボタン

**365** ◆《書式》タブ／《図の形式》タブ／《図形の書式》タブ→《配置》グループのボタン

**❶ 位置▼（オブジェクトの配置）**
文字列の折り返しを四角形に設定した上で用紙のどこに配置するかを選択します。また、用紙の上から50mmの位置に配置するなど、数値で設定することもできます。

**❷ 前面へ移動▼（前面へ移動）**
複数のオブジェクトが重なっている場合の表示順を設定します。現在の表示順より1つ手前や最前面、文字列の前面などを選択できます。

**❸ 背面へ移動▼（背面へ移動）**
複数のオブジェクトが重なっている場合の表示順を設定します。現在の表示順より1つ後ろや最背面、文字列の背面などを選択できます。

**❹ 配置▼（オブジェクトの配置）**
オブジェクトの配置を設定します。用紙に対して上にそろえたり、余白以外の本文の領域内で上下中央にそろえたりできます。また、複数のオブジェクトを左右中央にそろえたり、左端や右端などをそろえたりすることもできます。

## Lesson 81

**OPEN** 文書「Lesson81」を開いておきましょう。

次の操作を行いましょう。

(1) 雲の図形をページに合わせて右方向の距離「40mm」、下方向の距離「25mm」に配置してください。

(2) 太陽と雲の図形を下揃えで配置し、文字列の背面へ移動してください。

(3) 2ページ目のひまわりの写真を、文字列の折り返しを四角形に設定し、余白に合わせて右下に配置してください。

## Lesson 81 Answer

### (1)

① 雲の図形を選択します。

**その他の方法**

**オブジェクトの配置**

**2019** **365**
◆オブジェクトを選択→🖼️（レイアウトオプション）→《詳細表示》→《位置》タブ
◆オブジェクトを右クリック→《その他のレイアウトオプション》→《位置》タブ

② 《書式》タブ→《配置》グループの 位置▼（オブジェクトの配置）→《その他のレイアウトオプション》をクリックします。

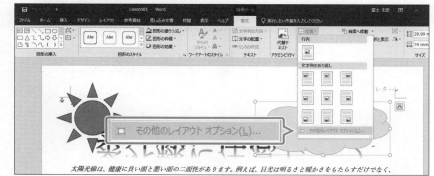

③《レイアウト》ダイアログボックスが表示されます。

④《位置》タブを選択します。

⑤《水平方向》の《右方向の距離》を ⦿ にします。

⑥《基準》の ∨ をクリックし、一覧から《ページ》を選択します。

⑦「40mm」に設定します。

⑧《垂直方向》の《下方向の距離》を ⦿ にします。

⑨《基準》の ∨ をクリックし、一覧から《ページ》を選択します。

⑩「25mm」に設定します。

⑪《OK》をクリックします。

## Point

### 《レイアウト》の《位置》タブ

**❶配置**
《基準》に対して左、中央、右にそろえることができます。

**❷本のレイアウト**
奇数ページと偶数ページでオブジェクトの位置を変更できます。

**❸右方向の距離**
《基準》からオブジェクトの左端までの距離を指定できます。

**❹相対位置**
左端からの比率で位置を指定できます。

**❺配置**
《基準》に対して上、中央、下などにそろえることができます。

**❻下方向の距離**
《基準》からオブジェクトの上端までの距離を指定できます。

**❼相対位置**
上端からの比率で位置を指定できます。

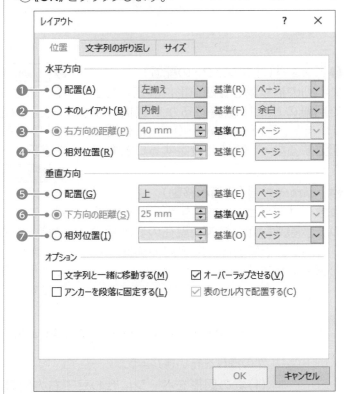

⑫雲の図形の配置が変更されます。

! Point

**複数のオブジェクトの選択**

複数のオブジェクトを選択するには、1つ目のオブジェクトをクリックし、2つ目以降のオブジェクトを Shift を押しながらクリックします。

その他の方法

**文字列の背面へ移動**

2019  365

◆オブジェクトを右クリック→《最背面へ移動》→《テキストの背面へ移動》

**(2)**

① 雲の図形を選択します。

② Shift を押しながら、太陽の図形を選択します。

③《書式》タブ→《配置》グループの ⟦配置⟧ (オブジェクトの配置) →《選択したオブジェクトを揃える》がオンになっていることを確認します。

④《書式》タブ→《配置》グループの ⟦配置⟧ (オブジェクトの配置) →《下揃え》をクリックします。

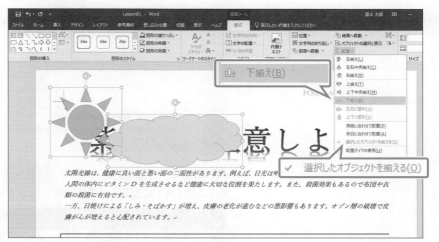

⑤ 雲の図形と太陽の図形が下揃えになります。

⑥《書式》タブ→《配置》グループの ⟦背面へ移動⟧ (背面へ移動) の ⏷ →《テキストの背面へ移動》をクリックします。

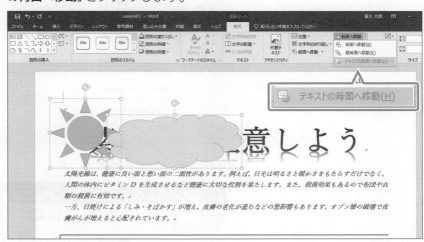

⑦ 選択した図形が文字列の背面へ移動します。

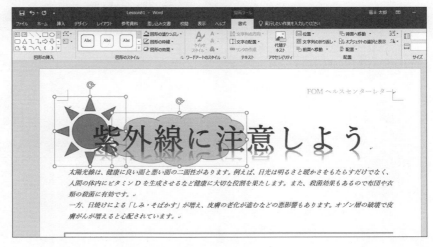

求められるスキル

出題範囲1

出題範囲2

出題範囲3

出題範囲4

出題範囲5

出題範囲6

確認問題 標準解答

## (3)

①図を選択します。

②《書式》タブ→《配置》グループの 位置▼ （オブジェクトの配置）→《文字列の折り返し》の《右下に配置し、四角の枠に沿って文字列を折り返す》をクリックします。

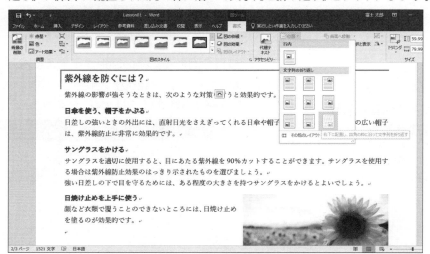

③図の配置が変更されます。

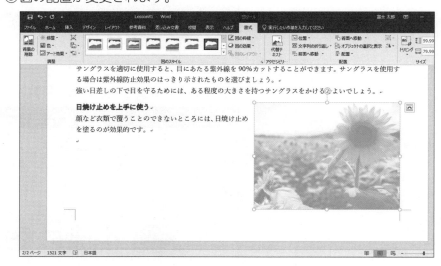

## 5-4-3 オブジェクトに代替テキストを追加する

 **解説** ■代替テキストの設定

「**代替テキスト**」とは、文書内の図や図形などのオブジェクトの代わりに説明する文字列のことです。代替テキストを設定しておくと、ユーザーが文書の情報を理解するのに役立ちます。

**2019** ◆《書式》タブ→《アクセシビリティ》グループの （代替テキストウィンドウを表示します）

**365** ◆《書式》タブ／《図の形式》タブ／《図形の書式》タブ→《アクセシビリティ》グループの （代替テキストウィンドウを表示します）

## Lesson 82

 文書「Lesson82」を開いておきましょう。

次の操作を行いましょう。
**(1)** ひまわりの写真に代替テキストとして「ひまわりの写真」を設定してください。

## Lesson 82 Answer

**その他の方法**
**代替テキストの設定**

**2019** **365**
◆オブジェクトを右クリック→《代替テキストの編集》

**(1)**
①図を選択します。
②《書式》タブ→《アクセシビリティ》グループの （代替テキストウィンドウを表示します）をクリックします。

③《**代替テキスト**》作業ウィンドウが表示されます。
④「**ひまわりの写真**」と入力します。

※《**代替テキスト**》作業ウィンドウを閉じておきましょう。

求められるスキル

出題範囲1

出題範囲2

出題範囲3

出題範囲4

出題範囲5

出題範囲6

確認問題 標準解答

## Lesson 83

 文書「Lesson83」を開いておきましょう。

次の操作を行いましょう。

| | |
|---|---|
| | バスケサークルの連絡網を作成します。 |
| 問題（1） | フォルダー「Lesson83」の図「バスケ.jpg」を挿入してください。文字列の折り返しは前面に設定し、余白を基準に右上にそろえて配置します。 |
| 問題（2） | バスケットボールの写真に影「オフセット：右下」とアート効果「パステル：滑らか」を設定してください。 |
| 問題（3） | バスケットボールの写真に代替テキスト「バスケットボールの写真」を設定してください。 |
| 問題（4） | 「緊急連絡網」の下に、SmartArtグラフィック「基本蛇行ステップ」を挿入してください。「部長　本田祐樹」から「090-1489-XXXX」までを切り取って貼り付け、余分な図形は削除します。 |
| 問題（5） | SmartArtグラフィック全体の高さを「130mm」に設定してください。SmartArtグラフィック内のすべての角丸四角形の高さを「20mm」、幅を「65mm」に設定してください。 |
| 問題（6） | SmartArtグラフィック全体に色「カラフル-アクセント5から6」、スタイル「光沢」を適用してください。 |
| 問題（7） | テキストボックス「セマフォ-引用」を挿入し、文末の文字列「☆不在の場合は、…」と「☆最後の人は、…」の段落を切り取って貼り付けてください。 |
| 問題（8） | テキストボックスの高さを「22mm」、幅を「126mm」に設定してください。文字列の折り返しを四角形に設定し、余白に合わせて中央下に配置します。 |

# 出題範囲 6

# 文書の共同作業の管理

# 6-1 コメントを追加する、管理する

出題範囲6　文書の共同作業の管理

☑ 理解度チェック

| | 習得すべき機能 | 参照Lesson | 学習前 | 学習後 | 試験直前 |
|---|---|---|---|---|---|
| ■コメントを挿入できる。 | | →Lesson84 | ☑ | ☑ | ☑ |
| ■コメントを順番に移動できる。 | | →Lesson85 | ☑ | ☑ | ☑ |
| ■コメントを非表示にできる。 | | →Lesson85 | ☑ | ☑ | ☑ |
| ■コメントに返信できる。 | | →Lesson86 | ☑ | ☑ | ☑ |
| ■コメントに解決を設定できる。 | | →Lesson86 | ☑ | ☑ | ☑ |
| ■コメントを削除できる。 | | →Lesson87 | ☑ | ☑ | ☑ |

## 6-1-1 コメントを追加する

 解説

### ■コメント

「**コメント**」とは、文書内の文字列や任意の場所に対して付けることができるメモのようなものです。コメントは、文書の余白に吹き出しで挿入されます。

自分が文書を作成している最中に、あとで調べようと思ったことをコメントとしてメモしておいたり、ほかの人が作成した文書に対して、修正してほしいことや気になった点を書き込んだりするときに使うと便利です。

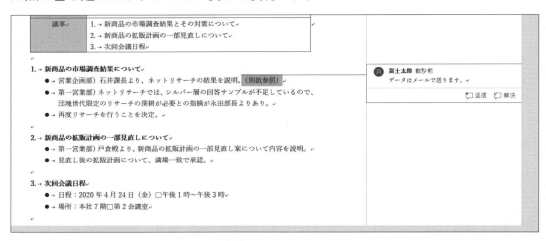

2019　365　◆《校閲》タブ→《コメント》グループの （コメントの挿入）

## Lesson 84

OPEN　文書「Lesson84」を開いておきましょう。

次の操作を行いましょう。

**(1)**「1.新商品の市場調査結果について」の下にある「（別紙参照）」に、「データはメールで送ります。」とコメントを挿入してください。

**(1)**

①「（別紙参照）」を選択します。

②《校閲》タブ→《コメント》グループの 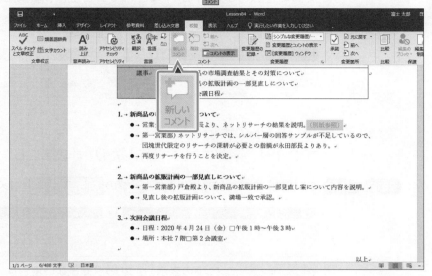（コメントの挿入）をクリックします。

③「データはメールで送ります。」と入力します。

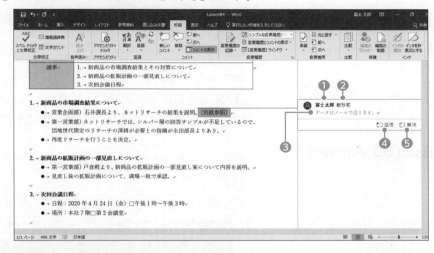

④本文中をクリックします。

⑤コメントが確定されます。

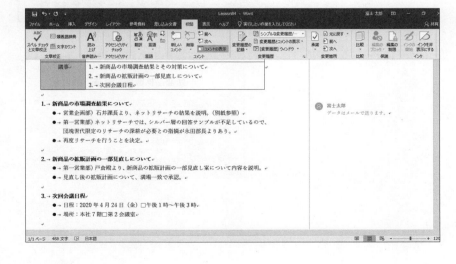

**! Point**

**《コメント》**

**❶ ユーザー名**
コメントを挿入したユーザーの名前
が表示されます。

**❷ 時間**
コメントを挿入した時間または日付
が表示されます。

**❸ コメント**
入力したコメントが表示されます。

**❹ 返信**
コメントに対して返信できます。ク
リックすると、コメント内に返信する
ユーザー名とカーソルが表示され返
信する内容を入力できます。

**❺ 解決**
コメントの内容が完了したときに使
います。《解決》をクリックするとコメ
ントが淡色表示になります。

**! Point**

**コメントの編集**
`2019` `365`
◆コメント内をクリック

求められるスキル

出題範囲1

出題範囲2

出題範囲3

出題範囲4

出題範囲5

出題範囲6

確認問題 標準解答

**解 説**

### ■コメントの切り替え

文書に複数のコメントが挿入されている場合、順番に表示してひとつずつ確認できます。

**2019** **365** ◆《校閲》タブ→《コメント》グループの 💬 次へ（次のコメント）または 💬 前へ（前のコメント）

### ■コメントの表示・非表示

コメントは、必要に応じて表示したり、非表示にしたりできます。

**2019** **365** ◆《校閲》タブ→《コメント》グループの 📋 コメントの表示（コメントの表示）

※ コメントの表示（コメントの表示）がクリックできない場合は、《校閲》タブ→《変更履歴》グループの
すべての変更履歴/コ…（変更内容の表示）を《シンプルな変更履歴/コメント》にしておきましょう。

## Lesson 85

 文書「Lesson85」を開いておきましょう。

次の操作を行いましょう。
**(1)** 文書内の2つ目のコメントに移動してください。
**(2)** 文書内のコメントをすべて非表示にしてください。

### Lesson 85 Answer

**(1)**
① 文頭にカーソルがあることを確認します。
②《校閲》タブ→《コメント》グループの 💬 次へ（次のコメント）を2回クリックします。

③2つ目のコメントに移動します。

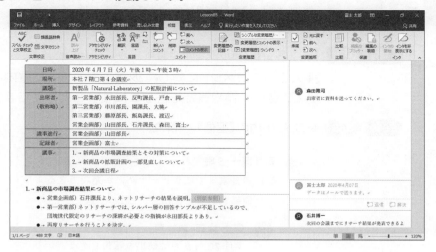

## (2)

①《校閲》タブ→《コメント》グループの ［コメントの表示］ （コメントの表示）をクリックします。

※ ［コメントの表示］ （コメントの表示）がクリックできない場合は、《校閲》タブ→《変更履歴》グループの ［すべての変更履歴/コ… ▾］ （変更内容の表示）を《シンプルな変更履歴/コメント》にしておきましょう。

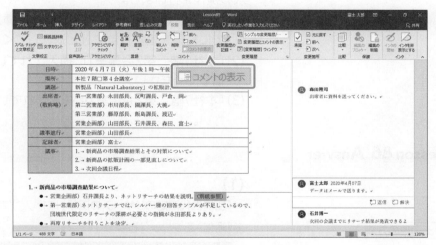

②コメントが非表示になります。

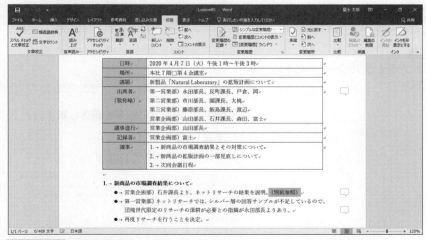

※ ［コメントの表示］ （コメントの表示）をクリックして、コメントを表示しておきましょう。

**🖱 その他の方法**

**コメントの非表示**

2019　365

◆《校閲》タブ→《変更履歴》グループの ［変更履歴とコメントの表示 ▾］ （変更履歴とコメントの表示）→《コメント》をクリックしてチェックマークを非表示にする

**❗ Point**

**コメントの表示**

コメントを非表示にすると、コメントが挿入されている行の右端に 💬 が表示されます。クリックすると《コメント》ウィンドウが開き、コメントの内容を確認できます。

**❗ Point**

**特定のユーザーのコメントの表示**

複数のユーザーがコメントを入力している場合に、ユーザーごとにコメントの表示を切り替えることができます。

2019　365

◆《校閲》タブ→《変更履歴》グループの ［変更履歴とコメントの表示 ▾］ （変更履歴とコメントの表示）→《特定のユーザー》→《すべての校閲者》をクリックしてチェックマークを非表示にする→《変更履歴》グループの ［変更履歴とコメントの表示 ▾］ （変更履歴とコメントの表示）→《特定のユーザー》→表示するユーザーをクリックして ✔ にする

求められるスキル

出題範囲1

出題範囲2

出題範囲3

出題範囲4

出題範囲5

出題範囲6

確認問題 標準解答

## 6-1-3 コメントに返答する、対処する

**解説** ■コメントへの返信・解決

挿入されたコメントに対して返信できます。文書内の疑問点やわかりにくい箇所について、意見交換や質疑応答などに使うことができます。

2019　365　◆コメント内の《返信》/《解決》

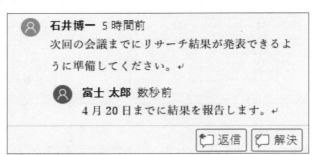

# Lesson 86

OPEN　文書「Lesson86」を開いておきましょう。

次の操作を行いましょう。

(1)「団塊世代限定のリサーチの深耕」に挿入されているコメントに「4月20日までに結果を報告します。」と返信してください。

(2)「本社7階　第2会議室」に挿入されているコメントに「予約しました。」と返信してください。

(3)「本社7階　第2会議室」に挿入されているコメントに解決の設定をしてください。

## Lesson 86 Answer

### (1)

①「**団塊世代限定のリサーチの深耕**」に挿入されているコメントをポイントします。

②《**返信**》をクリックします。

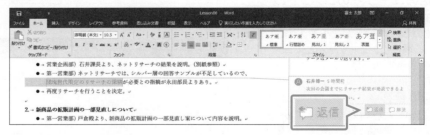

③「**4月20日までに結果を報告します。**」と入力します。

④本文中をクリックします。

⑤コメントが確定されます。

**その他の方法**

**コメントの返信**

2019

◆コメントを右クリック→《コメントに返答》

365

◆コメントを右クリック→《コメントに返信》

## (2)

① 「**本社7階　第2会議室**」に挿入されているコメントをポイントします。

② 《**返信**》をクリックします。

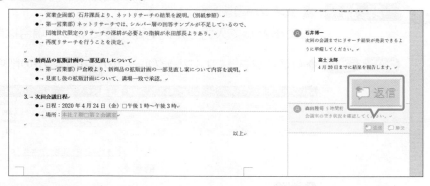

③ 「**予約しました。**」と入力します。

④ 本文中をクリックします。

⑤ コメントが確定されます。

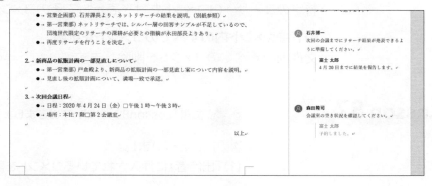

## (3)

① 「**本社7階　第2会議室**」に挿入されているコメントをポイントします。

② 《**解決**》をクリックします。

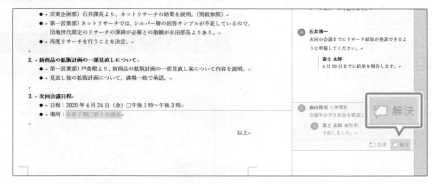

③ コメントが淡色表示に変わります。

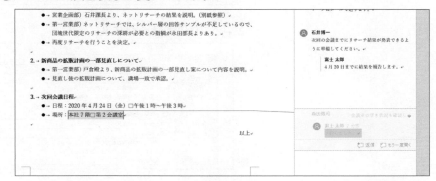

**コメントの解決**

`2019` `365`

◆コメントを右クリック→《コメントの
解決》

求められるスキル

出題範囲1

出題範囲2

出題範囲3

出題範囲4

出題範囲5

出題範囲6

確認問題　標準解答

**解説** ■コメントの削除

コメントとして入力した内容が不要になった場合は削除できます。

2019 365 ◆《校閲》タブ→《コメント》グループの ![削除] (コメントの削除)

❶**削除**

選択しているコメントを削除します。

❷**表示されたすべてのコメントを削除**

特定のユーザーのコメントだけを表示してそのコメントを削除します。

❸**ドキュメント内のすべてのコメントを削除**

文書内のすべてのコメントを削除します。

## Lesson 87

 文書「Lesson87」を開いておきましょう。

次の操作を行いましょう。
**(1)「出席者」に挿入されているコメントを削除してください。**

## Lesson 87 Answer

**(1)**

①「**出席者**」に挿入されているコメントを選択します。

②《**校閲**》タブ→《**コメント**》グループの ![削除] (コメントの削除) をクリックします。

🖱 **その他の方法**

**コメントの削除**

2019 365

◆コメントを右クリック→《コメントの
削除》

③コメントが削除されます。

# 6-2 変更履歴を管理する

 理解度チェック

| 習得すべき機能 | 参照Lesson | 学習前 | 学習後 | 試験直前 |
|---|---|---|---|---|
| ■変更履歴を記録できる。 | ➡Lesson88 | ☑ | ☑ | ☑ |
| ■変更履歴を表示して変更内容を確認できる。 | ➡Lesson89 | ☑ | ☑ | ☑ |
| ■変更履歴で記録した内容を承諾できる。 | ➡Lesson90 | ☑ | ☑ | ☑ |
| ■変更履歴で記録した内容を元に戻すことができる。 | ➡Lesson90 | ☑ | ☑ | ☑ |
| ■特定の校閲者を選択して変更履歴を表示できる。 | ➡Lesson90 | ☑ | ☑ | ☑ |
| ■変更履歴の詳細オプションを設定できる。 | ➡Lesson91 | ☑ | ☑ | ☑ |

## 6-2-1 変更履歴を記録する、解除する

### 解説

**■変更履歴**

**「変更履歴」**とは、文書内の変更した箇所や内容を記録したものです。文書を校閲する際に変更履歴を記録しておくと、誰が、いつ、どのように変更したのかを確認できます。校閲された内容は、ひとつひとつ確認しながら承諾したり、元に戻したりできます。変更履歴を記録する手順は、次のとおりです。

**❶ 変更履歴の記録を開始**

変更箇所が記録される状態にします。

**❷ 文書の校閲**

文書を校閲し、編集作業を行います。

**❸ 変更履歴の記録を終了**

変更箇所が記録されない状態（通常の状態）にします。

  ◆《校閲》タブ→《変更履歴》グループの  （変更履歴の記録）

文書「Lesson88」を開いておきましょう。

次の操作を行いましょう。

(1) 変更履歴の記録を開始し、タイトルの「新商品拡販施策会議　議事録」に下線を設定してください。

表の「出席者」の行にある「戸倉、」を削除し、「2.新商品の拡販計画の一部見直しについて」の下にある「戸倉」を「岡」に修正してください。修正後、変更履歴の記録を終了してください。

## (1)

①《校閲》タブ→《変更履歴》グループの ▢ (変更履歴の記録) をクリックします。

※ボタンがオン(濃い灰色の状態)になり、変更履歴の記録が開始されます。

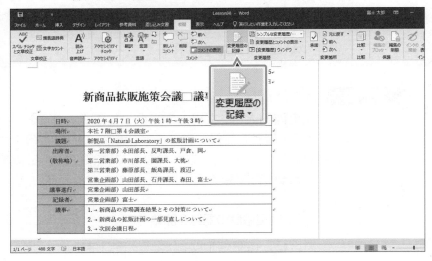

②「新商品拡販施策会議　議事録」を選択します。

③《ホーム》タブ→《フォント》グループの U (下線) をクリックします。

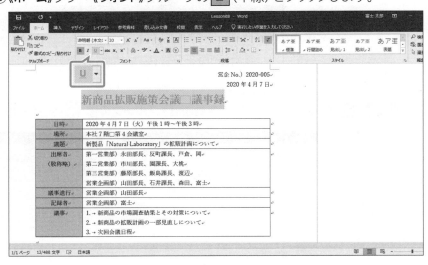

### !) Point

**変更履歴の表示**

変更履歴を記録すると、変更した行の左端に赤色の線が表示されます。赤色の線をクリックすると、変更内容が表示されます。

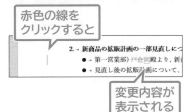

**! Point**

**変更履歴のロック**

変更履歴の記録の開始や終了をロックできます。

ロックしておくと、複数のユーザーで同じ文書を校閲する場合に、勝手に変更履歴を記録されたり、記録を終了されたりすることを防げます。

`2019` `365`

◆《校閲》タブ→《変更履歴》グループの 📝 (変更履歴の記録) の 変更履歴の記録▾ →《変更履歴のロック》

※変更履歴のロックを解除するには、変更履歴のロックをかけるときと同様の手順で操作します。

④「戸倉、」を選択します。
⑤ Delete を押します。

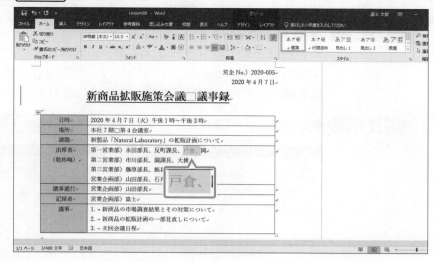

⑥「戸倉」を「岡」に修正します。

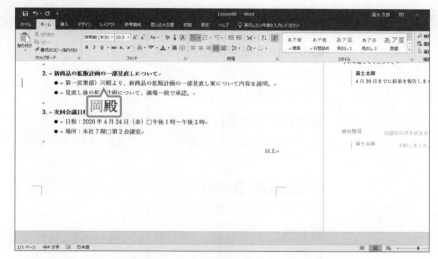

⑦《校閲》タブ→《変更履歴》グループの 📝 (変更履歴の記録) をクリックします。

※ボタンがオフ (標準の色の状態) に戻り、変更履歴の記録が終了します。

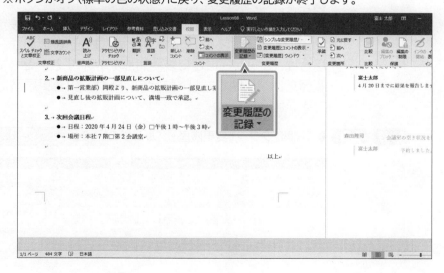

求められるスキル

出題範囲1

出題範囲2

出題範囲3

出題範囲4

出題範囲5

出題範囲6

確認問題 標準解答

解 説　■変更内容の表示

変更履歴として記録された内容は、初期の状態では文書内には表示されておらず、変更後の内容だけが表示されています。変更内容の表示方法を変更すると、変更前の内容を確認したり、変更後の内容を確認したりできます。

`2019` `365` ◆《校閲》タブ→《変更履歴》グループの シンプルな変更履歴/… ▼ （変更内容の表示）

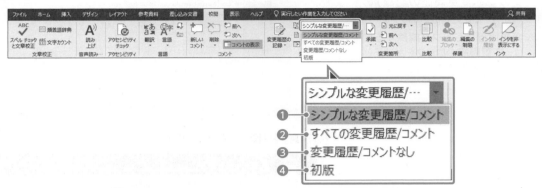

### ❶シンプルな変更履歴/コメント

初期の表示方法です。変更した結果だけが表示され、変更した行の左端に赤色の線が表示されます。

### ❷すべての変更履歴/コメント

文書内に変更した内容がすべて表示されます。変更した行の左端に灰色の線が表示されます。

### ❸変更履歴/コメントなし

変更後の文書が表示されます。

### ❹初版

変更前の文書が表示されます。

■変更履歴の表示

変更履歴は、挿入や削除に関するものだけ、書式設定に関するものだけなど、種類を指定して表示することができます。また、複数のユーザーが変更履歴を記録している場合は、ユーザーごとに変更履歴を表示することもできます。書式設定に関する変更履歴だけを反映したり、特定のユーザーの変更履歴だけを反映したりする場合に便利です。

`2019` `365` ◆《校閲》タブ→《変更履歴》グループの 📄 変更履歴とコメントの表示▼ （変更履歴とコメントの表示）

文書内に表示している変更内容

文書内に表示している校閲者

# Lesson 89

 文書「Lesson89」を開いておきましょう。

**Hint**

(3)は、変更内容の表示が《初版》のままでは変更内容を確認できないため、《すべての変更履歴/コメント》に切り替えてから操作します。

## Lesson 89 Answer

**その他の方法**

**変更内容の表示**

**2019** **365**

◆行の左端の赤色の線をクリック

次の操作を行いましょう。

**(1)** すべての変更履歴を表示してください。

**(2)** 初版を表示してください。

**(3)** 挿入と削除に関する変更履歴だけを表示してください。

## (1)

①《校閲》タブ→《変更履歴》グループの シンプルな変更履歴/… (変更内容の表示) の ▼ →《すべての変更履歴/コメント》をクリックします。

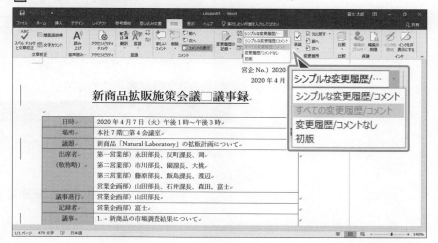

②すべての変更内容が表示されます。

※行の左端の赤色の線が灰色に変わります。

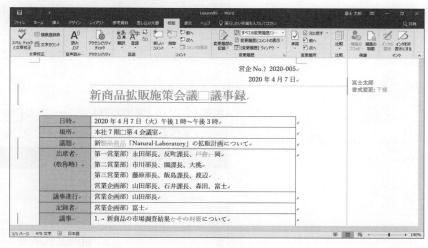

**Point**

**変更内容の確認**

変更箇所をポイントすると変更内容が表示され、誰が、いつ、どのように変更したのかを確認できます。

求められるスキル

出題範囲1

出題範囲2

出題範囲3

出題範囲4

出題範囲5

出題範囲6

確認問題 標準解答

## (2)

①《校閲》タブ→《変更履歴》グループの すべての変更履歴/コ… （変更内容の表示）の → 《初版》をクリックします。

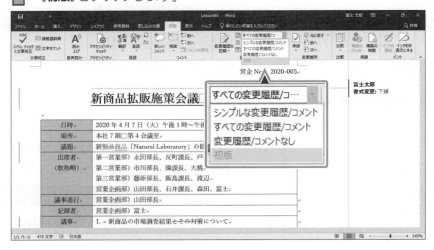

②変更前の文書が表示されます。

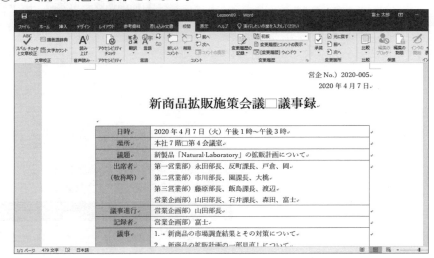

## (3)

①《校閲》タブ→《変更履歴》グループの 初版 （変更内容の表示）の → 《すべての変更履歴/コメント》をクリックします。

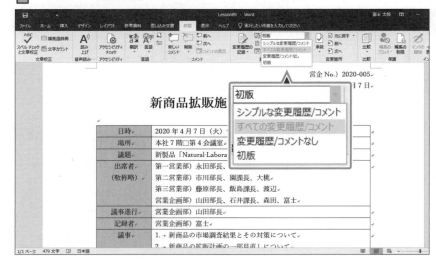

**その他の方法**

**変更履歴の表示**

2019 365

◆《校閲》タブ→《変更履歴》グループの 📄 (変更履歴オプション)→《表示》

②《校閲》タブ→《変更履歴》グループの 📄 変更履歴とコメントの表示 ▾ (変更履歴とコメントの表示)→《コメント》をクリックします。

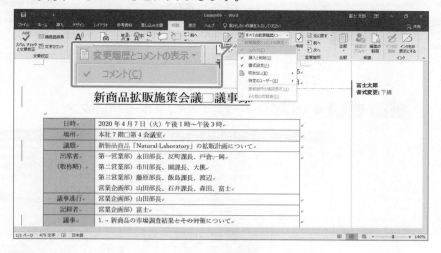

③《コメント》の前のチェックマークが非表示になります。

④同様に、《書式設定》をクリックしてチェックマークを非表示にします。

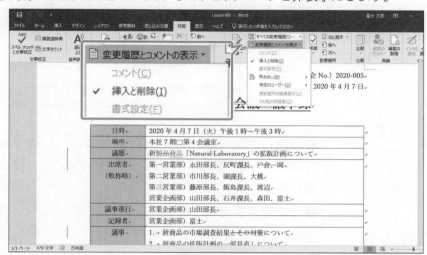

⑤挿入と削除に関する変更履歴だけが表示されます。

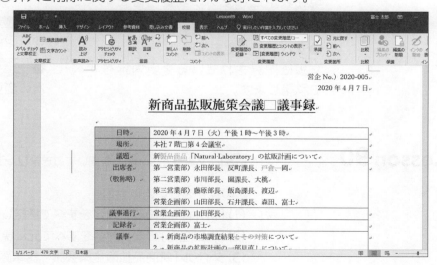

**解 説**

### ■変更履歴の反映

記録された変更履歴は、変更内容を承諾したり元に戻したりして、文書に反映することができます。

2019　365　◆《校閲》タブ→《変更箇所》グループのボタン

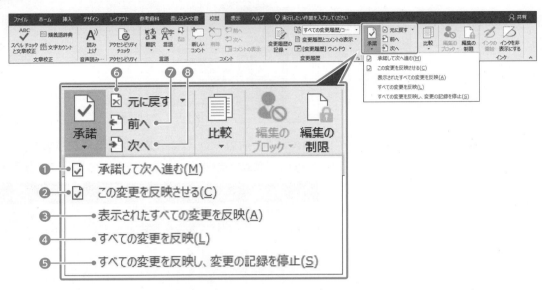

**❶承諾して次へ進む**

変更内容を承諾して、次の変更箇所に移動します。

**❷この変更を反映させる**

変更内容を承諾します。

**❸表示されたすべての変更を反映**

現在表示されている変更内容をすべて承諾します。

**❹すべての変更を反映**

文書に記録されている変更内容をすべて承諾します。

**❺すべての変更を反映し、変更の記録を停止**

文書に記録されている変更内容をすべて承諾し、変更履歴の記録を終了します。

**❻ `元に戻す ▼` （元に戻して次へ進む）**

変更内容を元に戻して、次の変更箇所に移動します。

**❼ `前へ` （前の変更箇所）**

ひとつ前の変更箇所に移動します。

**❽ `次へ` （次の変更箇所）**

次の変更箇所に移動します。

## Lesson 90

文書「Lesson90」を開いておきましょう。

次の操作を行いましょう。

(1)「石井博一」の変更内容をすべて承諾してください。

(2)「森田隆司」の変更内容をすべて元に戻してください。

(3)タイトル「新商品拡販施策会議　議事録」の下線を承諾してください。さらに、削除された「戸倉、」を元に戻し、修正された「岡」を承諾してください。

# Lesson 90 Answer

## 🔵 Point

**変更内容の反映**

《表示されたすべての変更を反映》を使って変更内容を反映するには、あらかじめ シンプルな変更履歴/… ▼ (変更内容の表示)を《すべての変更履歴/コメント》に切り替えてから操作します。

**(1)**

①《校閲》タブ→《変更履歴》グループの すべての変更履歴/コ… ▼ (変更内容の表示)が《すべての変更履歴/コメント》になっていることを確認します。

②《校閲》タブ→《変更履歴》グループの 🗒 変更履歴とコメントの表示 ▼ (変更履歴とコメントの表示)→《特定のユーザー》→《すべての校閲者》をクリックします。

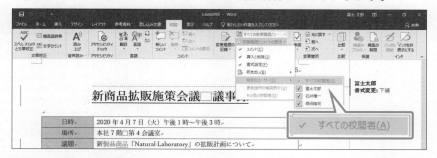

③《すべての校閲者》の前のチェックマークが非表示になり、《富士太郎》《石井博一》《森田隆司》が □ になります。

④《校閲》タブ→《変更履歴》グループの 🗒 変更履歴とコメントの表示 ▼ (変更履歴とコメントの表示)→《特定のユーザー》→《石井博一》をクリックします。

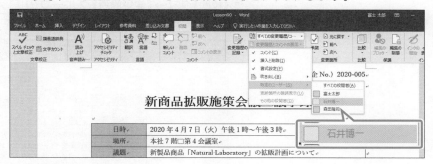

⑤《石井博一》が ✔ になります。

※1個の変更箇所が表示されます。

⑥《校閲》タブ→《変更箇所》グループの [承諾] (承諾して次へ進む)の 承諾 ▼ →《表示されたすべての変更を反映》をクリックします。

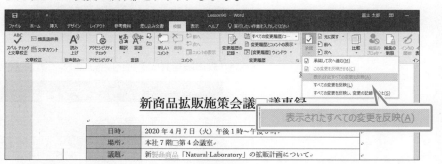

⑦「石井博一」の変更内容がすべて反映されます。

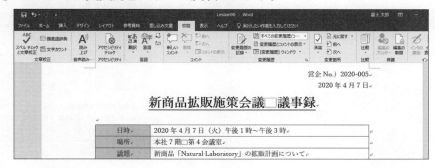

求められるスキル ／ 出題範囲1 ／ 出題範囲2 ／ 出題範囲3 ／ 出題範囲4 ／ 出題範囲5 ／ 出題範囲6 ／ 確認問題 標準解答

222

## (2)

①《校閲》タブ→《変更履歴》グループの 📄 変更履歴とコメントの表示 ▼ （変更履歴とコメントの表示）→《特定のユーザー》→《森田隆司》をクリックします。

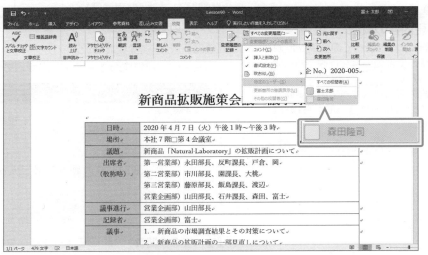

②《森田隆司》が ☑ になります。

※1個の変更箇所が表示されます。

③《校閲》タブ→《変更箇所》グループの ☒ 元に戻す ▼ （元に戻して次へ進む）の ▼ →《表示されたすべての変更を元に戻す》をクリックします。

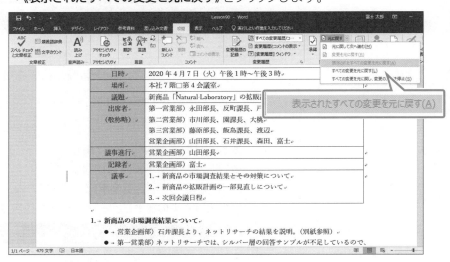

④「森田隆司」の変更内容がすべて元に戻ります。

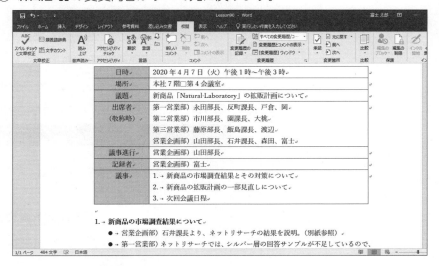

## (3)

① 文頭にカーソルを移動します。

※ [Ctrl] + [Home] を押すと、効率的です。

② 《校閲》タブ→《変更履歴》グループの 📄 変更履歴とコメントの表示 ▾ （変更履歴とコメントの表示）→《特定のユーザー》→《すべての校閲者》をクリックします。

※《すべての校閲者》の前にチェックマークが表示されます。

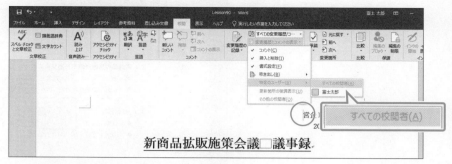

③ 《校閲》タブ→《変更箇所》グループの 🔁 次へ （次の変更箇所）をクリックします。

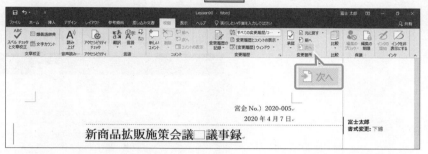

④「新商品拡販施策会議　議事録」が選択されていることを確認します。

⑤ 《校閲》タブ→《変更箇所》グループの ☑ （承諾して次へ進む）をクリックします。

⑥「戸倉、」が選択されていることを確認します。

⑦ 《校閲》タブ→《変更箇所》グループの ❎ 元に戻す （元に戻して次へ進む）をクリックします。

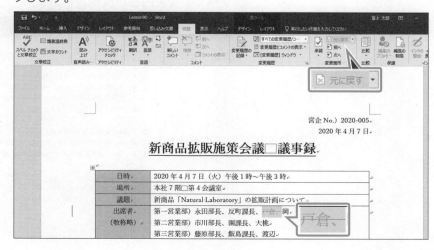

⑧削除された「**戸倉、**」が元に戻ります。

⑨「**戸倉**」が選択されます。

⑩《**校閲**》タブ→《**変更箇所**》グループの ☑ （承諾して次へ進む）をクリックします。

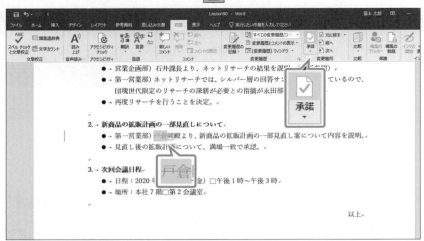

⑪「**戸倉**」の削除が反映され、「**岡**」が選択されていることを確認します。

⑫《**校閲**》タブ→《**変更箇所**》グループの ☑ （承諾して次へ進む）をクリックします。

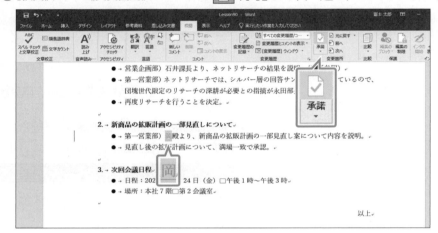

⑬《**OK**》をクリックします。

⑭すべての変更内容が反映されます。

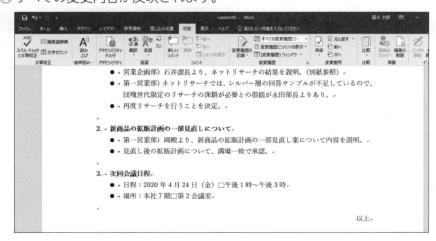

## 6-2-4 | 変更履歴を設定する

解説 ■ 変更履歴の詳細オプションの設定

初期の設定では、変更履歴の記録中に文字列を挿入すると下線が表示されたり、削除すると取り消し線が表示されたりします。この書式は必要に応じて自分で変更することもできます。

削除した文字列には取り消し線が表示される

| 出席者<br>（敬称略） | 第一営業部）永田部長、反町課長、戸倉、岡 |
| | 第二営業部）市川部長、園課長、大桃松野 |
| | 第三営業部）藤原部長、飯島課長、渡辺 |
| | 営業企画部）山田部長、石井課長、 |

挿入した文字列には下線が表示される

2019 365 ◆《校閲》タブ→《変更履歴》グループの 🔲（変更履歴オプション）

## Lesson 91

OPEN 文書「Lesson91」を開いておきましょう。

次の操作を行いましょう。

**(1)** 挿入された箇所は太字、削除された箇所は二重取り消し線で表示されるように設定してください。

**(2)** 変更履歴の記録を開始し、「大桃」を「松野」に修正してください。修正後、変更履歴の記録を終了してください。

## Lesson 91 Answer

### (1)

① 《校閲》タブ→《変更履歴》グループの 🔲（変更履歴オプション）をクリックします。

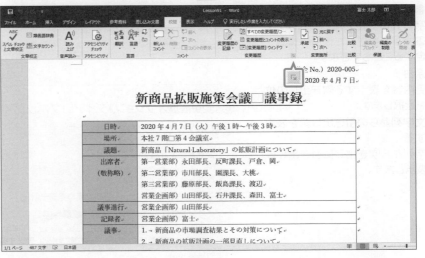

求められるスキル

出題範囲1

出題範囲2

出題範囲3

出題範囲4

出題範囲5

出題範囲6

確認問題 標準解答

②《変更履歴オプション》ダイアログボックスが表示されます。

③《詳細オプション》をクリックします。

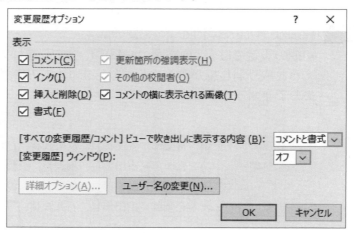

④《変更履歴の詳細オプション》ダイアログボックスが表示されます。

⑤《挿入された箇所》の〔∨〕をクリックし、一覧から《太字》を選択します。

⑥《削除された箇所》の〔∨〕をクリックし、一覧から《二重取り消し線》を選択します。

⑦《OK》をクリックします。

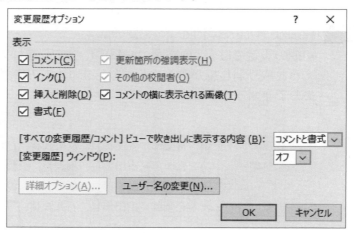

⑧《変更履歴オプション》ダイアログボックスに戻ります。

⑨《OK》をクリックします。

## Point

### 《変更履歴の詳細オプション》

**❶挿入された箇所**

文字列が挿入された箇所の書式を設定します。

**❷削除された箇所**

文字列が削除された箇所の書式を設定します。

**❸移動を記録する**

段落の移動を記録するかどうかを設定します。

☑にすると、《移動前》《移動後》で設定した書式で記録され、□にすると、《挿入された箇所》《削除された箇所》で設定された書式で記録されます。

**❹書式の変更を記録する**

文字書式の変更を記録します。文字書式が変更された箇所の書式を設定することもできます。

**❺余白**

変更内容を表示する吹き出しの位置を選択します。

**❻文字列からの引き出し線を表示する**

文字列から吹き出しに引き出し線を表示します。

## (2)

①《校閲》タブ→《変更履歴》グループの 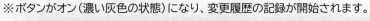 （変更履歴の記録）をクリックします。

※ボタンがオン（濃い灰色の状態）になり、変更履歴の記録が開始されます。

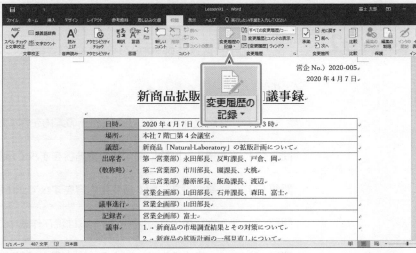

②「大桃」を「松野」に修正します。

③文字列の削除が二重取り消し線、挿入が太字で表示されます。

④《校閲》タブ→《変更履歴》グループの 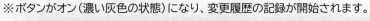 （変更履歴の記録）をクリックします。

※ボタンがオフ（標準の色の状態）に戻り、変更履歴の記録が終了します。

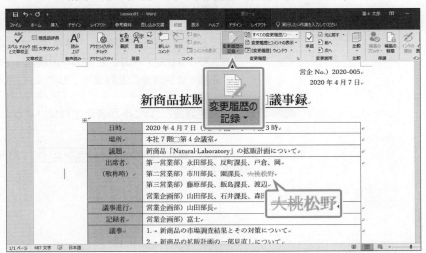

※《変更履歴の詳細オプション》ダイアログボックスを表示し、《挿入された箇所》を《下線》、《削除された箇所》を《取り消し線》に戻しておきましょう。

※《校閲》タブ→《変更履歴》グループの すべての変更履歴/コ… （変更内容の表示）の ▾ →《シンプルな変更履歴/コメント》を選択しておきましょう。

求められるスキル

出題範囲1

出題範囲2

出題範囲3

出題範囲4

出題範囲5

出題範囲6

確認問題 標準解答

## Lesson 92

 文書「Lesson92」を開いておきましょう。

次の操作を行いましょう。

| | | |
|---|---|---|
| | | 総務部で企画したセミナーの案内を作成します。 |
| 問題（1） | | 挿入と削除に関する変更内容をすべて承諾してください。 |
| 問題（2） | | 書式設定に関する変更内容をすべて元に戻してください。 |
| 問題（3） | | 文書内のコメント「フォームは現在作成中です。…」を削除してください。 |
| 問題（4） | | 文書内のコメント「セミナー内容を検討する…」に「了解しました。」と返信してください。 |
| 問題（5） | | 「◆参考：ナイスライフセミナーの概要」の下の表の「ナイスライフセミナー受講済みの方」に、「受講済みの方だけを対象にするか検討要。」とコメントを挿入してください。 |
| 問題（6） | | 変更履歴の記録を開始し、「◆参考：ナイスライフセミナーの概要」の下の表のナイスライフセミナーの対象者の「50歳代…」を「55歳以上」に修正してください。修正後、変更履歴の記録を終了してください。 |
| 問題（7） | | 変更履歴とコメントが表示されないようにしてください。 |

※《校閲》タブ→《変更履歴》グループの 変更履歴/コメントなし ▾ （変更内容の表示）の ▾ →《シンプルな変更履歴/コメント》を選択しておきましょう。

MOS Word
365&2019

# 確認問題　標準解答

## ●完成図

経営について

## 1. 企業活動

企業活動を行うにあたって、企業の存在意義や価値観を明確にすることが重要です。これらが明確になっていないと、どの方向に向かって企業活動をすればよいのか曖昧になってしまいます。全社員がそれぞれの担当業務で一生懸命に努力しても、その方向が間違っていたのでは、効率的な業務を行うことはできません。企業が定めるべき目標や責任について理解することが、円滑な企業活動につながっていきます。

### 1.1. 企業理念と企業目標

企業活動の目的は利益を上げること、社会に貢献することです。そのため、多くの企業が「企業理念」や「企業目標」を掲げて活動をしています。この企業理念と企業目標は、基本的に変化することのない普遍的な理想といえます。

ところが、社会環境や技術など、企業を取り巻く環境は大きく変化しています。企業理念や企業目標を達成するには、長期的な視点で変化に適応するための能力を作り出していくことが重要です。

### 1.2. CSR

「CSR」とは、企業が社会に対して果たすべき責任を意味します。多くの企業がWebページを通じてCSRに対する考え方やCSR報告書を開示し、社会の関心や利害関係者の信頼を得ようとしています。企業は、利益を追求するだけでなく、すべての利害関係者の視点でビジネスを創造していく必要があります。企業市民という言葉があるように、社会の一員としての行動が求められています。それが、社会の信頼を獲得し、新たな企業価値を生むことにつながるのです。不正のない企業活動の遂行、法制度の遵守、製品やサービスの提供による利便性や安全性の実現などは、最も基本らに社会に対してどのように貢献していくべきかを追求し、環境への配慮、社会補域社会との連携などを含めてCSRととらえるべき時代になりつつあります。

### 1.3. 所有と経営の分離

「所有と経営の分離」とは、企業を所有する株主と、経営を執行する経営者で、のことです。日本の株式会社において、経営の意思を決定する場が「株主総会」思決定をするのは「取締役会」で、その中から代表取締役が選任されます。代表取担当者となり、会社を対外的に代表しているとともに経営の最高責任者でもあり所有と経営の分離とは、取締役が分離される原則のことをいいます。企業活動を行

1 / 3

---

経営について

営と、株主や投資家などの利害関係者との信頼関係の構築や、経営の透明性を高めることが求められています。

### 1.4. ゴーイングコンサーン

「ゴーイングコンサーン」とは、"企業が永遠に継続する"という前提のことです。ゴーイングコンサーンでは、企業が継続する責任を負い、継続していくための経営戦略を立てることが重要だと考えられています。例えば、今までの技術を活かしながら新しい分野に参入するなど、企業目的を多様化・多角化させることで、ゴーイングコンサーンを目指す場合もあります。また、ゴーイングコンサーンを目指す上で、「BCP」や「コーポレートガバナンス」への積極的な取り組みが求められています。

#### ●BCP

「BCP」とは、何らかのリスクが発生した場合でも、企業が安定して事業を継続するための、リスク管理手法または方針のことです。「事業継続計画」とも呼ばれます。自然災害や事故に遭遇すると、情報システムが壊滅的なダメージを受け、事業を継続できなくなる恐れがあります。そこで、地震や洪水、火災やテロなどのリスクを想定し、各リスクの影響を分析します。その上で、重要な事業を選定し、事業を継続させるための計画と体制を整備します。また、計画や体制を見直し、改善し続けることも必要とされています。

#### ●コーポレートガバナンス

「コーポレートガバナンス」とは、企業活動を監視し、経営の透明性や健全性をチェックしたり、経営者や組織による不祥事を防止したりする仕組みのことです。近年、企業や官公庁による不祥事が相次いで発生していることから、適切な社外取締役の選任や、情報開示体制の強化、監査部門の増強などを行って、企業を統治する必要があります。

コーポレートガバナンスの主な目的は、次のとおりです。

・経営者の私利私欲による暴走をチェックし、阻止する。

・組織ぐるみの違法行為をチェックし、阻止する。

・経営の透明性、健全性、遵法性を確保する。

・利害関係者への説明責任を徹底する。

・迅速かつ適切に情報開示する。

・経営者ならびに各層の経営管理者の責任を明確にする。

2 / 3

## 2. 経営資源

「経営資源」とは、企業経営に欠かせない要素のことで、「ヒト・モノ・カネ・情報」があります。

| ヒト | 社員（人材）のことで、すべての企業活動において最も重要な資源といえます。 |
|------|------|
| モノ | 製品や商品のことで、企業活動に不可欠な生産設備、コンピュータ、プリンタ、コピー機なども含みます。 |
| カネ | 資金のことで、ヒトやモノを確保するために必要です。 |
| 情報 | 正確な判断を下し、競争力を持つための資料やデータのことです。 |

## 3. 経営管理

「経営管理」とは、企業の目標達成に向けて、経営資源（ヒト・モノ・カネ・情報）を調整・統合し、経営資源の最適配分や有効活用をするための活動のことです。企業の資源を最大限に活用し、効果を導き出すことが重要です。そのために経営目標を定め、「TQM」や「PDCA マネジメントサイクル」によって管理します。TQM とは、製品やサービスの品質向上と、経営目標の達成を両立させるための経営管理手法のことです。従来の日本においては、QC 活動によって製品やサービスの品質を向上させましたが、顧客満足が得られなかったり、目標となる利益に達成しなかったりなどの問題も発生しました。TQM では、経営目標に基づいて品質水準や顧客満足の目標を作り出し、組織的に取り組むことで、製品の品質や顧客満足度の向上、経費削減などを目指します。「総合的品質管理活動」とも呼ばれます。プロジェクトマネジメントで利用される PDCA マネジメントサイクルは、経営管理を行うための基本的な考え方でもあります。PDCA マネジメントサイクルを通して、経営管理としてよりよいものを作り上げていきます。

計画（Plan）
改善（Act）
運用（Do）
評価（Check）

3 / 3

---

## 問題（1）

① 文頭にカーソルを移動します。

②《ホーム》タブ→《編集》グループの ![検索] （検索）をクリックします。

③ 検索ボックスに「**株主**」と入力します。

※ナビゲーションウィンドウに検索結果が《3件》と表示されます。

※ナビゲーションウィンドウを閉じておきましょう。

## 問題（2）

①《レイアウト》タブ→《ページ設定》グループの ![アイコン] （ページ設定）をクリックします。

②《余白》タブを選択します。

③《余白》の《上》《下》を「**25mm**」に設定します。

④《左》《右》を「**20mm**」に設定します。

⑤《OK》をクリックします。

## 問題（3）

①《デザイン》タブ→《ドキュメントの書式設定》グループの ![アイコン] （その他）→《線（シンプル）》をクリックします。

## 問題（4）

①《デザイン》タブ→《ページの背景》グループの ![アイコン] （ページの色）→《テーマの色》の《青、アクセント5、白+基本色80%》をクリックします。

②《デザイン》タブ→《ページの背景》グループの ![アイコン] （罫線と網掛け）をクリックします。

③《ページ罫線》タブを選択します。

④ 左側の《種類》の《囲む》をクリックします。

⑤ 中央の《種類》の一覧から《————》を選択します。

⑥《色》の ![アイコン] をクリックし、一覧から《テーマの色》の《青、アクセント1》を選択します。

⑦《線の太さ》の ![アイコン] をクリックし、一覧から《2.25pt》を選択します。

⑧《設定対象》が《文書全体》になっていることを確認します。

⑨《OK》をクリックします。

求められるスキル

出題範囲1

出題範囲2

出題範囲3

出題範囲4

出題範囲5

出題範囲6

確認問題 標準解答

## 問題（5）

①「**3.　経営管理**」を選択します。

②《**挿入**》タブ→《**リンク**》グループの ▶ ブックマーク （ブックマークの挿入）をクリックします。

③《**ブックマーク名**》に「**経営管理**」と入力します。

④《**追加**》をクリックします。

## 問題（6）

①《**ファイル**》タブを選択します。

②《**情報**》→《**プロパティ**》→《**詳細プロパティ**》をクリックします。

③《**ファイルの概要**》タブを選択します。

④《**タイトル**》に「**経営について**」と入力します。

⑤《**キーワード**》に「**企業活動；経営資源**」と入力します。
※「；（セミコロン）」は半角で入力します。

⑥《**OK**》をクリックします。
※ Esc を押しておきましょう。

## 問題（7）

①《**挿入**》タブ→《**ヘッダーとフッター**》グループの ▢ ヘッダー ▾ （ヘッダーの追加）→《**ヘッダーの編集**》をクリックします。

②《**ヘッダー/フッターツール**》の《**デザイン**》タブ→《**挿入**》グループの ▢ （ドキュメント情報）→《**ドキュメントタイトル**》をクリックします。

③《**タイトル**》を選択します。
※ ≡タイトル をクリックして選択します。

④《**ホーム**》タブ→《**段落**》グループの ≡ （右揃え）をクリックします。

⑤《**ヘッダー/フッターツール**》の《**デザイン**》タブ→《**閉じる**》グループの ▢ （ヘッダーとフッターを閉じる）をクリックします。

## 問題（8）

①《**挿入**》タブ→《**ヘッダーとフッター**》グループの ▢ ページ番号 ▾ （ページ番号の追加）→《**ページの下部**》→《**X/Yページ**》の《**太字の番号2**》をクリックします。

②《**ヘッダー/フッターツール**》の《**デザイン**》タブ→《**閉じる**》グループの ▢ （ヘッダーとフッターを閉じる）をクリックします。

## 問題（9）

①《**ファイル**》タブを選択します。

②《**オプション**》をクリックします。

③左側の一覧から《**表示**》を選択します。

④《**印刷オプション**》の《**背景の色とイメージを印刷する**》を ✔ にします。

⑤《**OK**》をクリックします。

## 問題（10）

①《**ファイル**》タブを選択します。

②《**エクスポート**》→《**PDF/XPSドキュメントの作成**》→《**PDF/XPSの作成**》をクリックします。

③フォルダー「**MOS-Word 365 2019（1）**」を開きます。
※《**PC**》→《**ドキュメント**》→「MOS-Word 365 2019（1）」を選択します。

④《**ファイル名**》に「**配布資料**」と入力します。

⑤《**ファイルの種類**》の ▾ をクリックし、一覧から《**PDF**》を選択します。

⑥《**発行後にファイルを開く**》を ▢ にします。

⑦《**発行**》をクリックします。

## 問題（11）

①《**ファイル**》タブを選択します。

②《**情報**》→《**問題のチェック**》→《**アクセシビリティチェック**》をクリックします。

③《**アクセシビリティチェック**》作業ウィンドウの《**エラー**》の《**代替テキストがありません**》をクリックします。

④「**図表1**」をクリックします。

⑤ ▾ をクリックします。

⑥《**おすすめアクション**》の《**説明を追加**》をクリックします。

⑦《**代替テキスト**》に「**PDCAマネジメントサイクルの図**」と入力します。
※《代替テキスト》作業ウィンドウと《アクセシビリティチェック》作業ウィンドウを閉じておきましょう。

## 問題（12）

①《**ファイル**》タブを選択します。

②《**情報**》→《**問題のチェック**》→《**互換性チェック**》をクリックします。

③《**OK**》をクリックします。

## 問題（13）

①《**ホーム**》タブ→《**段落**》グループの ¶ （編集記号の表示/非表示）をクリックします。

● 完成図

# 地震に備える

地震が起こったとき、どう対処すればよいのか。
災害に「予告」はありません。
突然の災害に困らないための「備え」の大切さを考えてみましょう。

## ～いざというときのために～

**広域避難場所・避難所の確認**
日ごろから家庭や職場の近くの「広域避難場所」を確認しておきましょう。広域避難場所には、火の手がおよびにくい場所が指定されています。周囲から火の手が迫ってきた場合は、あわてずに広域避難場所に避難します。「避難所」も確認しておきましょう。家が倒壊した場合や電気・ガス・水道などのライフラインが途絶して自宅で生活できない場合などは、避難所に避難します。ここでは、生活に必要な食糧や生活必需品の支給を受けることができます。

**家具や家電の転倒の防止**
寝室や部屋の出入り口付近、廊下、階段などに家具や物を置かないようにしましょう。また、倒れて下敷きになりそうな危険のある家具や家電は、転倒防止器具などで固定するようにしましょう。

**水の準備**
水の重要性はいうまでもありません。大地震などの災害が起こったときに水道が使用できなくなる可能性は十分にあります。意外に困るのが生活用水です。洗濯や炊事、水洗トイレにも水が欠かせません。生活用水のために、日ごろから風呂のお湯は抜かないでためておくとよいでしょう。また、井戸も役立ちます。飲料水には適していなくても、生活用水として利用するには問題のない井戸もあります。周辺の井戸を確認しておきましょう。水を運ぶためのポリタンク・キャリーカートなどを用意しておくと重宝します。

**非常用備蓄品の準備**
ライフラインの途絶に備えて、家庭内に「水」「食糧」「燃料」などは最低3日分を備蓄しましょう。

## ～地震が発生したら～

**身の安全の確保**
テーブルや机の下に隠れ、落下物などから身を守りましょう。揺れがおさまったら、落下物に注意しながら外に出ましょう。

**火の始末**
火の始末は、火災を防ぐ重要なポイントです。タイミングを間違えるとケガをする恐れもあるので、揺れの大きさを判断して火の始末をしましょう。もし火災が起こったら、大声で近隣に知らせ、隣近所と協力して消火にあたりましょう。初期消火が、二次災害を防ぐ重要なポイントです。

**脱出口の確保**
建物の歪みや倒壊によって、出入り口が開かなくなる場合があります。扉や窓を開けて脱出口を確保しましょう。

## 家族で決めておこう　連絡のルール

### ～災害用伝言ダイヤルの使い方～

**伝言を残すには…**

① 「☎171」をダイヤル

② ガイダンスに従い、「1」をダイヤル

③ 自宅の電話番号を市外局番からダイヤル

④ 伝言を残す

**伝言を聞くには…**

① 「☎171」をダイヤル

② ガイダンスに従い、「2」をダイヤル

③ 自宅の電話番号を市外局番からダイヤル

④ 伝言を聞く

### ～家族の連絡先～

| 名前 | | 電話番号 | |
|---|---|---|---|
| 携帯電話 | | 電子メールアドレス | |
| 名前 | | 電話番号 | |
| 携帯電話 | | 電子メールアドレス | |
| 名前 | | 電話番号 | |
| 携帯電話 | | 電子メールアドレス | |
| 名前 | | 電話番号 | |
| 携帯電話 | | 電子メールアドレス | |
| 名前 | | 電話番号 | |
| 携帯電話 | | 電子メールアドレス | |
| 名前 | | 電話番号 | |
| 携帯電話 | | 電子メールアドレス | |

### ～家族の避難場所～

| 家族の集合場所 | |
|---|---|
| 家族の避難場所 | |

## 問題（1）

①「**家族で決めておこう　連絡のルール**」の前にカーソルを移動します。

②《**レイアウト**》タブ→《**ページ設定**》グループの［区切り▾］（ページ/セクション区切りの挿入）→《**セクション区切り**》の《**次のページから開始**》をクリックします。

③2ページ目にカーソルを移動します。

④《**レイアウト**》タブ→《**ページ設定**》グループの［サイズ］（ページサイズの選択）→《**B5**》をクリックします。

## 問題（2）

①《**ホーム**》タブ→《**編集**》グループの［置換］（置換）をクリックします。

②《**置換**》タブを選択します。

③《**検索する文字列**》に「**食料**」と入力します。

④《**置換後の文字列**》に「**食糧**」と入力します。

⑤《**すべて置換**》をクリックします。

※2個の項目が置換されます。

⑥《**OK**》をクリックします。

⑦《**閉じる**》をクリックします。

## 問題（3）

①「地震に備える」を選択します。
②《ホーム》タブ→《フォント》グループの A・（文字の効果と体裁）→《塗りつぶし：オレンジ、アクセントカラー2；輪郭：オレンジ、アクセントカラー2》をクリックします。

## 問題（4）

①「地震が起こったとき、どう対処すれば…」から「…大切さを考えてみましょう。」までを選択します。
②《ホーム》タブ→《フォント》グループの （すべての書式をクリア）をクリックします。

## 問題（5）

①「地震が起こったとき、どう対処すれば…」から「…大切さを考えてみましょう。」までの段落を選択します。
②《レイアウト》タブ→《段落》グループの 左（左インデント）を「9字」に設定します。

## 問題（6）

①「～地震が発生したら～」の段落にカーソルを移動します。
※段落内であれば、どこでもかまいません。
②《ホーム》タブ→《スタイル》グループの （その他）→《見出し1》をクリックします。
③「～災害用伝言ダイヤルの使い方～」の段落にカーソルを移動します。
※段落内であれば、どこでもかまいません。
④ F4 を押します。
⑤同様に、「～家族の連絡先～」「～家族の避難場所～」の段落に「見出し1」を設定します。

## 問題（7）

①「身の安全の確保」の段落にカーソルを移動します。
※段落内であれば、どこでもかまいません。
②《ホーム》タブ→《スタイル》グループの （その他）→《見出し2》をクリックします。
③「火の始末」の段落にカーソルを移動します。
※段落内であれば、どこでもかまいません。
④ F4 を押します。
⑤同様に、「脱出口の確保」の段落に「見出し2」を設定します。

## 問題（8）

①「伝言を残すには…」の段落を選択します。
②《ホーム》タブ→《クリップボード》グループの 書式のコピー/貼り付け（書式のコピー/貼り付け）をクリックします。
③「伝言を聞くには…」の段落を選択します。

## 問題（9）

①「伝言を残すには…」から「④伝言を聞く」までの段落を選択します。
②《ホーム》タブ→《段落》グループの （行と段落の間隔）→《1.5》をクリックします。

## 問題（10）

①「伝言を残すには…」から「④伝言を聞く」までの段落を選択します。
②《レイアウト》タブ→《ページ設定》グループの （段の追加または削除）→《段組みの詳細設定》をクリックします。
③《2段》をクリックします。
④《境界線を引く》を にします。
⑤《OK》をクリックします。

## 問題（11）

①「伝言を残すには…」の下にある「171」の前にカーソルを移動します。
②《挿入》タブ→《記号と特殊文字》グループの Ω 記号と特殊文字・（記号の挿入）→《その他の記号》をクリックします。
③《記号と特殊文字》タブを選択します。
④《フォント》の をクリックし、一覧から《Wingdings》を選択します。
⑤《文字コード》に「40」と入力します。
※《Unicode名》に《Wingdings：40》と表示されます。
⑥《挿入》をクリックします。
⑦「伝言を聞くには…」の下にある「171」の前にカーソルを移動します。
⑧《挿入》をクリックします。
⑨《閉じる》をクリックします。

求められるスキル　出題範囲1　出題範囲2　出題範囲3　出題範囲4　出題範囲5　出題範囲6　確認問題 標準解答

● 完成図

№19-203
2020 年 1 月 16 日

各　位

営業管理部

### お歳暮特設ギフトコーナー売上報告

お歳暮特設ギフトコーナーの売上結果をご報告いたします。

◎　開催期間：2019 年 11 月 7 日（木）～12 月 24 日（火）
◎　人気商品 Top3
　　　1.　Casablanca の洋菓子詰め合わせ　1,078 点
　　　2.　富士ビールの缶ビール 15 本セット　867 点
　　　3.　オオヤマフーズのハムギフト　745 点
◎　反省点
　　　➢　11 月中は来場者数が多く、お客様対応の要員が少なかった。
　　　➢　配送処理で手違いがあり、お客様に迷惑をおかけした。

店舗別ギフトコーナー売上表

単位：千円

| 支店名 | 季節食品 | スイーツ | ハム・精肉 | 海苔・佃煮 | 飲料 | 合計 |
|---|---|---|---|---|---|---|
| 新宿店 | 2,154 | 1,740 | 630 | 350 | 1,200 | 6,074 |
| 梅田店 | 1,003 | 1,810 | 1,200 | 270 | 1,680 | 5,963 |
| 神戸店 | 1,587 | 1,270 | 1,060 | 290 | 1,600 | 5,807 |
| 横浜店 | 1,609 | 1,530 | 560 | 550 | 1,000 | 5,249 |
| 名古屋店 | 1,325 | 990 | 900 | 120 | 1,560 | 4,895 |
| 上野店 | 1,023 | 1,420 | 670 | 380 | 890 | 4,383 |

担当：松田

## 問題 (1)

①「**反省点**」の表内にカーソルを移動します。
※表内であれば、どこでもかまいません。
②《**表ツール**》の《**レイアウト**》タブ→《**データ**》グループの 📇**表の解除**（表の解除）をクリックします。
③《**段落記号**》を ⦿ にします。
④《**OK**》をクリックします。

## 問題 (2)

①「**開催期間…**」と「**人気商品Top3**」の段落を選択します。
② Ctrl を押しながら「**反省点**」から「**配送処理で…**」までの段落を選択します。
③《**ホーム**》タブ→《**段落**》グループの ▤▾（箇条書き）の ▾ →《**新しい行頭文字の定義**》をクリックします。
④《**図**》をクリックします。
⑤《**ファイルから**》をクリックします。
⑥フォルダー「**Lesson50**」を開きます。
※《PC》→《ドキュメント》→「MOS-Word 365 2019(1)」→「Lesson50」を選択します。
⑦一覧から「**mark**」を選択します。
⑧《**挿入**》をクリックします。
⑨《**OK**》をクリックします。
⑩「**11月中は…**」と「**配送処理で…**」の段落を選択します。
⑪《**ホーム**》タブ→《**段落**》グループの ▤▾（箇条書き）の ▾ →《**リストのレベルの変更**》→《**レベル2**》をクリックします。

## 問題 (3)

①「**Casablancaの…**」から「**…745点**」までの段落を選択します。
②《**ホーム**》タブ→《**段落**》グループの ▤▾（段落番号）の ▾ →《**1.2.3.**》をクリックします。

## 問題 (4)

①「**支店名…**」から「**…5,807**」までの段落を選択します。
②《**挿入**》タブ→《**表**》グループの ▦（表の追加）→《**文字列を表にする**》をクリックします。
③《**列数**》が「**7**」、《**行数**》が「**7**」になっていることを確認します。
④《**ウィンドウサイズに合わせる**》を ⦿ にします。
⑤《**タブ**》を ⦿ にします。
⑥《**OK**》をクリックします。

## 問題 (5)

①表にカーソルを移動します。
※表内であれば、どこでもかまいません。
②《**表**》ツールの《**レイアウト**》タブ→《**配置**》グループの 🔲（セルの配置）をクリックします。
③《**上**》《**下**》を「**1mm**」に設定します。
④《**OK**》をクリックします。
⑤表の2行2列目から7行7列目を選択します。
⑥《**表ツール**》の《**レイアウト**》タブ→《**配置**》グループの 🔲（上揃え（右））をクリックします。

## 問題 (6)

①表内にカーソルを移動します。
※表内であれば、どこでもかまいません。
②《**表ツール**》の《**レイアウト**》タブ→《**データ**》グループの ↕️（並べ替え）をクリックします。
③《**最優先されるキー**》の ⌄ をクリックし、一覧から《**合計**》を選択します。
④《**種類**》が《**数値**》になっていることを確認します。
⑤《**降順**》を ⦿ にします。
⑥《**OK**》をクリックします。

求められるスキル

出題範囲1

出題範囲2

出題範囲3

出題範囲4

出題範囲5

出題範囲6

確認問題 標準解答

● 完成図

言語情報伝達論　後期課題

## 現代における外来語の役割と影響

| 学　部 | 社会学部 |
|---|---|
| 学　科 | コミュニケーション学科 |
| 学籍番号 | S19C189 |
| 氏　　名 | 山崎　由美子 |

内容

1

---

現代における外来語の役割と影響

### 1　はじめに

　現在、日本ではたくさんの外来語が使用され、その種類も増え続けている。なぜこのように外来語が好んで使用されているのか、また、外来語を多用することによる影響にはどのようなものがあるのか、以下に述べていく。本レポートにおいては、日本における外来語についてのみ扱うものとする。

### 2　外来語の歴史

　「外来語」とは、一般に日本以外の国から入ってきた言葉が国語化されたものを指す。その輸入元の国は多岐に渡り、また、日本の外交の変化に伴い、時代を追うごとに変わってきている。言葉の輸入について最も古い時代に遡れば、中国や韓国から言葉が入ってきており、アイヌ語など日本国土内の少数民族の言葉が日本全土で一般化した例がある。

　しかし、これらは非常に古い時代に日本に入り定着したため、外来語とは呼ばれないことが多い。現在、外来語として認識されるのは、オランダやポルトガルとの国交が始まって以来の言葉である。

　明治時代に入り、開国により外国との国交が盛んになると、一気に外来語の数が増える。これまでのオランダ語やポルトガル語に代わり、新興勢力の英語由来の言葉が加速度的に浸透する。江戸時代に用いられた「ソップ」「ターフル」「ボートル」が「スープ」「テーブル」「バター」に取って代わられたほどである。小説においても、「実に是は有用（ユウスフル）ぢや。（中略）歴史（ヒストリー）を読んだり、史論（ヒストリカル・エツセイ）を草する時には…」[A]とわざわざルビを振り、積極的に外来語を使用するものも現れた。

　第二次世界大戦に突入すると、外来語排斥の時代となった。明治時代から昭和初期にかけて流行した外来語は、敵性語として次のように無理矢理漢字に変換された。

| 外来語 | 漢字への変換 |
|---|---|
| サイダー | 噴出水 |
| パーマ | 電髪 |
| マイクロホン | 送話器 |
| コロッケ | 油揚げ肉饅頭 |

　その後、敗戦によるアメリカ軍占領により、戦後、外来語が増え続けるのだが、珍しい例として外来語として取り入れられた言葉が完全に漢語に取って代わった例がある。明治初期に盛んに使用された「テレガラフ」「セイミ」は今では「電報」「化学」という言葉になっている。　[木村早雲, 1978]

---

[A] 坪内逍遥『当世書生気質』（1885-1886 年）

2

### 3　現在使用されている外来語の成り立ち

現在使用されている外来語にどのような成り立ちがあるか、代表的なものをみていく。

複数の国から別々に入ってきた例として、ポルトガル語の「**カルタ**」、英語の「**カード**」、ドイツ語の「**カルテ**」、フランス語の「**（ア・ラ・）カルト**」がある。もとは同じ意味であるが、輸入の経路が異なったためそれぞれが全く別のものを指す言葉として使用されている。

ゆれ・混乱の例として、「**ヒエラルキー（位階制度）**」がある。ドイツ語では「**ヒエラルヒー**」、英語では「**ハイアラーキー**」であるところを見ると、これは両語の混用であると考えられる。外国人から見れば間違った発音であるが、現在では辞書に載るほど一般化している言葉であるため、日本では正しい言葉であると認めざるを得ない。[新宮良平, 1981]

さらに、外来語はカタカナで表記すると長くなってしまうものが多いので、次のように短縮して和製英語を作ることが多い。

| 短縮前の言葉 | 和製英語 |
|---|---|
| アメリカンフットボール | アメフト |
| ワードプロセッサー | ワープロ |
| パーソナルコンピューター | パソコン |

また、「**sunglasses**」を「**サングラス**」、「**corned beef**」を「**コーンビーフ**」といったように、複数形の「**s**」や「**es**」、過去分詞形の「**ed**」を省略する例、さらには「**cardigan jacket**」を「**カーディガン**」のように語そのものを省略する例も多い。

海外から入ってきた言葉と日本にもともとあった言葉が融合して新しい言葉が生まれた例も多い。「**スクランブル交差点**」「**ネット配信**」「**意思決定プロセス**」など、例を挙げるとキリがないほどである。

### 4　外来語を使用するにあたっての注意事項

外来語を使用するにあたって、外来語はあくまで日本独自の言葉であって「**外国語**」ではないため、日本国内でしか通用しないということを認識しておくべきである。アメリカに行って、「**テレビ**」「**コンビニ**」「**パソコン**」「**ファミレス**」「**カーナビ**」などの単語を使用しても会話が成り立たない。

言葉が通じないのはまだ良い方である。誤解されて伝わった場合、今後の人間関係に影響を及ぼす可能性もある。誤解される可能性があるのは、外来語と外国語で意味するものが違う場合である。例えば、食べ放題は、日本語で「**バイキング**」であるが、英語で「**biking**」は自転車に乗ることを指す言葉である。英語圏の友人をバイキングに誘おうと「**Let's go biking on Sunday.**」と話すと、サイクリングに誘われたものとしてとらえられてしまう。

### 5　現代における外来語

では、なぜこのようにたくさんの外来語が使用されるようになったのか。なぜ漢字などの言葉にせず、カタカナ言葉なのか。まず、もともと日本になかった言葉を言い表

3

用してしまえば一番手っ取り早いという、便宜上の理由が挙げられる。さらに、それに加えてやはりカタカナ言葉を使用することによって、かっこいい、新鮮味がある、インパクトがある、しゃれた感じがする、高級だ、といったようなプラスのイメージになることが多いからであろう。

例えば、アパートやマンションを選ぶ場合、「**〇〇荘**」「**集合住宅**」「**長屋**」と書かれた建物よりも、カタカナ言葉で書かれた建物のほうが豪華で広い現代的なイメージを持ちやすい。最近では「**パレス（palace-宮殿）**」「**レジデンス（residence-宮殿）**」「**メゾン（maison-家）**」「**ハイム（Heim-家）**」「**カーサ（casa-家）**」と名称も多岐に渡り、それらの言葉の頭に「**ロイヤル**」「**ゴールデン**」「**グランド**」「**プリンス**」などを付け、さらに豪華さを加えようとしたものを多く見かける。

また、政治の世界においても同様に、カタカナ言葉が多く使用されている。小泉元首相はカタカナ言葉の氾濫を嫌い、「**バックオフィス（内部管理事務）**」や「**アウトソーシング（民間委託）**」などの言葉は国民にとってわかりにくいと指摘した。一方、安倍首相は第一次安倍内閣の所信表明演説において「**セーフティーネット**」「**カントリー・アイデンティティー**」など109回、小泉元首相の時の4倍もの分量のカタカナ言葉を使用し、わかりにくいとの指摘を受けた。

確かに、次々と増える外来語はわかりにくいものが多い。そこで、国立国語研究所を中心として、官報や新聞など、公共性の高い文書に使用される外来語についてわかりやすい言葉を作って言い換えようという動きもある。

### 6　まとめ

このように、現代において外来語は日常の様々な場面で使用されており、我々は特に何かを意識することなく当然のものとして使用している。外来語は新鮮さやかっこよさなどのプラスのイメージを与えることが多いが、外来語が過剰に使用され、わかりにくさや混乱を招いていることも事実である。

特に、企業や行政は専門知識を持たない一般消費者・国民に対し、伝えるべき情報をわかりやすく伝える義務があるのではなかろうか。外来語が氾濫している現代だからこそ、今一度本当に使用するべき言葉は一体何であるのか、考え直す必要がある。政府を中心とした今後の「**言い換え**」の動向に注目していきたい。

### 7　文献目録

新宮良平. (1981). 外来語の歴史. 実新社.
木村早雲. (1978). 日本語と外来語. 和語研究社.

4

## 問題 (1)

①「…史論（ヒストリカル・エツセイ）を草する時には…」の後ろにカーソルを移動します。

②《参考資料》タブ→《脚注》グループの ⬚ （脚注と文末脚注）をクリックします。

③《脚注》を ⦿ にします。

④《番号書式》の ⌄ をクリックし、一覧から《A,B,C,…》を選択します。

⑤《挿入》をクリックします。

⑥ページの最後にカーソルが表示されていることを確認し、「坪内逍遥『当世書生気質』(1885-1886年)」と入力します。

## 問題 (2)

①《参考資料》タブ→《引用文献と文献目録》グループの 🗐 資料文献の管理 （資料文献の管理）をクリックします。

②《作成》をクリックします。

③《資料文献の種類》の ⌄ をクリックし、一覧から《書籍》を選択します。

④《著者》に「木村早雲」と入力します。

⑤《タイトル》に「日本語と外来語」と入力します。

⑥《年》に「1978」と入力します。

⑦《発行元》に「和語研究社」と入力します。

⑧《OK》をクリックします。

⑨《閉じる》をクリックします。

## 問題 (3)

①「…「電報」「化学」という言葉になっている。」の後ろにカーソルを移動します。

②《参考資料》タブ→《引用文献と文献目録》グループの 🗎 （引用文献の挿入）→《木村早雲　日本語と外来語（1978年）》をクリックします。

## 問題 (4)

①「…認めざるを得ない。」の後ろにカーソルを移動します。

②《参考資料》タブ→《引用文献と文献目録》グループの 🗎 （引用文献の挿入）→《新しい資料文献の追加》をクリックします。

③《資料文献の種類》の ⌄ をクリックし、一覧から《書籍》を選択します。

④《著者》に「新宮良平」と入力します。

⑤《タイトル》に「外来語の歴史」と入力します。

⑥《年》に「1981」と入力します。

⑦《発行元》に「実新社」と入力します。

⑧《OK》をクリックします。

## 問題 (5)

①1ページ目の表の次の行にカーソルを移動します。

②《参考資料》タブ→《目次》グループの 🗐 （目次）→《組み込み》の《自動作成の目次1》をクリックします。

## 問題 (6)

①文末にカーソルを移動します。

※ Ctrl + End を押すと、効率的です。

②《参考資料》タブ→《引用文献と文献目録》グループの 🗐 文献目録 ▾ （文献目録）→《組み込み》の《文献目録》をクリックします。

## 問題 (7)

①《参考資料》タブ→《引用文献と文献目録》グループの 🗐 資料文献の管理 （資料文献の管理）をクリックします。

②《マスターリスト》の一覧から「新宮良平；外来語の歴史(1981)」を選択します。

③ Shift を押しながら、「木村早雲；日本語と外来語(1978)」を選択します。

④《削除》をクリックします。

⑤《閉じる》をクリックします。

●完成図

求められるスキル

出題範囲1

出題範囲2

出題範囲3

出題範囲4

出題範囲5

出題範囲6

確認問題 標準解答

## 問題（1）

①《挿入》タブ→《図》グループの 画像 （ファイルから）をクリックします。

※お使いの環境によっては、「ファイルから」は「画像を挿入します」→「このデバイス」と読み替えて操作してください。

②フォルダー「Lesson83」を開きます。

※《PC》→《ドキュメント》→「MOS-Word 365 2019(1)」→「Lesson83」を選択します。

③一覧から「バスケ」を選択します。

④《挿入》をクリックします。

⑤ 画 （レイアウトオプション）をクリックします。

⑥《文字列の折り返し》の《前面》をクリックします。

⑦《詳細表示》をクリックします。

⑧《位置》タブを選択します。

⑨《水平方向》の《配置》を◉にします。

⑩ ⌄ をクリックし、一覧から《**右揃え**》を選択します。

⑪《**基準**》の ⌄ をクリックし、一覧から《**余白**》を選択します。

⑫《**垂直方向**》の《**配置**》を ⦿ にします。

⑬ ⌄ をクリックし、一覧から《**上**》を選択します。

⑭《**基準**》の ⌄ をクリックし、一覧から《**余白**》を選択します。

⑮《**OK**》をクリックします。

## 問題（2）

① 図を選択します。

②《**書式**》タブ→《**図のスタイル**》グループの 🖼 図の効果 ▾ （図の効果）→《**影**》→《**外側**》の《**オフセット：右下**》をクリックします。

③《**書式**》タブ→《**調整**》グループの 🖼 アート効果 ▾ （アート効果）→《**パステル：滑らか**》をクリックします。

## 問題（3）

① 図を選択します。

②《**書式**》タブ→《**アクセシビリティ**》グループの 🖼 （代替テキストウィンドウを表示します）をクリックします。

③《**代替テキスト**》作業ウィンドウに「**バスケットボールの写真**」と入力します。

※《**代替テキスト**》作業ウィンドウを閉じておきましょう。

## 問題（4）

①「**緊急連絡網**」の次の行にカーソルを移動します。

②《**挿入**》タブ→《**図**》グループの 🖼 SmartArt （SmartArtグラフィックの挿入）をクリックします。

③ 左側の一覧から《**手順**》を選択します。

④ 中央の一覧から《**基本蛇行ステップ**》を選択します。

⑤《**OK**》をクリックします。

⑥「**部長　本田祐樹**」から「**090-1489-XXXX**」までの段落を選択します。

⑦《**ホーム**》タブ→《**クリップボード**》グループの ✂ 切り取り （切り取り）をクリックします。

⑧ SmartArtグラフィックを選択します。

⑨ テキストウィンドウの1行目にカーソルを移動します。

※テキストウィンドウが表示されていない場合は、SmartArtグラフィックを選択し、《**SmartArtツール**》の《**デザイン**》タブ→《**グラフィックの作成**》グループの 🖼 テキスト ウィンドウ （テキストウィンドウ）をクリックします。

⑩《**ホーム**》タブ→《**クリップボード**》グループの 📋 （貼り付け）をクリックします。

⑪ テキストウィンドウの「**090-1489-XXXX**」の後ろにカーソルがあることを確認します。

⑫ ⌈Delete⌋ を4回押します。

## 問題（5）

① SmartArtグラフィックを選択します。

②《**書式**》タブ→《**サイズ**》グループの 🔢 高さ： （図形の高さ）を「**130mm**」に設定します。

※《**サイズ**》グループが 🖼 （SmartArtのサイズ）で表示されている場合は、🖼 （SmartArtのサイズ）をクリックすると、《**サイズ**》グループのボタンが表示されます。

③「**部長　本田祐樹**」の角丸四角形を選択します。

④ ⌈Shift⌋ を押しながら、残りの角丸四角形を選択します。

⑤《**書式**》タブ→《**サイズ**》グループの 🔢 高さ： （図形の高さ）を「**20mm**」に設定します。

⑥《**書式**》タブ→《**サイズ**》グループの 🔢 幅： （図形の幅）を「**65mm**」に設定します。

## 問題（6）

① SmartArtグラフィックを選択します。

②《**SmartArtツール**》の《**デザイン**》タブ→《**SmartArtのスタイル**》グループの 🖼 （色の変更）→《**カラフル-アクセント5から6**》をクリックします。

③《**SmartArtツール**》の《**デザイン**》タブ→《**SmartArtのスタイル**》グループの ▾ （その他）→《**ドキュメントに最適なスタイル**》の《**光沢**》をクリックします。

## 問題（7）

①《**挿入**》タブ→《**テキスト**》グループの 🅰 （テキストボックスの選択）→《**組み込み**》の《**セマフォ-引用**》をクリックします。

②「**☆不在の場合は、…**」と「**☆最後の人は、…**」の段落を選択します。

③《**ホーム**》タブ→《**クリップボード**》グループの ✂ 切り取り （切り取り）をクリックします。

④ テキストボックスを選択します。

⑤《**ホーム**》タブ→《**クリップボード**》グループの 📋 （貼り付け）をクリックします。

## 問題（8）

① テキストボックスを選択します。

②《**書式**》タブ→《**サイズ**》グループの 🔢 （図形の高さ）を「**22mm**」に設定します。

③《**書式**》タブ→《**サイズ**》グループの 🔢 （図形の幅）を「**126mm**」に設定します。

④《**書式**》タブ→《**配置**》グループの 🖼 位置 ▾ （オブジェクトの配置）→《**文字列の折り返し**》の《**中央下に配置し、四角の枠に沿って文字列を折り返す**》をクリックします。

● 完成図

## ナイスライフセミナー参加者募集

55歳以上の方を対象に、定年後の生活設計や生きがいなどについて考えるための「ナイスライフセミナー」を開催します。

### ◆「ナイスライフセミナー」詳細

・日程：2020年11月7日（土）～8日（日）
・場所：ヴィラ高原研修所
・応募方法：総務部ホームページにアクセスし、申込フォームに記入の上、送信してください。
・スケジュール：

| 日程 | 時間 | 内容 |
|---|---|---|
| 1日目 | 10:00 | 開講式 |
| | 10:30 | 講演「サラリーマンの生活と生きがいについて」 |
| | 12:00 | 昼食 |
| | 13:30 | 講座「実生活に役立つ年金」 |
| | 15:30 | 講座「実生活に役立つ健康保険と雇用保険」 |
| | 17:00 | 年金相談　※希望者のみ |
| | 18:00 | 夕食・懇親会 |
| 2日目 | 8:00 | 朝食・ラジオ体操 |
| | 9:30 | タスク「これからの生活設計と経済プラン」 |
| | 12:00 | 昼食 |
| | 13:30 | セミナーのまとめ・質疑応答 |
| | 15:00 | 閉講式・解散 |

### ◆参考：ナイスライフセミナーの概要

| | ナイスライフセミナー | ナイスライフセミナー＜続編＞ |
|---|---|---|
| セミナー内容 | 定年後の生活設計や生きがいについて | 定年後の資産運用について |
| 対象者 | 55歳以上の正社員とその配偶者 | ナイスライフセミナー受講済みの方 |
| 日程 | 1泊2日 | 1日 |
| 参加費 | 16,000円／1人（食費・宿泊費込） | 5,000円（食費込） |

※ナイスライフセミナー＜続編＞は、2021年4月頃を予定しています。

担当：総務部　高口

## 問題（1）

①《校閲》タブ→《変更履歴》グループの シンプルな変更履歴/… ▾ （変更内容の表示）の ▾ →《すべての変更履歴/コメント》を クリックします。

②《校閲》タブ→《変更履歴》グループの 変更履歴とコメントの表示 ▾ （変更履歴とコメントの表示）→《コメント》をクリックし、 チェックマークをオフにします。

③同様に、《書式設定》のチェックマークをオフにします。

※5個の変更箇所が表示されます。

④《校閲》タブ→《変更箇所》グループの 承諾（承諾して次へ進 む）の 承諾 ▾ →《表示されたすべての変更を反映》をクリックし ます。

## 問題（2）

①《校閲》タブ→《変更履歴》グループの 変更履歴とコメントの表示 ▾ （変更履歴とコメントの表示）→《書式設定》をクリックし、 チェックマークをオンにします。

※2個の変更箇所が表示されます。

②《校閲》タブ→《変更履歴》グループの 変更履歴とコメントの表示 ▾ （変更履歴とコメントの表示）→《挿入と削除》をクリックし、 チェックマークをオフにします。

③《校閲》タブ→《変更箇所》グループの 元に戻す ▾ （元に戻 して次へ進む）の ▾ →《表示されたすべての変更を元に戻 す》をクリックします。

## 問題（3）

①《校閲》タブ→《変更履歴》グループの 変更履歴とコメントの表示 ▾ （変更履歴とコメントの表示）→《コメント》をクリックし、 チェックマークをオンにします。

②コメント「**フォームは現在作成中です。…**」を選択します。

③《校閲》タブ→《コメント》グループの （コメントの削除） をクリックします。

## 問題（4）

①コメント「**セミナー内容を検討する…**」をポイントします。

②《**返信**》をクリックします。

③「**了解しました。**」と入力します。

④本文中をクリックします。

## 問題（5）

①表内の「**ナイスライフセミナー受講済みの方**」を選択します。

②《校閲》タブ→《コメント》グループの （コメントの挿入）を クリックします。

③「**受講済みの方だけを対象にするか検討要。**」と入力します。

④本文中をクリックします。

## 問題（6）

①《校閲》タブ→《変更履歴》グループの （変更履歴の記 録）をクリックします。

※ボタンがオン（濃い灰色の状態）になり、変更履歴の記録が開始さ れます。

②「**50歳代**」を「**55歳以上**」に修正します。

③《校閲》タブ→《変更履歴》グループの （変更履歴の記 録）をクリックします。

※ボタンがオフ（標準の色の状態）に戻り、変更履歴の記録が終了し ます。

## 問題（7）

①《校閲》タブ→《変更履歴》グループの すべての変更履歴/コ… ▾ （変更内容の表示）の ▾ →《変更履歴/コメントなし》をクリッ クします。

MOS Word
365&2019

# 模擬試験プログラムの
# 使い方

模擬試験プログラムを起動しましょう。

① すべてのアプリを終了します。

※アプリを起動していると、模擬試験プログラムが正しく動作しない場合があります。

② デスクトップを表示します。

③ ⊞（スタート）→《MOS Word 365＆2019》をクリックします。

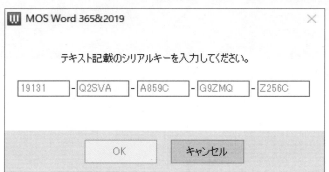

④《テキスト記載のシリアルキーを入力してください。》が表示されます。

⑤ 次のシリアルキーを半角で入力します。

**19131-Q2SVA-A859C-G9ZMQ-Z256C**

※シリアルキーは、模擬試験プログラムを初めて起動するときに、1回だけ入力します。

⑥《OK》をクリックします。

スタートメニューが表示されます。

模擬試験プログラムを使って、模擬試験を実施する流れを確認しましょう。

**① スタートメニューで試験回とオプションを選択する**

**② 試験実施画面で問題に解答する**

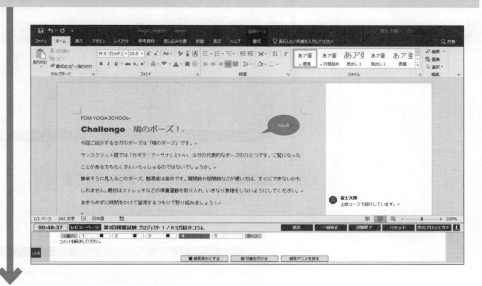

模擬試験プログラム
の使い方

第1回模擬試験

第2回模擬試験

第3回模擬試験

第4回模擬試験

第5回模擬試験

❸ 試験結果画面で採点結果や正答率を確認する

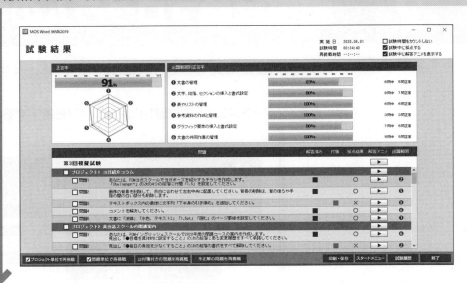

❹ 解答確認画面でアニメーションやナレーションを確認する

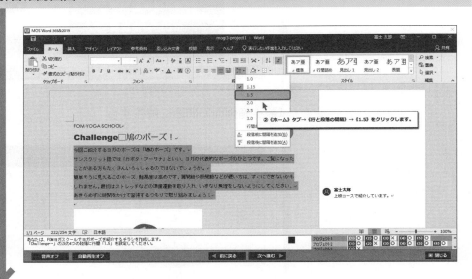

❺ 試験履歴画面で過去の正答率を確認する

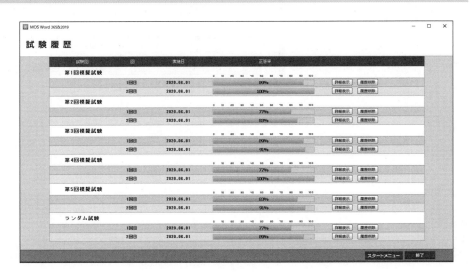

## 1 スタートメニュー

模擬試験プログラムを起動すると、スタートメニューが表示されます。
スタートメニューから実施する試験回を選択します。

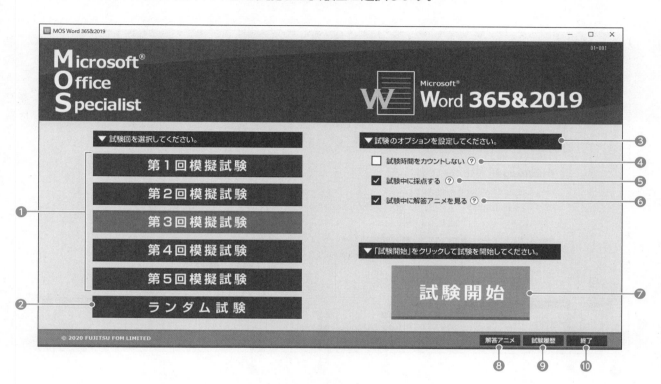

### ❶ 模擬試験

5回分の模擬試験から実施する試験を選択します。

### ❷ ランダム試験

5回分の模擬試験のすべての問題の中からランダムに
出題されます。

### ❸ 試験モードのオプション

試験モードのオプションを設定できます。❓をポイント
すると、説明が表示されます。

### ❹ 試験時間をカウントしない

✔にすると、試験時間をカウントしないで、試験を行
うことができます。

### ❺ 試験中に採点する

✔にすると、試験中に問題ごとの採点結果を確認で
きます。

### ❻ 試験中に解答アニメを見る

✔にすると、試験中に標準解答のアニメーションとナ
レーションを確認できます。

### ❼ 試験開始

選択した試験回、設定したオプションで試験を開始し
ます。

### ❽ 解答アニメ

選択した試験回の解答確認画面を表示します。

### ❾ 試験履歴

試験履歴画面を表示します。

### ❿ 終了

模擬試験プログラムを終了します。

模擬試験プログラムの使い方

第1回模擬試験

第2回模擬試験

第3回模擬試験

第4回模擬試験

第5回模擬試験

# 2 | 試験実施画面

試験を開始すると、次のような画面が表示されます。

> **模擬試験プログラムの試験形式について**
> 模模擬試験プログラムの試験実施画面や試験形式は、FOM出版が独自に開発したもので、本試験とは異なります。
> 模擬試験プログラムはアップデートする場合があります。
> ※本書の最新情報について、P.11に記載されているFOM出版のホームページにアクセスして確認してください。

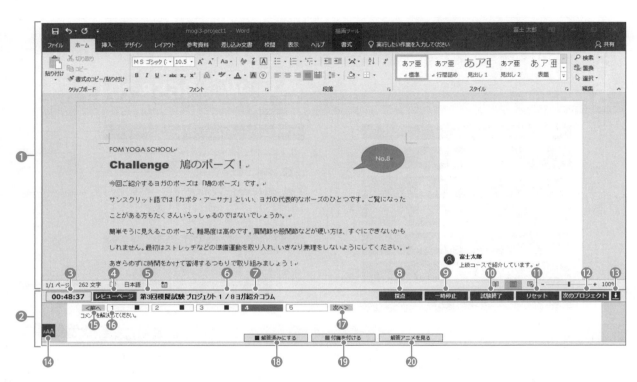

## ❶ Wordウィンドウ

Wordが起動し、ファイルが開かれます。指示に従って、解答の操作を行います。

## ❷ 問題ウィンドウ

開かれているファイルの問題が表示されます。問題には、ファイルに対して行う具体的な指示が記述されています。1ファイルにつき、1～7個程度の問題が用意されています。

## ❸ タイマー

試験の残り時間が表示されます。制限時間経過後は、マイナス（－）で表示されます。

※スタートメニューで《試験時間をカウントしない》を☑にしている場合、タイマーは表示されません。

## ❹ レビューページ

レビューページを表示します。ボタンは、試験中、常に表示されます。レビューページから、別のプロジェクトの問題に切り替えることができます。

※レビューページについては、P.254を参照してください。

## ❺ 試験回

選択している模擬試験の試験回が表示されます。

## ❻ 表示中のプロジェクト番号／全体のプロジェクト数

現在、表示されているプロジェクトの番号と全体のプロジェクト数が表示されます。

**「プロジェクト」**とは、操作を行うファイルのことです。1回分の試験につき、5～10個程度のプロジェクトが用意されています。

## ❼ プロジェクト名

現在、表示されているプロジェクト名が表示されます。

※ディスプレイの拡大率を「100％」より大きくしている場合、プロジェクト名がすべて表示されないことがあります。

## ❽ 採点

現在、表示されているプロジェクトの正誤を判定します。試験を終了することなく、採点結果を確認できます。

※スタートメニューで《試験中に採点する》を☑にしている場合、《採点》ボタンは表示されます。

## ❾ 一時停止

タイマーが一時的に停止します。

※一時停止すると、一時停止中のダイアログボックスが表示されます。《再開》をクリックすると、一時停止が解除されます。

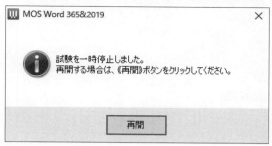

## ❿ 試験終了

試験を終了します。

※試験を終了すると、試験終了のダイアログボックスが表示されます。《採点して終了》をクリックすると、試験を採点して終了し、試験結果画面が表示されます。《採点せずに終了》をクリックすると、試験を採点せず終了し、スタートメニューに戻ります。採点せずに終了した場合は、試験結果は試験履歴に残りません。

## ⓫ リセット

現在、表示されているプロジェクトに対して行った操作をすべてクリアし、ファイルを初期の状態に戻します。プロジェクトは最初からやり直すことができますが、経過した試験時間を元に戻すことはできません。

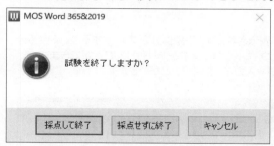

## ⓬ 次のプロジェクト

次のプロジェクトに進み、新たなファイルと問題文が表示されます。

## ⓭ ⬇

問題ウィンドウを折りたたんで、Wordウィンドウを大きく表示します。問題ウィンドウを折りたたむと、⬇ から ⬆ に切り替わります。クリックすると、問題ウィンドウが元のサイズに戻ります。

## ⓮ AAA

問題文の文字サイズを調整するスケールが表示されます。 ━ や ＋ をクリックするか、▮をドラッグすると、文字サイズが変更されます。文字サイズは5段階で調整できます。

※問題文の文字サイズは、 Ctrl + ＋ または Ctrl + － でも変更できます。

## ⓯ 前へ

プロジェクト内の前の問題に切り替えます。

## ⓰ 問題番号

問題番号をクリックして、問題の表示を切り替えます。現在、表示されている問題番号はオレンジ色で表示されます。

## ⓱ 次へ

プロジェクト内の次の問題に切り替えます。

## ⓲ 解答済みにする

現在、選択している問題を解答済みにします。クリックすると、問題番号の横に濃い灰色のマークが表示されます。解答済みマークの有無は、採点に影響しません。

## ⓳ 付箋を付ける

現在、選択されている問題に付箋を付けます。クリックすると、問題番号の横に緑色のマークが表示されます。付箋マークの有無は、採点に影響しません。

## ⓴ 解答アニメを見る

現在、選択している問題の標準解答のアニメーションを再生します。

※スタートメニューで《試験中に解答アニメを見る》を ✓ にしている場合、《解答アニメを見る》ボタンは表示されます。

模擬試験プログラムの使い方

第1回模擬試験

第2回模擬試験

第3回模擬試験

第4回模擬試験

第5回模擬試験

## Point

### 試験終了

試験時間の50分が経過すると、次のようなメッセージが表示されます。
試験を続けるかどうかを選択します。

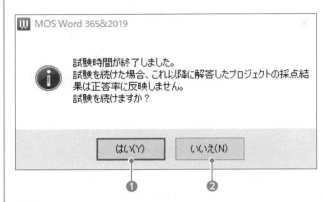

**❶はい**

試験時間を延長して、解答の操作を続けることができます。ただし、正答率に反映されるのは、時間内に解答したプロジェクトだけです。

**❷いいえ**

試試験を終了します。

※《いいえ》をクリックする前に、開いているダイアログボックスを閉じてください。

## Point

### 問題文の文字のコピー

文字の入力が必要な問題の場合、問題文に下線が表示されます。下線部分をクリックすると、下線部分の文字がクリップボードにコピーされるので、Wordウィンドウ内に文字を貼り付けることができます。
問題文の文字をコピーして解答すると、入力の手間や入力ミスを防ぐことができます。

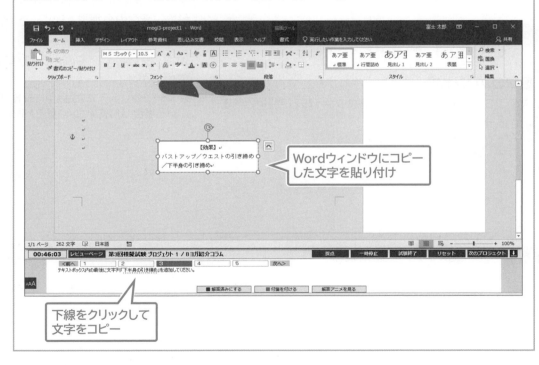

## 3 レビューページ

試験中に《レビューページ》のボタンをクリックすると、レビューページが表示されます。この画面で、付箋や解答済みのマークを一覧で確認できます。また、問題番号をクリックすると試験実施画面が表示され、解答の操作をやり直すこともできます。

模擬試験プログラムの使い方

第1回模擬試験

第2回模擬試験

第3回模擬試験

第4回模擬試験

第5回模擬試験

### ❶問題

プロジェクト番号と問題番号、問題文の先頭の文章が表示されます。

問題番号をクリックすると、その問題の試験実施画面が表示され、解答の操作をやり直すことができます。

### ❷解答済み

試験中に解答済みにした問題に、濃い灰色のマークが表示されます。

### ❸付箋

試験中に付箋を付けた問題に、緑色のマークが表示されます。

### ❹タイマー

試験の残り時間が表示されます。制限時間経過後は、マイナス（－）で表示されます。

※スタートメニューで《試験時間をカウントしない》を ✓ にしている場合、タイマーは表示されません。

### ❺試験終了

試験を終了します。

※試験を終了すると、試験終了のダイアログボックスが表示されます。《採点して終了》をクリックすると、試験を採点して終了し、試験結果画面が表示されます。《採点せずに終了》をクリックすると、試験を採点せず終了し、スタートメニューに戻ります。採点せずに終了した場合は、試験結果は試験履歴に残りません。

# 4 試験結果画面

試験を採点して終了すると、試験結果画面が表示されます。

> **模擬試験プログラムの採点方法について**
> 模模擬試験プログラムの試験結果画面や採点方法は、FOM出版が独自に開発したもので、本試験とは異なります。採点の基準や配点は公開されていません

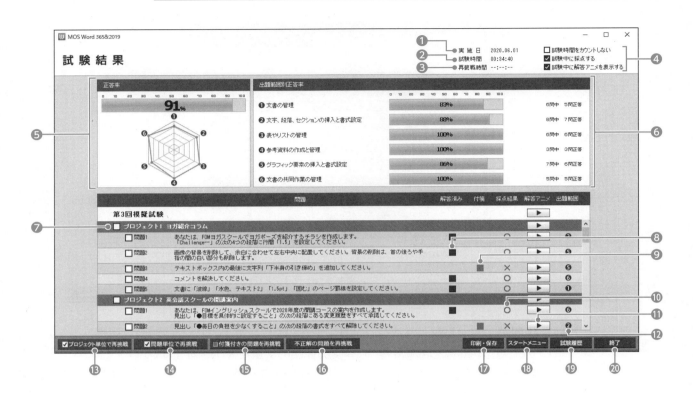

## ❶ 実施日

試験を実施した日付が表示されます。

## ❷ 試験時間

試験開始から試験終了までに要した時間が表示されます。

## ❸ 再挑戦時間

再挑戦に要した時間が表示されます。

## ❹ 試験モードのオプション

試験を実施するときに設定した試験モードのオプションが表示されます。

## ❺ 正答率

正答率が%で表示されます。

※試験時間を延長して解答した場合、時間内に解答したプロジェクトだけが正答率に反映されます。

## ❻ 出題範囲別正答率

出題範囲別の正答率が%で表示されます。

※試験時間を延長して解答した場合、時間内に解答したプロジェクトだけが正答率に反映されます。

## ❼ チェックボックス

クリックすると、☑と☐を切り替えることができます。

※プロジェクト番号の左側にあるチェックボックスをクリックすると、プロジェクト内のすべての問題のチェックボックスをまとめて切り替えることができます。

## ❽ 解答済み

試験中に解答済みにした問題に、濃い灰色のマークが表示されます。

## ❾ 付箋

試験中に付箋を付けた問題に、緑色のマークが表示されます。

## ❿ 採点結果

採点結果が表示されます。

採点は問題ごとに行われ、「○」または「×」で表示されます。

※試験時間を延長して解答した問題や再挑戦で解答した問題は、「○」や「×」が灰色で表示されます。

模擬試験プログラムの使い方

## ⑪ 解答アニメ

▶ をクリックすると、解答確認画面が表示され、標準解答のアニメーションとナレーションが再生されます。

## ⑫ 出題範囲

出題された問題の出題範囲の番号が表示されます。

## ⑬ プロジェクト単位で再挑戦

チェックボックスが ✓ になっているプロジェクト、またはチェックボックスが ✓ になっている問題を含むプロジェクトを再挑戦できる画面に切り替わります。

## ⑭ 問題単位で再挑戦

チェックボックスが ✓ になっている問題を再挑戦できる画面に切り替わります。

## ⑮ 付箋付きの問題を再調整

付箋が付いている問題を再挑戦できる画面に切り替わります。

## ⑯ 不正解の問題を再挑戦

《採点結果》が「〇」になっていない問題を再挑戦できる画面に切り替わります。

## ⑰ 印刷・保存

試験結果レポートを印刷したり、PDFファイルとして保存したりできます。また、試験結果をCSVファイルで保存することもできます。

## ⑱ スタートメニュー

スタートメニューに戻ります。

## ⑲ 試験履歴

試験履歴画面に切り替わります。

## ⑳ 終了

模擬試験プログラムを終了します。

模擬試験プログラムの使い方
第1回模擬試験
第2回模擬試験
第3回模擬試験
第4回模擬試験
第5回模擬試験

---

### ❗ Point

**試験結果レポート**

《印刷・保存》ボタンをクリックすると、次のようなダイアログボックスが表示されます。
試験結果レポートやCSVファイルに出力する名前を入力して、印刷するか、PDFファイルとして保存するか、CSVファイルとして保存するかを選択します。
※名前の入力は省略してもかまいません。

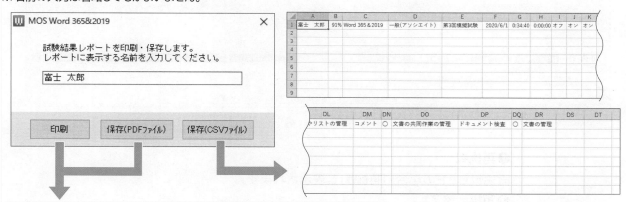

---

# 5 再挑戦画面

試験結果画面の《プロジェクト単位で再挑戦》、《問題単位で再挑戦》、《付箋付きの問題を再挑戦》、《不正解の問題を再挑戦》の各ボタンをクリックすると、問題に再挑戦できます。
この再挑戦画面では、試験実施前の初期の状態のファイルが表示されます。

## 1 プロジェクト単位で再挑戦

試験結果画面の《プロジェクト単位で再挑戦》のボタンをクリックすると、選択したプロジェクトに含まれるすべての問題に再挑戦できます。

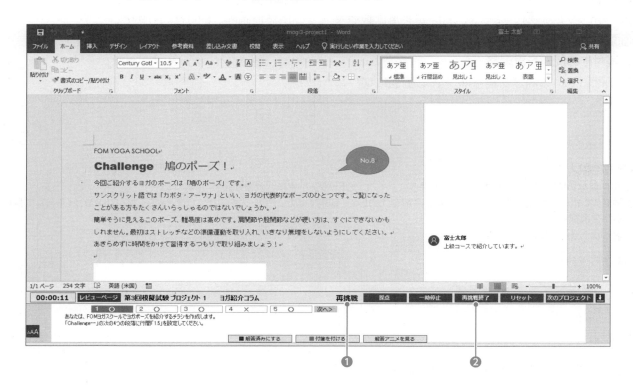

### ❶再挑戦

再挑戦モードの場合、「**再挑戦**」と表示されます。

### ❷再挑戦終了

再挑戦を終了します。

※再挑戦を終了すると、再挑戦終了のダイアログボックスが表示されます。《採点して終了》をクリックすると、試験を採点して終了し、試験結果画面に戻ります。《採点せずに終了》をクリックすると、試験を採点せず終了し、試験結果画面に戻ります。採点せずに終了した場合は、試験結果は試験結果画面に反映されません。

## 2 問題単位で再挑戦

試験結果画面の《問題単位で再挑戦》、《付箋付きの問題を再調整》、《不正解の問題を再挑戦》の各ボタンをクリックすると、選択した問題に再挑戦できます。

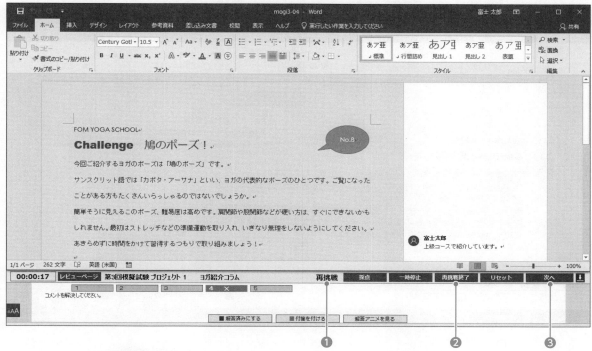

### ❶ 再挑戦

再挑戦モードの場合、「**再挑戦**」と表示されます。

### ❷ 再挑戦終了

再挑戦を終了します。

※再挑戦を終了すると、再挑戦終了のダイアログボックスが表示されます。《採点して終了》をクリックすると、試験を採点して終了し、試験結果画面に戻ります。《採点せずに終了》をクリックすると、試験を採点せず終了し、試験結果画面に戻ります。採点せずに終了した場合は、試験結果は試験結果画面に反映されません。

### ❸ 次へ

次の問題に切り替えます。

> **! Point**
>
> **問題単位で再挑戦中のレビューページ**
> 問題単位で再挑戦しているときにレビューページを表示すると、選択した問題以外は灰色で表示されます。
>
>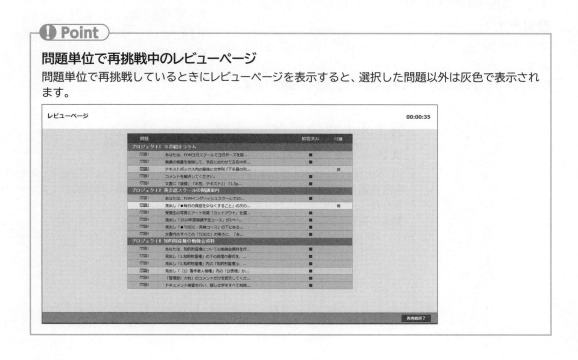

# 6 解答確認画面

解答確認画面では、標準解答をアニメーションとナレーションで確認できます。

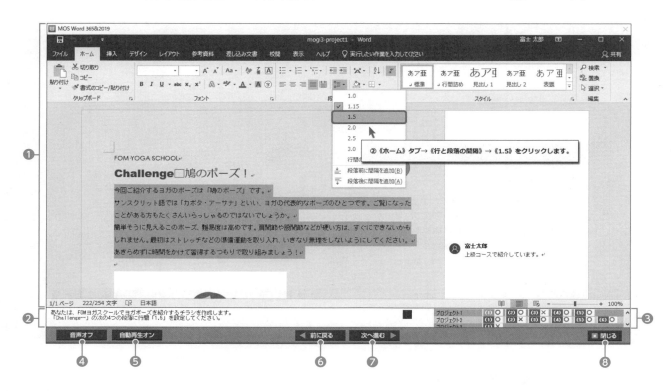

## ❶ アニメーション

この領域にアニメーションが表示されます。

## ❷ 問題

再生中のアニメーションの問題が表示されます。

## ❸ 問題番号と採点結果

プロジェクトごとに問題番号と採点結果（「○」または「×」）が一覧で表示されます。問題番号をクリックすると、その問題の標準解答がアニメーションで再生されます。再生中の問題番号はオレンジ色で表示されます。

## ❹ 音声オフ

音声をオフにして、ナレーションを再生しないようにします。
※クリックするごとに、《音声オフ》と《音声オン》が切り替わります。

## ❺ 自動再生オフ

アニメーションの自動再生をオフにして、手動で切り替えるようにします。
※クリックするごとに、《自動再生オフ》と《自動再生オン》が切り替わります。

## ❻ 前に戻る

前の問題に戻って、再生します。
※ [Back Space] や [←] で戻ることもできます。

## ❼ 次へ進む

次の問題に進んで、再生します。
※ [Enter] や [→] で戻ることもできます。

## ❽ 閉じる

解答確認画面を終了します。

---

### ❗ Point

#### スマートフォンやタブレットで標準解答を見る

FOM出版のホームページから模擬試験の解答動画を見ることができます。スマートフォンやタブレットで解答動画を見ながらパソコンで操作したり、通学・通勤電車の隙間時間にスマートフォンで操作手順を復習したり、活用範囲が広がります。
動画の視聴方法は、表紙の裏を参照してください。

# 7 試験履歴画面

試験履歴画面では、過去の正答率を確認できます。

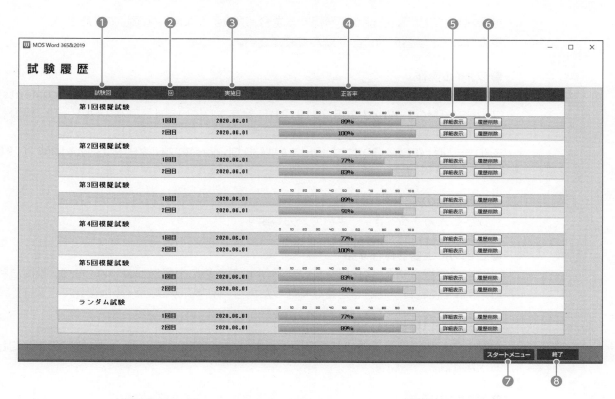

模擬試験プログラムの使い方

第1回模擬試験

第2回模擬試験

第3回模擬試験

第4回模擬試験

第5回模擬試験

## ❶ 試験回

過去に実施した試験回が表示されます。

## ❷ 回数

試験を実施した回数が表示されます。試験履歴として記録されるのは、最も新しい10回分です。11回以上試験を実施した場合は、古いものから削除されます。

## ❸ 実施日

試験を実施した日付が表示されます。

## ❹ 正答率

過去に実施した試験の正答率が表示されます。

## ❺ 詳細表示

選択した回の試験結果画面に切り替わります。

## ❻ 履歴削除

選択した試験履歴を削除します。

## ❼ スタートメニュー

スタートメニューに戻ります。

## ❽ 終了

模擬試験プログラムを終了します。

# 4 | 模擬試験プログラムの注意事項

模擬試験プログラムを使って学習する場合、次のような点に注意してください。
重要なので、学習の前に必ず読んでください。

### ●ファイル操作

模擬試験で使用するファイルは、デスクトップのフォルダー「**FOM Shuppan Documents**」の
フォルダー「**MOS-Word 365 2019（2）**」に保存されています。このフォルダーは、模擬試験
プログラムを起動すると自動的に作成されます。

※3Dモデルは、《PC》→《3Dオブジェクト》または《3D Objects》のフォルダー「MOS-Word 365 2019（2）」
に保存されています。

### ●文字入力の操作

英数字を入力するときは、半角で入力します。

### ●こまめに上書き保存する

試験中の停電やフリーズに備えて、ファイルはこまめに上書き保存しましょう。模擬試験プ
ログラムを強制終了せざるをえなくなった場合、保存済みのファイルは復元できます。

### ●指示がない操作はしない

問題で指示されている内容だけを操作します。特に指示がない場合は、既定のままにして
おきます。

### ●試験中の採点

問題の内容によっては、試験中に《採点》を押したあと、採点結果が表示されるまでに時間
がかかる場合があります。採点は試験時間に含まれないため、試験結果が表示されるま
で、しばらくお待ちください。

### ●ダイアログボックスは閉じて、試験を終了する

次の問題に切り替えたり、試験を終了したりする前に、必ずダイアログボックスを閉じてく
ださい。

### ●入力中のデータは確定して、試験を終了する

データを入力したら、必ず確定してください。確定せずに試験を終了すると、正しく動作
しなくなる可能性があります。

### ●電源が落ちたら

停電などで、模擬試験中にパソコンの電源が落ちてしまった場合、電源を入れてから、模
擬試験プログラムを再起動してください。再起動することによって、試験環境が復元され、
途中から試験を再開できる状態になります。

### ●パソコンが動かなくなったら

模擬試験プログラムがフリーズして動かなくなってしまった場合は強制終了して、パソコン
を再起動してください。その後、通常の手順で模擬試験プログラムを起動してください。
試験環境が復元され、途中から試験を再開できる状態になります。

※強制終了については、P.315を参照してください。

### ●試験開始後、Windowsの設定を変更しない

模擬試験プログラムの起動中にWindowsの設定を変更しないでください。設定を変更す
ると、正しく動作しなくなる可能性があります。

MOS Word
365&2019

# 模擬試験

模擬試験プログラムを使わずに学習される方へ
模擬試験プログラムを使わずに学習される場合は、データファイルの場所を自分がセットアップした
場所に読み替えてください。

# 第1回 模擬試験 問題

## プロジェクト1

理解度チェック

| | | |
|---|---|---|
| ☑☑☑☑☑ | 問題(1) | あなたは、通信販売会社の新商品の案内を作成します。<br>「お届け期間…」の下2つの段落の行間を固定値「20pt」に設定してください。 |
| ☑☑☑☑☑ | 問題(2) | 表を文字列に変換してください。文字列は段落記号で区切ります。 |
| ☑☑☑☑☑ | 問題(3) | 「コースNo.H001」の下の空の段落に、デスクトップのフォルダー「FOM Shuppan Documents」のフォルダー「MOS-Word 365 2019 (2)」の図「たらこ」を挿入し、文字列の折り返しを四角形に設定してください。同様に、「コースNo.H002」の下の空の段落に図「パン」を、「コースNo.H003」の下の空の段落に図「餃子」を挿入し、文字列の折り返しを四角形に設定します。 |
| ☑☑☑☑☑ | 問題(4) | 「↓FAX↓」に設定されている書式を、「↓TEL↓」「↓メール↓」「↓ホームページ↓」にコピーしてください。 |
| ☑☑☑☑☑ | 問題(5) | 文書中の1つ目の変更履歴を承諾、2つ目の変更履歴をもとに戻してください。 |
| ☑☑☑☑☑ | 問題(6) | ページの色を「オレンジ、アクセント2、白＋基本色80％」に設定してください。 |

## プロジェクト2

理解度チェック

| | | |
|---|---|---|
| ☑☑☑☑☑ | 問題(1) | あなたは、定期刊行物「わかば市防犯インフォメーション」を作成します。<br>見出し「わかば市の被害事例紹介」の後ろに引用文献を挿入してください。文献の種類「インタビュー」、インタビュー対象者「わかば警察署長」、インタビュー質問者「危機管理課長」、年「2020」、月「6」、日「15」とし、資料文献にも登録します。年月日は半角で入力します。 |
| ☑☑☑☑☑ | 問題(2) | 見出し「わかば市の被害事例紹介」内の事例1、事例2、事例3の段落の右インデントを解除してください。 |
| ☑☑☑☑☑ | 問題(3) | 鍵をかけている写真の右側だけに文字列が表示されるように設定してください。文字列の折り返しを四角形に設定し、写真と文字列の間隔は「7mm」とします。 |
| ☑☑☑☑☑ | 問題(4) | 見出し「防犯講座を開催！」内の「会場…」「受講資格…」「申込期間…」「講座プログラム」「申込方法」の段落に箇条書きを設定してください。行頭文字は、フォント「Segoe UI」の文字コード「25D9」(Inverse White Circle)にします。 |
| ☑☑☑☑☑ | 問題(5) | 文書内の2つ目の表にジャンプし、その表全体の行の高さを「12mm」に設定してください。 |
| ☑☑☑☑☑ | 問題(6) | 「70か所」に挿入されているコメントに「当日持参します。」と返信してください。 |

## プロジェクト3

| 理解度チェック | | |
|---|---|---|
| ☑☑☑☑☑ | 問題（1） | あなたは、料理教室の生徒を募集するチラシを作成します。<br>見出し「2. 費用」の先頭に改ページを挿入してください。 |
| ☑☑☑☑☑ | 問題（2） | 見出し「2. 費用」内の「（11月から13,000円になります。）」を隠し文字に設定してください。 |
| ☑☑☑☑☑ | 問題（3） | 見出し「2. 費用」内の表の1列目の列幅を「25mm」、2列目の列幅を「30mm」に設定してください。 |
| ☑☑☑☑☑ | 問題（4） | 見出し「4. 無料体験レッスン」の画像の下に横書きテキストボックスを挿入し、文字列「無料体験ご参加の方は、入会金無料」を入力してください。テキストボックスの大きさは考慮しません。 |
| ☑☑☑☑☑ | 問題（5） | 目次がレベル2まで表示されるように変更してください。 |

## プロジェクト4

| 理解度チェック | | |
|---|---|---|
| ☑☑☑☑☑ | 問題（1） | このプロジェクトの問題は1つです。<br>あなたは、冬休みの小学生向けイベントの案内を作成します。<br>文書の先頭にフォルダー「3Dオブジェクト」または「3D Objects」のフォルダー「MOS-Word 365 2019（2）」の3Dモデル「dice」を挿入し、文字列の折り返しを四角形に設定してください。次に、ビューを「右上背面」に変更し、高さを「45mm」に設定してください。 |

## プロジェクト5

| 理解度チェック | | |
|---|---|---|
| ☑☑☑☑☑ | 問題（1） | あなたは、先日開催した給食試食会の報告書を作成します。<br>文書にスタイルセット「線（ユニーク）」を設定してください。 |
| ☑☑☑☑☑ | 問題（2） | 表題「給食試食会のご報告」の下の3つの段落の書式をすべて解除してください。 |
| ☑☑☑☑☑ | 問題（3） | 見出し「■献立・給食について■」の下の段落番号に続けて、見出し「■試食会について■」の下の段落番号が始まるように設定してください。1～12にします。 |
| ☑☑☑☑☑ | 問題（4） | 見出し「Q3子どもたちに人気のメニューを教えてください。」内の「混ぜご飯」の後ろにご飯の記号を挿入してください。フォント「Segoe UI Symbol」の文字コード「1F35A」を指定します。 |
| ☑☑☑☑☑ | 問題（5） | 文末のテキストボックスに文字列「おいしい給食、楽しく食べよう」を追加してください。 |
| ☑☑☑☑☑ | 問題（6） | 挿入と削除の変更履歴をすべて拒否し、書式設定の変更履歴をすべて承諾してください。（変更履歴ウィンドウを使用した場合は終了してください。） |

## プロジェクト6

**理解度チェック**

☑☑☑☑☑ 問題（1） あなたは、FOM健康保険組合に勤務しており、医療費控除の資料を作成します。
1ページ目の余白を左右「25mm」に設定してください。

☑☑☑☑☑ 問題（2） 表題「医療費控除」の下の段落に文字の効果「塗りつぶし：黒、文字色1；影」を設定してください。

☑☑☑☑☑ 問題（3） 見出し「（1）医療費控除額の算出方法」の下のSmartArtグラフィックに図形の効果「面取り」の「カットアウト」を設定してください。（SmartArtグラフィック全体を選択します。）

☑☑☑☑☑ 問題（4） 見出し「（3）条件付きで医療費控除の対象になるもの」の下の5つの段落を表にしてください。（その他は既定の設定のままとします。）

☑☑☑☑☑ 問題（5） 「医療費控除額の算出方法」に挿入されているコメントを解決してください。

## プロジェクト7

**理解度チェック**

☑☑☑☑☑ 問題（1） このプロジェクトの問題は1つです。
あなたは、2分の1成人式の招待状を作成します。
文書に「緑、アクセント6」「2.25pt」「囲む」のページ罫線を設定してください。（その他は既定の設定のままとします。）その後、文書の互換モードを解除してください。
メッセージが表示された場合はOKをクリックします。

## プロジェクト8

**理解度チェック**

☑☑☑☑☑ 問題（1） あなたは、スプリングフェアの書籍売上について報告書を作成します。
文書全体の行間を最小値「22pt」にしてください。

☑☑☑☑☑ 問題（2） 「スプリングフェア期間中」の後ろに脚注を挿入してください。脚注の内容は「2020年4月1日～2020年5月31日」とします。数字は半角で入力します。

☑☑☑☑☑ 問題（3） 表を合計の高い順に並べ替えてください。（その他は既定の設定のままとします。）

☑☑☑☑☑ 問題（4） 文書内の「【新刊】」を検索して、すべて削除してください。

☑☑☑☑☑ 問題（5） アクセシビリティチェックを行い、おすすめアクションの上側の修正を適用してください。

模擬試験プログラムの使い方

第1回模擬試験

第2回模擬試験

第3回模擬試験

第4回模擬試験

第5回模擬試験

操作をはじめる前に
操作をはじめる前に、次の設定を行いましょう。

編集記号の表示

◆《ホーム》タブ→《段落》グループの （編集記号の表示/非表示）→ボタンの色を濃い灰色の状態にする。

## ●プロジェクト1

### 問題 (1)

① 「通信販売で…」から「…お試しください。」までの段落を選択します。
②《ホーム》タブ→《段落》グループの （行と段落の間隔）→《行間のオプション》をクリックします。
③《インデントと行間隔》タブを選択します。
④《行間》の をクリックし、一覧から《固定値》を選択します。
⑤《間隔》を「20pt」に設定します。
⑥《OK》をクリックします。

### 問題 (2)

①表内にカーソルを移動します。
※表内であればどこでもかまいません。
②《表ツール》の《レイアウト》タブ→《データ》グループの  表の解除 （表の解除）をクリックします。
③《段落記号》を にします。
④《OK》をクリックします。

### 問題 (3)

① 「コースNo.H001」の次の行にカーソルを移動します。
②《挿入》タブ→《図》グループの  画像 （ファイルから）をクリックします。
※お使いの環境によっては、「ファイルから」は「画像を挿入します」→「このデバイス」と読み替えて操作してください。
③デスクトップのフォルダー「FOM Shuppan Documents」のフォルダー「MOS-Word 365 2019(2)」を開きます。
④一覧から「たらこ」を選択します。
⑤《挿入》をクリックします。
⑥ （レイアウトオプション）をクリックします。
⑦《文字列の折り返し》の （四角形）をクリックします。
⑧《レイアウトオプション》の （閉じる）をクリックします。
⑨同様に、「コースNo.H002」の次の行に「パン」を、「コースNo.H003」の次の行に「餃子」を挿入し、文字列の折り返しを四角形に設定します。

### 問題 (4)

① 「↓FAX↓」を選択します。
②《ホーム》タブ→《クリップボード》グループの  書式のコピー/貼り付け （書式のコピー/貼り付け）をダブルクリックします。
③ 「↓TEL↓」を選択します。
④同様に、「↓メール↓」「↓ホームページ↓」を選択します。
⑤ Esc を押します。

### 問題 (5)

①文頭にカーソルを移動します。
②《校閲》タブ→《変更箇所》グループの  次へ （次の変更箇所）をクリックします。
③《校閲》タブ→《変更箇所》グループの  （承諾して次へ進む）をクリックします。
④《校閲》タブ→《変更箇所》グループの  元に戻す （元に戻して次へ進む）をクリックします。
⑤《OK》をクリックします。

### 問題 (6)

①《デザイン》タブ→《ページの背景》グループの  （ページの色）→《テーマの色》の《オレンジ、アクセント2、白+基本色80%》をクリックします。

## ●プロジェクト2

### 問題 (1)

① 「わかば市の被害事例紹介」の後ろにカーソルを移動します。
②《参考資料》タブ→《引用文献と文献目録》グループの  （引用文献の挿入）→《新しい資料文献の追加》をクリックします。
③《資料文献の種類》の をクリックし、一覧から《インタビュー》を選択します。
④問題文の文字列「わかば警察署長」をクリックしてコピーします。
⑤《インタビュー対象者》にカーソルを移動します。
⑥ Ctrl + V を押して文字列を貼り付けます。
※《インタビュー対象者》に直接入力してもかまいません。
⑦同様に、《インタビュー質問者》《年》《月》《日》を貼り付けます。
⑧《OK》をクリックします。

### 問題 (2)

①事例1、事例2、事例3の段落を選択します。
②《レイアウト》タブ→《段落》グループの  右: （右インデント）を「0字」に設定します。

## 問題 (3)

①図を選択します。
②［⬚］（レイアウトオプション）をクリックします。
③《詳細表示》をクリックします。
④《文字列の折り返し》タブを選択します。
⑤《四角》をクリックします。
⑥《右側》を⦿にします。
⑦《右》を「7mm」に設定します。
⑧《OK》をクリックします。

## 問題 (4)

①「会場…」「受講資格…」「申込期間…」「講座プログラム」「申込方法」の段落を選択します。
②《ホーム》タブ→《段落》グループの［≡▾］（箇条書き）の▾→《新しい行頭文字の定義》をクリックします。
③《記号》をクリックします。
④《フォント》の▾をクリックし、一覧から《Segoe UI》を選択します。
⑤問題文の文字列「25D9」をクリックしてコピーします。
⑥《文字コード》の文字列を選択します。
⑦［Ctrl］+［V］を押して文字列を貼り付けます。
※《文字コード》に直接入力してもかまいません。
⑧《OK》をクリックします。
⑨《OK》をクリックします。

## 問題 (5)

①文頭にカーソルを移動します。
②《ホーム》タブ→《編集》グループの［🔎 検索 ▾］（検索）の▾→《ジャンプ》をクリックします。
③《ジャンプ》タブを選択します。
④《移動先》の一覧から《表》を選択します。
⑤《表番号》に「+2」と入力します。
⑥《ジャンプ》をクリックします。
⑦《閉じる》をクリックします。
⑧表全体を選択します。
⑨《表ツール》の《レイアウト》タブ→《セルのサイズ》グループの［▯↕高さ:］（行の高さの設定）を「12mm」に設定します。

## 問題 (6)

①コメントをポイントします。
②《返信》をクリックします。
③問題文の文字列「当日持参します。」をクリックしてコピーします。
④コメント内にカーソルを移動します。
⑤［Ctrl］+［V］を押して文字列を貼り付けます。
※コメント内に直接入力してもかまいません。

## ●プロジェクト3

## 問題 (1)

①「2. 費用」の前にカーソルを移動します。
②《挿入》タブ→《ページ》グループの［⊟ ページ区切り］（ページ区切りの挿入）をクリックします。

## 問題 (2)

①「(11月から13,000円になります。)」を選択します。
②《ホーム》タブ→《フォント》グループの［⤓］（フォント）をクリックします。
③《フォント》タブを選択します。
④《文字飾り》の《隠し文字》を☑にします。
⑤《OK》をクリックします。

## 問題 (3)

①表の1列目にカーソルを移動します。
※表の1列目であればどこでもかまいません。
②《表ツール》の《レイアウト》タブ→《セルのサイズ》グループの［▦幅:］（列の幅の設定）を「25mm」に設定します。
③同様に2列目の列幅を「30mm」に設定します。

## 問題 (4)

①《挿入》タブ→《テキスト》グループの［🅰テキストボックス］（テキストボックスの選択）→《横書きテキストボックスの描画》をクリックします。
②左上から右下方向にドラッグします。
③問題文の文字列「無料体験ご参加の方は、入会金無料」をクリックしてコピーします。
④テキストボックスを選択します。
⑤［Ctrl］+［V］を押して文字列を貼り付けます。
※テキストボックスに直接入力してもかまいません。

## 問題 (5)

①目次内にカーソルを移動します。
※目次内であればどこでもかまいません。
②《参考資料》タブ→《目次》グループの［📄］（目次）→《ユーザー設定の目次》をクリックします。
③《目次》タブを選択します。
④《アウトラインレベル》を「2」に設定します。
⑤《OK》をクリックします。
⑥《OK》をクリックします。
※お使いの環境によっては、《はい》をクリックします。

## ●プロジェクト4

## 問題 (1)

①文頭にカーソルを移動します。
②《挿入》タブ→《図》グループの［⬙ 3D モデル ▾］（3Dモデル）の▾→《ファイルから》をクリックします。

③フォルダー「**3Dオブジェクト**」のフォルダー「**MOS-Word 365 2019(2)**」を開きます。

※お使いの環境によっては、フォルダー「3Dオブジェクト」が「3D Objects」と表示される場合があります。

④一覧から「**dice**」を選択します。

⑤《**挿入**》をクリックします。

※お使いの環境によっては、エラーが発生することがあります。その場合は、Cドライブのフォルダー「FOM Shuppan Program」のフォルダー「MOS-Word 365 2019(2)」にある3Dモデル「dice」を挿入してください。

⑥ ▨ (レイアウトオプション) をクリックします。

⑦《**文字列の折り返し**》の ▨ (四角形) をクリックします。

⑧《**レイアウトオプション**》の × (閉じる) をクリックします。

⑨《**書式設定**》タブ→《**3Dモデルビュー**》グループの ▾ (その他)→《**右上背面**》をクリックします。

⑩《**書式設定**》タブ→《**サイズ**》グループの 📏高さ: (図形の高さ)を「**45mm**」に設定します。

## ●プロジェクト5

### 問題(1)

①《**デザイン**》タブ→《**ドキュメントの書式設定**》グループの ▾ (その他)→《**線(ユニーク)**》をクリックします。

### 問題(2)

①「初秋の候、…」から「…ご覧ください。」までの段落を選択します。

②《**ホーム**》タブ→《**フォント**》グループの 🖌 (すべての書式をクリア) をクリックします。

### 問題(3)

①「給食の安全性を知ることができた。」の段落番号を右クリックします。

②《**自動的に番号を振る**》をクリックします。

### 問題(4)

①「**混ぜご飯**」の後ろにカーソルを移動します。

②《**挿入**》タブ→《**記号と特殊文字**》グループの Ω (記号の挿入)→《**その他の記号**》をクリックします。

③《**記号と特殊文字**》タブを選択します。

④《**フォント**》の ▾ をクリックし、一覧から《**Segoe UI Symbol**》を選択します。

⑤問題文の文字列「**1F35A**」をクリックしてコピーします。

⑥《**文字コード**》の文字列を選択します。

⑦ ⌷Ctrl⌷ + ⌷V⌷ を押して文字列を貼り付けます。

※《文字コード》に直接入力してもかまいません。

⑧《**挿入**》をクリックします。

⑨《**閉じる**》をクリックします。

### 問題(5)

①問題文の文字列「**おいしい給食、楽しく食べよう**」をクリックしてコピーします。

②テキストボックスを選択します。

③ ⌷Ctrl⌷ + ⌷V⌷ を押して文字列を貼り付けます。

※テキストボックスに直接入力してもかまいません。

### 問題(6)

①文頭にカーソルを移動します。

②《**校閲**》タブ→《**変更履歴**》グループの シンプルな変更履歴/… ▾ (変更内容の表示)の ▾ →《**すべての変更履歴/コメント**》をクリックします。

③《**校閲**》タブ→《**変更履歴**》グループの 📄変更履歴とコメントの表示 ▾ (変更履歴とコメントの表示) をクリックし、《**挿入と削除**》がオンになっていることを確認します。

④《**校閲**》タブ→《**変更履歴**》グループの 📄変更履歴とコメントの表示 ▾ (変更履歴とコメントの表示)→《**コメント**》をクリックし、オフにします。

⑤同様に《**書式設定**》をオフにします。

⑥《**校閲**》タブ→《**変更箇所**》グループの ▨ 元に戻す ▾ (元に戻して次へ進む)の ▾ →《**表示されたすべての変更を元に戻す**》をクリックします。

⑦《**校閲**》タブ→《**変更履歴**》グループの 📄変更履歴とコメントの表示 ▾ (変更履歴とコメントの表示)→《**挿入と削除**》をクリックし、オフにします。

⑧《**校閲**》タブ→《**変更履歴**》グループの 📄変更履歴とコメントの表示 ▾ (変更履歴とコメントの表示)→《**書式設定**》をクリックし、オンにします。

⑨《**校閲**》タブ→《**変更箇所**》グループの ▨ (承諾して次へ進む)の 承諾 ▾ →《**表示されたすべての変更を反映**》をクリックします。

## ●プロジェクト6

### 問題(1)

①1ページ目の最後にセクション区切りが挿入されていることを確認します。

②1ページ目にカーソルを移動します。

※1ページ目であればどこでもかまいません。

③《**レイアウト**》タブ→《**ページ設定**》グループの 📄 (余白の調整)→《**ユーザー設定の余白**》をクリックします。

④《**余白**》タブを選択します。

⑤《**余白**》の《**左**》《**右**》を「**25mm**」に設定します。

⑥《**OK**》をクリックします。

### 問題(2)

①「**〜医療費について考える〜**」の段落を選択します。

②《**ホーム**》タブ→《**フォント**》グループの A ▾ (文字の効果と体裁)→《**塗りつぶし:黒、文字色1;影**》をクリックします。

模擬試験プログラムの使い方

第1回模擬試験

第2回模擬試験

第3回模擬試験

第4回模擬試験

第5回模擬試験

## 問題（3）

①SmartArtグラフィックを選択します。
②《書式》タブ→《図形のスタイル》グループの　図形の効果▼　（図形の効果）→《面取り》→《面取り》の《カットアウト》をクリックします。

## 問題（4）

①「診察や…」から「…証明がある場合」までの段落を選択します。
②《挿入》タブ→《表》グループの　（表の追加）→《文字列を表にする》をクリックします。
③《列数》が「2」、《行数》が「5」になっていることを確認します。
④《OK》をクリックします。

## 問題（5）

①コメントをポイントします。
②《解決》をクリックします。

## ●プロジェクト7

### 問題（1）

①《デザイン》タブ→《ページの背景》グループの　（罫線と網掛け）をクリックします。
②《ページ罫線》タブを選択します。
③左側の《種類》の《囲む》をクリックします。
④《色》の　をクリックし、一覧から《テーマの色》の《緑、アクセント6》を選択します。
⑤《線の太さ》の　をクリックし、一覧から《2.25pt》を選択します。
⑥《設定対象》が《文書全体》になっていることを確認します。
⑦《OK》をクリックします。
⑧《ファイル》タブを選択します。
⑨《情報》→《変換》をクリックします。
⑩メッセージが表示された場合は《OK》をクリックします。

## ●プロジェクト8

### 問題（1）

①《ホーム》タブ→《編集》グループの　選択▼　（選択）→《すべて選択》をクリックします。
②《ホーム》タブ→《段落》グループの　（段落の設定）をクリックします。
③《インデントと行間隔》タブを選択します。
④《行間》の　をクリックし、一覧から《最小値》を選択します。
⑤《間隔》を「22pt」に設定します。
⑥《OK》をクリックします。

## 問題（2）

①「スプリングフェア期間中」の後ろにカーソルを移動します。
②《参考資料》タブ→《脚注》グループの　（脚注の挿入）をクリックします。
③問題文の文字列「2020年4月1日～2020年5月31日」をクリックしてコピーします。
④脚注番号の後ろにカーソルを移動します。
⑤ Ctrl + V を押して文字列を貼り付けます。
※脚注番号の後ろに直接入力してもかまいません。

## 問題（3）

①表内にカーソルを移動します。
※表内であればどこでもかまいません。
②《表ツール》の《レイアウト》タブ→《データ》グループの　（並べ替え）をクリックします。
③《最優先されるキー》の　をクリックし、一覧から《合計》を選択します。
④《降順》を　にします。
⑤《OK》をクリックします

## 問題（4）

①文頭にカーソルを移動します。
②《ホーム》タブ→《編集》グループの　置換　（置換）をクリックします。
③《置換》タブを選択します。
④問題文の文字列「【新刊】」をクリックしてコピーします。
⑤《検索する文字列》にカーソルを移動します。
⑥ Ctrl + V を押して文字列を貼り付けます。
※《検索する文字列》に直接入力してもかまいません。
⑦《置換後の文字列》が空欄になっていることを確認します。
⑧《すべて置換》をクリックします。
※2個の項目が置換されます。
⑨《OK》をクリックします。
⑩《閉じる》をクリックします。

## 問題（5）

①《ファイル》タブを選択します。
②《情報》→《問題のチェック》→《アクセシビリティチェック》をクリックします。
③《エラー》の《ヘッダー行がありません》をクリックします。
④《表》の　をクリックし、《おすすめアクション》の一覧から《最初の行をヘッダーとして使用》を選択します。
※《アクセシビリティチェック》作業ウィンドウを閉じておきましょう。

# 第2回 模擬試験 問題

 **プロジェクト1**

| 理解度チェック | |
|---|---|

☑☑☑☑☑ **問題 (1)** あなたは、掃除のコツと裏ワザについての文書を作成します。
1ページ目のSmartArtグラフィックの文字列に太字と斜体を設定してください。また、1つ目の文字列を「汚れがたまる」に変更してください。

☑☑☑☑☑ **問題 (2)** 見出し「掃除のコツ」にある資料文献「大谷加奈，2019」のタイトルを「家族でお掃除はじめよう」、年を「2020」に修正してください。年は半角で入力します。

☑☑☑☑☑ **問題 (3)** ブックマーク「窓ガラス」を使ってジャンプし、「●窓ガラス」にスタイル「見出し2」を設定してください。

☑☑☑☑☑ **問題 (4)** 見出し「掃除の裏ワザ」が3ページ目の先頭に表示されるように、セクション区切りを挿入してください。3ページ目は横向きのはがきに変更し、余白を上下左右とも「5mm」に設定します。

☑☑☑☑☑ **問題 (5)** 表の1列目の列幅を「21mm」、2列目の列幅を「115mm」に設定し、表の1行目「台所」の行と、5行目「洗面所」の行をそれぞれ結合してください。

☑☑☑☑☑ **問題 (6)** 文書内のすべてのコメントを削除してください。

## プロジェクト2

| 理解度チェック | |
|---|---|

☑☑☑☑☑ **問題 (1)** あなたは、保健センターが定期的に発行している文書を作成します。
「045-XXX-XXXX」の前に、電話番号の記号を挿入してください。挿入する記号は、フォント「Wingdings」の文字コード「40」（Wingdings：40）にします。

☑☑☑☑☑ **問題 (2)** グラフの画像に、代替テキスト「歯周病のグラフ」を設定してください。カタカナは全角で入力します。

☑☑☑☑☑ **問題 (3)** 見出し「歯周病の原因」の下の箇条書きと、見出し「歯周病の予防」の下の箇条書きのぶら下げインデントを「2字」に設定してください。

☑☑☑☑☑ **問題 (4)** 見出し「歯周病の原因」から「…ブラッシング教室に参加する」までの段落を境界線のある2つの段に分割してください。1段目の幅を「29字」、2段目の幅を「16字」に設定します。

☑☑☑☑☑ **問題 (5)** テキストボックス内の「メールにて」を「お電話にて」に変更してください。

模擬試験プログラムの使い方

第1回模擬試験

第2回模擬試験

第3回模擬試験

第4回模擬試験

第5回模擬試験

## プロジェクト3

理解度チェック ☑☑☑☑☑

**問題(1)** あなたは、もみじ中学校の施設利用予定表を作成します。
タイトル右にある、もみじの色を「白黒：75%」に変更し、幅を「22mm」に設定してください。

**問題(2)** 1ページ目の上側にある表のセルの余白を上下「0.5mm」に設定してください。

**問題(3)** 「●校庭」の表のタイトル行が次のページにも表示されるように設定してください。

**問題(4)** 「●体育館」の表を「月」「日」を基準に昇順で並べ替えてください。（その他は既定の設定のままとします。）

**問題(5)** 文書内の「ことり」を「たかなし」にすべて置換してください。

**問題(6)** 削除された箇所が二重取り消し線で表示されるように変更履歴を設定し、文末の担当者「岡崎・」を削除してください。変更した内容は記録します。ただし、記録は終了して終わること。

## プロジェクト4

理解度チェック ☑☑☑☑☑

**問題(1)** あなたは、ダイビングクラブの会報誌を作成します。
タイトル「DIVING CLUB NEWS 2020年8月号」に文字の輪郭「水色、アクセント3」と影「オフセット：下」を設定してください。

**問題(2)** 1ページ目の最後にある「…それに尽きます。」の後ろに、デスクトップのフォルダー「FOM Shuppan Documents」のフォルダー「MOS-Word 365 2019 (2)」の図「海」を挿入し、幅を「74mm」に設定してください。ページ下部の右に配置し、文字列の折り返しを四角形に設定します。

**問題(3)** 見出し「おすすめダイビングスポット」内の「順位…」からの4つの段落を文字列の幅に合わせて4行3列の表に変換してください。

**問題(4)** 見出し「ダイビングをもっと楽しむには…」に、ブックマーク「Cカードの取得」を作成してください。英字は半角で入力します。

**問題(5)** 文書内の文末脚注を脚注に変換してください。

**問題(6)** 挿入されているコメントを解決してください。

プロジェクト5

理解度チェック

☑☑☑☑☑ 問題（1） あなたは、ブライダルサロンで開催するフェアのチラシを作成します。
文書の余白を「やや狭い」に設定してください。

☑☑☑☑☑ 問題（2） 「■日時」「■ブライダルフェアご成約特典」にスタイル「見出し1」を適用してください。

☑☑☑☑☑ 問題（3） 「9：30～12：00」と「14：00～16：30」の段落に、「第1回、第2回」という番号書式
の段落番号を設定してください。

☑☑☑☑☑ 問題（4） 写真の文字列の折り返しを四角形に設定してください。余白を基準にして、右揃え・
下方向の距離「130mm」に配置します。

☑☑☑☑☑ 問題（5） 曜日を「土」を「日」に修正してください。変更した内容は記録します。ただし、記録
は終了して終わること。

プロジェクト6

理解度チェック

☑☑☑☑☑ 問題（1） このプロジェクトの問題は1つです。
あなたは、職務経歴書のテンプレートを作成します。
文書のプロパティのタイトルに「職務経歴書」を設定してください。次に、Word 97-2003
のテンプレートとして「職務経歴書テンプレート」という名前で保存してください。
デスクトップのフォルダー「FOM Shuppan Documents」のフォルダー「MOS-
Word 365 2019 (2)」に保存します。カタカナは全角で入力します。

模擬試験プログラムの使い方

第1回模擬試験

第2回模擬試験

第3回模擬試験

第4回模擬試験

第5回模擬試験

プロジェクト7

理解度チェック

☑☑☑☑☑　問題（1）　あなたは、パソコン利用時のマニュアルを作成します。
　　　　　　　　　　見出し「はじめに」の「このマニュアルでは…」の次の空の段落に自動作成の目次2を挿入してください。

☑☑☑☑☑　問題（2）　見出し「(1) 侵入者対策」内の箇条書き「社員証…」から「…着用してもらう」までをレベル2に設定してください。

☑☑☑☑☑　問題（3）　見出し「(2) データのバックアップ」内の赤字「内蔵ストレージ」の後ろに脚注を挿入してください。脚注の内容は「パソコン本体に含まれる記憶媒体。ハードディスクやSSDなど。」とします。カタカナは全角、英字は半角で入力します。

☑☑☑☑☑　問題（4）　文書に「ファセット（奇数ページ）」のヘッダーを挿入してください。先頭ページにはヘッダーが挿入されないように別指定にします。

☑☑☑☑☑　問題（5）　文書に「一重線」「白、背景1、黒＋基本色50％」「1pt」「囲む」のページ罫線を設定してください。

 プロジェクト8

理解度チェック

☑☑☑☑☑　問題（1）　このプロジェクトの問題は1つです。
　　　　　　　　　　あなたは、海外旅行保険の案内を作成します。
　　　　　　　　　　アクセシビリティチェックを行い、代替テキストのエラーを修正してください。おすすめアクションの上側の項目を選択し、図表の代替テキストは「契約の流れ」とします。

# 第2回 模擬試験 標準解答

**操作をはじめる前に**
操作をはじめる前に、次の設定を行いましょう。

|編集記号の表示|

◆《ホーム》タブ→《段落》グループの ⬚（編集記号の表示/非表示）→ボタンの色を濃い灰色の状態にする。

## ●プロジェクト1

### 問題（1）

①SmartArtグラフィックを選択します。
②《ホーム》タブ→《フォント》グループの B （太字）をクリックします。
③《ホーム》タブ→《フォント》グループの I （斜体）をクリックします。
④問題文の文字列「汚れがたまる」をクリックしてコピーします。
⑤テキストウィンドウの「汚い」を選択します。
⑥ Ctrl + V を押して文字列を貼り付けます。
※テキストウィンドウに直接入力してもかまいません。

### 問題（2）

①資料文献「大谷加奈, 2019」をクリックします。
② ⬚ をクリックし、《資料文献の編集》をクリックします。
③問題文の文字列「家族でお掃除はじめよう」をクリックしてコピーします。
④《タイトル》の「お掃除お助けレポ」を選択します。
⑤ Ctrl + V を押して文字列を貼り付けます。
※《タイトル》に直接入力してもかまいません。
⑥同様に、《年》に「2020」を貼り付けます。
⑦《OK》をクリックします。

### 問題（3）

①《ホーム》タブ→《編集》グループの 🔍 検索 ▾ （検索）の ▾ →《ジャンプ》をクリックします。
②《ジャンプ》タブを選択します。
③《移動先》の一覧から《ブックマーク》を選択します。
④《ブックマーク名》の ∨ をクリックし、一覧から「窓ガラス」を選択します。
⑤《ジャンプ》をクリックします。
⑥《閉じる》をクリックします。
⑦「●窓ガラス」が選択されていることを確認します。
⑧《ホーム》タブ→《スタイル》グループの ▾ （その他）→《見出し2》をクリックします。

### 問題（4）

①「掃除の裏ワザ」の前にカーソルを移動します。
②《レイアウト》タブ→《ページ設定》グループの ⬚区切り▾ （ページ/セクション区切りの挿入）→《セクション区切り》の《次のページから開始》をクリックします。
③3ページ目にカーソルが表示されていることを確認します。
④《レイアウト》タブ→《ページ設定》グループの ⬚ （ページ設定）をクリックします。
⑤《用紙》タブを選択します。
⑥《設定対象》が《このセクション》になっていることを確認します。
⑦《用紙サイズ》の ∨ をクリックし、一覧から《はがき》を選択します。
⑧《余白》タブを選択します。
⑨《印刷の向き》の《横》をクリックします。
⑩《余白》の《上》《下》《左》《右》を「5mm」に設定します。
⑪《OK》をクリックします。

### 問題（5）

①表の1列目にカーソルを移動します。
※表の1列目であればどこでもかまいません。
②《表ツール》の《レイアウト》タブ→《セルのサイズ》グループの ⬚幅: （列の幅の設定）を「21mm」に設定します。
③表の2列目にカーソルを移動します。
※表の2列目であればどこでもかまいません。
④《表ツール》の《レイアウト》タブ→《セルのサイズ》グループの ⬚幅: （列の幅の設定）を「115mm」に設定します。
⑤表の1行目を選択します。
⑥《表ツール》の《レイアウト》タブ→《結合》グループの ⬚セルの結合 （セルの結合）をクリックします。
⑦表の5行目を選択します。
⑧ F4 を押します。

### 問題（6）

①《校閲》タブ→《コメント》グループの ⬚ （コメントの削除）の ⬚削除 →《ドキュメント内のすべてのコメントを削除》をクリックします。

## ●プロジェクト2

### 問題（1）

①「045-XXX-XXXX」の前にカーソルを移動します。
②《挿入》タブ→《記号と特殊文字》グループの Ω 記号と特殊文字▾ （記号の挿入）→《その他の記号》をクリックします。

③《記号と特殊文字》タブを選択します。

④《フォント》の∨をクリックし、一覧から《Wingdings》を選択します。

⑤問題文の文字列「40」をクリックしてコピーします。

⑥《文字コード》の文字列を選択します。

⑦[Ctrl]+[V]を押して文字列を貼り付けます。
※《文字コード》に直接入力してもかまいません。

⑧《挿入》をクリックします。

⑨《閉じる》をクリックします。

## 問題（2）

①図を選択します。

②《書式》タブ→《アクセシビリティ》グループの［代替テキスト］（代替テキストウィンドウを表示します）をクリックします。

③問題文の文字列「歯周病のグラフ」をクリックしてコピーします。

④ボックス内にカーソルを移動します。

⑤[Ctrl]+[V]を押して文字列を貼り付けます。
※ボックスに直接入力してもかまいません。
※《代替テキスト》作業ウィンドウを閉じておきましょう。

## 問題（3）

①「歯垢から毒素が出る」から「…歯垢が付きやすい」までの段落と、「定期的に歯科健診を受ける」から「…ブラッシング教室に参加する」までの段落を選択します。

②《ホーム》タブ→《段落》グループの［ ］（段落の設定）をクリックします。

③《インデントと行間隔》タブを選択します。

④《最初の行》の∨をクリックし、一覧から《ぶら下げ》を選択します。

⑤《幅》を「2字」に設定します。

⑥《OK》をクリックします。

## 問題（4）

①「歯周病の原因」から「…ブラッシング教室に参加する」までの段落を選択します。

②《レイアウト》タブ→《ページ設定》グループの［ ］（段の追加または削除）→《段組みの詳細設定》をクリックします。

③《2段目を狭く》をクリックします。

④《段の番号1：》の《段の幅》を「29字」に設定します。

⑤《段の番号2：》の《段の幅》を「16字」に設定します。

⑥《境界線を引く》を☑にします。

⑦《OK》をクリックします。

## 問題（5）

①問題文の文字列「お電話にて」をクリックしてコピーします。

②テキストボックス内の「メールにて」を選択します。

③[Ctrl]+[V]を押して文字列を貼り付けます。
※テキストボックスに直接入力してもかまいません。

## ●プロジェクト3

## 問題（1）

①図を選択します。

②《書式》タブ→《調整》グループの［ 色▾］（色）→《色の変更》の《白黒：75%》をクリックします。

③《書式》タブ→《サイズ》グループの［ ］（図形の幅）を「22mm」に設定します。

## 問題（2）

①表内にカーソルを移動します。
※表内であればどこでもかまいません。

②《表ツール》の《レイアウト》タブ→《配置》グループの［ ］（セルの配置）をクリックします。

③《既定のセルの余白》の《上》《下》を「0.5mm」に設定します。

④《OK》をクリックします。

## 問題（3）

①表の1行目にカーソルを移動します。
※表の1行目であればどこでもかまいません。

②《表ツール》の《レイアウト》タブ→《データ》グループの［ タイトル行の繰り返し］（タイトル行の繰り返し）をクリックします。

## 問題（4）

①表内にカーソルを移動します。
※表内であればどこでもかまいません。

②《表ツール》の《レイアウト》タブ→《データ》グループの［ ］（並べ替え）をクリックします。

③《最優先されるキー》の∨をクリックし、一覧から《月》を選択します。

④《種類》が《数値》になっていることを確認します。

⑤《昇順》を⦿にします。

⑥《2番目に優先されるキー》の∨をクリックし、一覧から《日》を選択します。

⑦《種類》が《数値》になっていることを確認します。

⑧《昇順》を⦿にします。

⑨《OK》をクリックします。

## 問題（5）

①文頭にカーソルを移動します。

②《ホーム》タブ→《編集》グループの［ 置換］（置換）をクリックします。

③《置換》タブを選択します。

④問題文の文字列「ことり」をクリックしてコピーします。

⑤《検索する文字列》にカーソルを移動します。

⑥[Ctrl]+[V]を押して文字列を貼り付けます。
※《検索する文字列》に直接入力してもかまいません。

⑦問題文の文字列「たかなし」をクリックしてコピーします。

⑧《置換後の文字列》にカーソルを移動します。

⑨ ⌜Ctrl⌟＋⌜V⌟を押して文字列を貼り付けます。
※《置換後の文字列》に直接入力してもかまいません。
⑩《すべて置換》をクリックします。
※3個の項目が置換されます。
⑪《OK》をクリックします。
⑫《閉じる》をクリックします。

## 問題（6）

①《校閲》タブ→《変更履歴》グループの ⌷ （変更履歴オプション）をクリックします。
②《詳細オプション》をクリックします。
③《削除された箇所》の ∨ をクリックし、一覧から《二重取り消し線》を選択します。
④《OK》をクリックします。
⑤《OK》をクリックします。
⑥《校閲》タブ→《変更履歴》グループの ⌷ （変更履歴の記録）をクリックしてオンにします。
⑦「岡崎・」を選択します。
⑧ ⌜Delete⌟を押します。
⑨《校閲》タブ→《変更履歴》グループの ⌷ （変更履歴の記録）をクリックしてオフにします。
⑩《校閲》タブ→《変更履歴》グループの シンプルな変更履歴/⋯ （変更内容の表示）の ∨ をクリックし、一覧から《すべての変更履歴/コメント》を選択して、削除された箇所に二重取り消し線が付いていることを確認します。

## ●プロジェクト4

### 問題（1）

①「DIVING CLUB NEWS 2020年8月号」を選択します。
②《ホーム》タブ→《フォント》グループの Ａ▾ （文字の効果と体裁）→《文字の輪郭》→《テーマの色》の《水色、アクセント3》をクリックします。
③《ホーム》タブ→《フォント》グループの Ａ▾ （文字の効果と体裁）→《影》→《外側》の《オフセット：下》をクリックします。

### 問題（2）

①「…それに尽きます。」の後ろにカーソルを移動します。
②《挿入》タブ→《図》グループの 画像 （ファイルから）をクリックします。
※お使いの環境によっては、「ファイルから」は「画像を挿入します」→「このデバイス」と読み替えて操作してください。
③デスクトップのフォルダー「FOM Shuppan Documents」のフォルダー「MOS-Word 365 2019（2）」を開きます。
④一覧から「海」を選択します。
⑤《挿入》をクリックします。
⑥《書式》タブ→《サイズ》グループの ⌷ （図形の幅）を「74mm」に設定します。
⑦《書式》タブ→《配置》グループの 位置▾ （オブジェクトの配置）→《文字列の折り返し》の《右下に配置し、四角の枠に沿って文字列を折り返す》をクリックします。

### 問題（3）

①「順位…」から「…日本人も多いので安心です。」までの段落を選択します。
②《挿入》タブ→《表》グループの ⌷ （表の追加）→《文字列を表にする》をクリックします。
③《列数》が「3」、《行数》が「4」になっていることを確認します。
④《文字列の幅に合わせる》を ◉ にします。
⑤《OK》をクリックします。

### 問題（4）

①「ダイビングをもっと楽しむには…」を選択します。
②《挿入》タブ→《リンク》グループの ⌗ ブックマーク （ブックマークの挿入）をクリックします。
③問題文の文字列「Cカードの取得」をクリックしてコピーします。
④《ブックマーク名》にカーソルを移動します。
⑤ ⌜Ctrl⌟＋⌜V⌟を押して文字列を貼り付けます。
※《ブックマーク名》に直接入力してもかまいません。
⑥《追加》をクリックします。

### 問題（5）

①《参考資料》タブ→《脚注》グループの ⌷ （脚注と文末脚注）をクリックします。
②《変換》をクリックします。
③《文末脚注を脚注に変更する》を ◉ にします。
④《OK》をクリックします。
⑤《閉じる》をクリックします。

### 問題（6）

①コメントをポイントします。
②《解決》をクリックします。

## ●プロジェクト5

### 問題（1）

①《レイアウト》タブ→《ページ設定》グループの ⌷ （余白の調整）→《やや狭い》をクリックします。

### 問題（2）

①「■日時」と「■ブライダルフェアご成約特典」の段落を選択します。
②《ホーム》タブ→《スタイル》グループの ⌄ （その他）→《見出し1》をクリックします。

## 問題 (3)

①「9：30～12：00」と「14：00～16：30」の段落を選択します。

②《ホーム》タブ→《段落》グループの ▤▾（段落番号）の ▾ →《新しい番号書式の定義》をクリックします。

③《番号の種類》が「1,2,3,…」になっていることを確認します。

④《番号書式》を「第1回」に修正します。
※あらかじめ入力されている《1》は削除しないようにします。

⑤《OK》をクリックします。

## 問題 (4)

①図を選択します。

②▣（レイアウトオプション）をクリックします。

③《文字列の折り返し》の《四角形》を選択します。

④《詳細表示》をクリックします。

⑤《位置》タブを選択します。

⑥《水平方向》の《配置》を ◉ にします。

⑦《基準》の ▾ をクリックし、一覧から《余白》を選択します。

⑧《左揃え》の ▾ をクリックし、一覧から《右揃え》を選択します。

⑨《垂直方向》の《下方向の距離》を ◉ にします。

⑩《基準》の ▾ をクリックし、一覧から《余白》を選択します。

⑪「130mm」に設定します。

⑫《OK》をクリックします。

## 問題 (5)

①《校閲》タブ→《変更履歴》グループの ▱（変更履歴の記録）をクリックしてオンにします。

②問題文の文字列「日」をクリックしてコピーします。

③「土」を選択します。

④ Ctrl + V を押して文字列を貼り付けます。
※文書内に直接入力してもかまいません。

⑤《校閲》タブ→《変更履歴》グループの ▱（変更履歴の記録）をクリックしてオフにします。

## ●プロジェクト6

### 問題 (1)

①《ファイル》タブを選択します。

②《情報》→《プロパティ》→《詳細プロパティ》をクリックします。

③《ファイルの概要》タブを選択します。

④問題文の文字列「職務経歴書」をクリックしてコピーします。

⑤《タイトル》にカーソルを移動します。

⑥ Ctrl + V を押して文字列を貼り付けます。
※《タイトル》に直接入力してもかまいません。

⑦《OK》をクリックします。

⑧《エクスポート》→《ファイルの種類の変更》→《別のファイル形式として保存》→《名前を付けて保存》をクリックします。

⑨《ファイルの種類》の ▾ をクリックし、一覧から《Word97-2003テンプレート》を選択します。

⑩デスクトップのフォルダー「FOM Shuppan Documents」のフォルダー「MOS-Word 365 2019（2）」を開きます。

⑪問題文の文字列「職務経歴書テンプレート」をクリックしてコピーします。

⑫《ファイル名》の文字列を選択します。

⑬ Ctrl + V を押して文字列を貼り付けます。
※《ファイル名》に直接入力してもかまいません。

⑭《保存》をクリックします。

## ●プロジェクト7

### 問題 (1)

①「このマニュアルでは…」の段落の次の行にカーソルを移動します。

②《参考資料》タブ→《目次》グループの ▤（目次）→《組み込み》の《自動作成の目次2》をクリックします。

### 問題 (2)

①「社員証…」から「…着用してもらう」までの段落を選択します。

②《ホーム》タブ→《段落》グループの ▤（箇条書き）の ▾ →《リストのレベルの変更》→《レベル2》をクリックします。

### 問題 (3)

①「内蔵ストレージ」の後ろにカーソルを移動します。

②《参考資料》タブ→《脚注》グループの ▤（脚注の挿入）をクリックします。

③問題文の文字列「パソコン本体に含まれる記憶媒体。ハードディスクやSSDなど。」をクリックしてコピーします。

④脚注番号の後ろにカーソルを移動します。

⑤ Ctrl + V を押して文字列を貼り付けます。
※脚注番号の後ろに直接入力してもかまいません。

### 問題 (4)

①《挿入》タブ→《ヘッダーとフッター》グループの ▤ ヘッダー ▾（ヘッダーの追加）→《ヘッダーの編集》をクリックします。

②《ヘッダー/フッターツール》の《デザイン》タブ→《オプション》グループの《先頭ページのみ別指定》を ✔ にします。

③2ページ目以降のヘッダーにカーソルを移動します。
※2ページ目以降のヘッダーであればどこでもかまいません。

④《ヘッダー/フッターツール》の《デザイン》タブ→《ヘッダーとフッター》グループの ▤（ヘッダーの追加）→《組み込み》の《ファセット（奇数ページ）》をクリックします。

⑤《ヘッダー/フッターツール》の《デザイン》タブ→《閉じる》グループの ▤（ヘッダーとフッターを閉じる）をクリックします。

## 問題 (5)

①《デザイン》タブ→《ページの背景》グループの ⬜ (罫線と網掛け) をクリックします。

②《ページ罫線》タブを選択します。

③左側の《種類》の《囲む》をクリックします。

④中央の《種類》の一覧から《 ──────── 》を選択します。

⑤《色》の ⌄ をクリックし、一覧から《テーマの色》の《白、背景1、黒+基本色50%》を選択します。

⑥《線の太さ》の ⌄ をクリックし、一覧から《1pt》を選択します。

⑦《設定対象》が《文書全体》になっていることを確認します。

⑧《OK》をクリックします。

## ●プロジェクト8

## 問題 (1)

①《ファイル》タブを選択します。

②《情報》→《問題のチェック》→《アクセシビリティチェック》をクリックします。

③《エラー》の《代替テキストがありません》をクリックします。

④《図表1》の ⌄ をクリックし、《おすすめアクション》の一覧から《説明を追加》を選択します。

⑤問題文の文字列「契約の流れ」をクリックしてコピーします。

⑥ボックスにカーソルを移動します。

⑦ Ctrl + V を押して文字列を貼り付けます。

※ボックスに直接入力してもかまいません。

※《代替テキスト》作業ウィンドウと《アクセシビリティチェック》作業ウィンドウを閉じておきましょう。

模擬試験プログラムの使い方

第1回模擬試験

第2回模擬試験

第3回模擬試験

第4回模擬試験

第5回模擬試験

# 第3回 模擬試験 問題

 プロジェクト1

| 理解度チェック | | |
|---|---|---|
| ☑☑☑☑☑ | 問題（1） | あなたは、FOMヨガスクールでヨガポーズを紹介するチラシを作成します。「Challenge…」の次の4つの段落に、行間「1.5」を設定してください。 |
| ☑☑☑☑☑ | 問題（2） | 画像の背景を削除して、余白に合わせて左右中央に配置してください。背景の削除は、首の後ろや手指の間の白い部分も削除します。 |
| ☑☑☑☑☑ | 問題（3） | テキストボックス内の最後に文字列「下半身の引き締め」を追加してください。 |
| ☑☑☑☑☑ | 問題（4） | コメントを解決してください。 |
| ☑☑☑☑☑ | 問題（5） | 文書に「波線」「水色、テキスト2」「1.5pt」「囲む」のページ罫線を設定してください。 |

プロジェクト2

| 理解度チェック | | |
|---|---|---|
| ☑☑☑☑☑ | 問題（1） | あなたは、FOMイングリッシュスクールで2020年度の開講コースの案内を作成します。見出し「●目標を具体的に設定すること」の次の段落にある変更履歴をすべて承諾してください。 |
| ☑☑☑☑☑ | 問題（2） | 見出し「●毎日の負担を少なくすること」の次の段落の書式をすべて解除してください。 |
| ☑☑☑☑☑ | 問題（3） | 受講生の写真にアート効果「カットアウト」を適用し、代替テキストに「受講生の写真」を設定してください。 |
| ☑☑☑☑☑ | 問題（4） | 見出し「2020年度開講予定コース」が2ページ目の先頭に表示されるようにセクション区切りを挿入してください。2ページ目の上下の余白は「15mm」に設定します。 |
| ☑☑☑☑☑ | 問題（5） | 見出し「●TOEIC・英検コース」の下にある「コースNo.」から「C2020-007…」までの段落を、ウィンドウのサイズに合わせて8行4列の表に変換してください。さらに、表を「コースNo.」の昇順に並べ替えてください。（その他は既定の設定のままとします。） |
| ☑☑☑☑☑ | 問題（6） | 文書内のすべての「TOEIC」の後ろに、「®」（登録商標）を挿入してください。 |

## プロジェクト3

☑☑☑☑☑　問題（1）　このプロジェクトの問題は1つです。
あなたは、施設利用申込書を作成します。
ヘッダーに文字列「施設管理課行」を挿入してください。次に、最新のWordの機能と互換性があり、マクロをサポートしていない、Word 2019のテンプレートとして「申込書」という名前で保存してください。デスクトップのフォルダー「FOM Shuppan Documents」のフォルダー「MOS-Word 365 2019 (2)」に保存します。

## プロジェクト4

☑☑☑☑☑　問題（1）　あなたは、若者における方言の認識についてのレポートを作成します。
「若者の中で方言が廃れていると言われることがよくある。」の後ろに、引用文献のプレースホルダーを挿入してください。プレースホルダー名は「若者と方言」とします。

☑☑☑☑☑　問題（2）　見出し「調査方法」内の段落番号を順番どおりに振り直してください。

☑☑☑☑☑　問題（3）　見出し「調査方法」内の「岡山県出身・在住であること」の後ろに、文末脚注を挿入してください。脚注番号は「A,B,C,…」とし、脚注の内容は「在住期間は5年以上とする。」とします。数字は半角で入力します。

☑☑☑☑☑　問題（4）　表の「●岡山全域で…」の行と「●特に…」の行のそれぞれのセルを結合してください。さらに、表のタイトル行が次のページにも表示されるように設定してください。

☑☑☑☑☑　問題（5）　SmartArtグラフィックのレイアウトを右から左に変更してください。

☑☑☑☑☑　問題（6）　文書内の「マスコミ」を全角の「メディア」にすべて置換してください。

## プロジェクト5

☑☑☑☑☑ 問題（1） あなたは、こどもスキー教室の参加者募集の案内を作成します。
見出し「■詳細」から見出し「■教室日程」の「第5回：…」までの段落を境界線のある2段組みに設定してください。段の間隔は「4字」に設定します。

☑☑☑☑☑ 問題（2） 見出し「■申し込みについて」に「保護者説明会の実施を検討してください。」とコメントを追加してください。

☑☑☑☑☑ 問題（3） 見出し「■申し込みについて」の後ろに、デスクトップのフォルダー「FOM Shuppan Documents」のフォルダー「MOS-Word 365 2019 (2)」の図「スキー」を挿入してください。文字列の折り返しは四角形に設定し、ページ上部の右側に配置します。さらに、スタイル「回転、白」を適用してください。

☑☑☑☑☑ 問題（4） 文末に5行2列の表を作成し、1列目に上から「参加者氏名」「学年」「保護者氏名」「住所」「電話番号」と入力してください。1列目の列幅は「40mm」にします。

☑☑☑☑☑ 問題（5） 文書のプロパティのタイトルに「こどもスキー教室」、キーワードに「冬休み」を設定してください。カタカナは全角で入力します。

## プロジェクト6

☑☑☑☑☑ 問題（1） あなたは、新築マンションの販売開始の案内を作成します。
文書にスタイルセット「基本（シンプル）」を設定してください。

☑☑☑☑☑ 問題（2） 表題「ホリスガーデン緑ヶ丘販売開始」の下2つの段落の左右のインデントを「2.5字」に設定してください。

☑☑☑☑☑ 問題（3） 見出し「物件詳細」の下にある箇条書き「所在地」「交通」「敷地面積」「総戸数」「間取り」「専有床面積」「販売価格」の行頭文字を、デスクトップのフォルダー「FOM Shuppan Documents」のフォルダー「MOS-Word 365 2019 (2)」の図「マーク」に変更してください。

☑☑☑☑☑ 問題（4） 「お問い合わせ先」から「定休日　水曜日」までの段落を横書きテキストボックスに変更してください。文字列の折り返しは四角形に設定し、ページ下部の右側に配置します。さらに、テキストボックスの枠線は、色「緑、アクセント6、黒＋基本色50％」、太さ「3pt」に設定します。テキストボックスの大きさは考慮しません。

☑☑☑☑☑ 問題（5） 書式が変更された箇所が明るい緑の色のみで表示されるように変更履歴を設定し、「～2020年4月…」の段落を斜体にしてください。変更した内容は記録します。ただし、記録は終了して終わること。

## プロジェクト7

☑☑☑☑☑ 問題（1） このプロジェクトの問題は1つです。
あなたは、桔梗学院中学・高等学校の体験入学の案内を作成します。
文書にアクセシビリティチェックを実行し、一番上のエラーを修正してください。図の代替テキストは「生徒画像」とします。

## プロジェクト8

☑☑☑☑☑ 問題（1） あなたは、知的財産権についての勉強会資料を作成します。
「企業活動を行う上で…」の段落の次の行に自動作成の目次1を挿入してください。

☑☑☑☑☑ 問題（2） 見出し「1.知的財産権」の下の段落の書式を、見出し「2.著作権」の下の段落と「3.産業財産権」の下の段落にコピーしてください。

☑☑☑☑☑ 問題（3） 見出し「1.知的財産権」内の「知的財産権は、次のように分類できます。」の下に、SmartArtグラフィックの横方向階層を挿入してください。
テキストウィンドウの上から「知的財産権」「著作権」「著作者人格権」「著作財産権」「産業財産権」「特許権」と入力し、特許権に続けて「実用新案権」「意匠権」「商標権」を追加してください。ただし、階層のレベルは変更しないこと。
次に、図表の高さを「149mm」に設定し、スタイル「光沢」を適用してください。

☑☑☑☑☑ 問題（4） 見出し「(1)著作者人格権」内の「公表権」から「…改変されない権利」までの段落に箇条書きを設定し、「公表時期や…」「公表時の…」「著作物を…」の3つの段落のレベルをレベル2に設定してください。

☑☑☑☑☑ 問題（5） 「管理部）大村」のコメントだけを表示してください。

☑☑☑☑☑ 問題（6） ドキュメント検査を行い、隠し文字をすべて削除してください。その他の項目は削除しないこと。

操作をはじめる前に
操作をはじめる前に、次の設定を行いましょう。

編集記号の表示

◆《ホーム》タブ→《段落》グループの ⚟（編集記号の表示/非表示）をオン（濃い灰色の状態）にする。

## ●プロジェクト1

### 問題（1）

①「今回ご紹介する…」から「…取り組みましょう！」までを選択します。
②《ホーム》タブ→《段落》グループの ⚟（行と段落の間隔）→《1.5》をクリックします。

### 問題（2）

①図を選択します。
②《書式》タブ→《調整》グループの ⚟（背景の削除）をクリックします。
③《背景の削除》タブ→《設定し直す》グループの ⚟（削除する領域としてマーク）をクリックします。
④首の後ろの白い部分をクリックします。
⑤手指の間の白い部分をクリックします。
⑥《背景の削除》タブ→《閉じる》グループの ⚟（背景の削除を終了して、変更を保持する）をクリックします。
⑦《書式》タブ→《配置》グループの ⚟ 配置（オブジェクトの配置）→《余白に合わせて配置》がオンになっていることを確認します。
⑧《書式》タブ→《配置》グループの ⚟ 配置（オブジェクトの配置）→《左右中央揃え》をクリックします。

### 問題（3）

①問題文の文字列「下半身の引き締め」をクリックしてコピーします。
②テキストボックス内の文末にカーソルを移動します。
③ Ctrl + V を押して文字列を貼り付けます。
※文末に直接入力してもかまいません。

### 問題（4）

①コメントをポイントします。
②《解決》をクリックします。

### 問題（5）

①《デザイン》タブ→《ページの背景》グループの ⚟（罫線と網掛け）をクリックします。
②《ページ罫線》タブを選択します。

③左側の《種類》の《囲む》をクリックします。
④中央の《種類》の一覧から《 〜〜〜〜〜 》を選択します。
⑤《色》の ∨ をクリックし、一覧から《テーマの色》の《水色、テキスト2》を選択します。
⑥《線の太さ》の ∨ をクリックし、一覧から《1.5pt》を選択します。
⑦《設定対象》が《文書全体》になっていることを確認します。
⑧《OK》をクリックします。

## ●プロジェクト2

### 問題（1）

①「「話せるようになりたいな」…」の段落を選択します。
②《校閲》タブ→《変更箇所》グループの ⚟（承諾して次へ進む）の 承諾 →《この変更を反映させる》をクリックします。

### 問題（2）

①「最初はついつい入れ込んで…」の段落を選択します。
②《ホーム》タブ→《フォント》グループの ⚟（すべての書式をクリア）をクリックします。

### 問題（3）

①図を選択します。
②《書式》タブ→《調整》グループの ⚟ アート効果（アート効果）→《カットアウト》をクリックします。
③《書式》タブ→《アクセシビリティ》グループの ⚟（代替テキストウィンドウを表示します）をクリックします。
④問題文の文字列「受講生の写真」をクリックしてコピーします。
⑤ボックス内にカーソルを移動します。
⑥ Ctrl + V を押して文字列を貼り付けます。
※ボックスに直接入力してもかまいません。
※《代替テキスト》作業ウィンドウを閉じておきましょう。

### 問題（4）

①「2020年度開講予定コース」の前にカーソルを移動します。
②《レイアウト》タブ→《ページ設定》グループの ⚟ 区切り（ページ/セクション区切りの挿入）→《セクション区切り》の《次のページから開始》をクリックします。
③2ページ目にカーソルが表示されていることを確認します。
④《レイアウト》タブ→《ページ設定》グループの ⚟（余白の調整）→《ユーザー設定の余白》をクリックします。
⑤《余白》タブを選択します。
⑥《設定対象》が《このセクション》になっていることを確認します。
⑦《余白》の《上》《下》を「15mm」に設定します。
⑧《OK》をクリックします。

## 問題(5)

①「コースNo.…」から「C2020-007…」までの段落を選択します。

②《挿入》タブ→《表》グループの 🔳 (表の追加)→《文字列を表にする》をクリックします。

③《列数》が「4」、《行数》が「8」になっていることを確認します。

④《ウィンドウサイズに合わせる》を ⦿ にします。

⑤《タブ》を ⦿ にします。

⑥《OK》をクリックします。

⑦表内にカーソルを移動します。
※表内であればどこでもかまいません。

⑧《表ツール》の《レイアウト》タブ→《データ》グループの 🔼 (並べ替え)をクリックします。

⑨《最優先されるキー》の ▾ をクリックし、一覧から《コースNo.》を選択します。

⑩《昇順》を ⦿ にします。

⑪《OK》をクリックします。

## 問題(6)

①文頭にカーソルを移動します。

②《ホーム》タブ→《編集》グループの 🔍 検索 (検索)をクリックします。

③問題文の文字列「TOEIC」をクリックしてコピーします。

④ナビゲーションウィンドウの検索ボックス内にカーソルを移動します。

⑤ Ctrl + V を押して文字列を貼り付けます。
※検索ボックスに直接入力してもかまいません。
※ナビゲーションウィンドウに検索結果が《6件》と表示されます。

⑥検索された「TOEIC」の後ろにカーソルを移動します。

⑦《挿入》タブ→《記号と特殊文字》グループの Ω 記号と特殊文字 ▾ (記号の挿入)→《その他の記号》をクリックします。

⑧《特殊文字》タブを選択します。

⑨一覧から《® 登録商標》を選択します。

⑩《挿入》をクリックします。

⑪ナビゲーションウィンドウの ▾ をクリックします。

⑫2件目の「TOEIC」の後ろにカーソルを移動します。

⑬《記号と特殊文字》ダイアログボックスの《特殊文字》タブの《® 登録商標》が選択されていることを確認し、《挿入》をクリックします。

⑭同様に、すべての「TOEIC」の後ろに「®」を挿入します。

⑮《記号と特殊文字》ダイアログボックスの《閉じる》をクリックします。
※ナビゲーションウィンドウを閉じておきましょう。

## ●プロジェクト3

## 問題(1)

①《挿入》タブ→《ヘッダーとフッター》グループの 📄 ヘッダー ▾ (ヘッダーの追加)→《ヘッダーの編集》をクリックします。

②問題文の文字列「施設管理課行」をクリックしてコピーします。

③ヘッダーにカーソルを移動します。

④ Ctrl + V を押して文字列を貼り付けます。
※ヘッダーに直接入力してもかまいません。

⑤《ヘッダー/フッターツール》の《デザイン》タブ→《閉じる》グループの 🔲 (ヘッダーとフッターを閉じる)をクリックします。

⑥《ファイル》タブを選択します。

⑦《エクスポート》→《ファイルの種類の変更》→《テンプレート》→《名前を付けて保存》をクリックします。

⑧デスクトップのフォルダー「FOM Shuppan Documents」のフォルダー「MOS Word 365 2019(2)」を開きます。

⑨問題文の文字列「申込書」をクリックしてコピーします。

⑩《ファイル名》の文字列を選択します。

⑪ Ctrl + V を押して文字列を貼り付けます。
※《ファイル名》に直接入力してもかまいません。

⑫《ファイルの種類》が《Wordテンプレート》になっていることを確認します。

⑬《保存》をクリックします。

## ●プロジェクト4

## 問題(1)

①「若者の中で方言が廃れていると言われることがよくある。」の後ろにカーソルを移動します。

②《参考資料》タブ→《引用文献と文献目録》グループの 📄 引用文献の挿入 (引用文献の挿入)→《新しいプレースホルダーの追加》をクリックします。

③問題文の文字列「若者と方言」をクリックしてコピーします。

④プレースホルダー名を選択します。

⑤ Ctrl + V を押して文字列を貼り付けます。
※プレースホルダー名に直接入力してもかまいません。

⑥《OK》をクリックします。

## 問題(2)

①「被験者の条件」の段落番号を右クリックします。

②《自動的に番号を振る》をクリックします。

## 問題(3)

①「岡山県出身・在住であること」の後ろにカーソルを移動します。

②《参考資料》タブ→《脚注》グループの 🔲 (脚注と文末脚注)をクリックします。

③《文末脚注》を ⦿ にします。

④《番号書式》の ▾ をクリックし、一覧から《A,B,C,…》を選択します。

⑤《挿入》をクリックします。

⑥問題文の文字列「在住期間は5年以上とする。」をクリックしてコピーします。

⑦脚注番号の後ろにカーソルを移動します。

⑧ Ctrl + V を押して文字列を貼り付けます。
※脚注番号の後ろに直接入力してもかまいません。

## 問題(4)

① 表の2行目を選択します。

② 《表ツール》の《レイアウト》タブ→《結合》グループの {セルの結合} (セルの結合) をクリックします。

③ 表の20行目を選択します。

④ {F4} を押します。

⑤ 表の1行目にカーソルを移動します。
※表の1行目であればどこでもかまいません。

⑥ 《表ツール》の《レイアウト》タブ→《データ》グループの {タイトル行の繰り返し} (タイトル行の繰り返し) をクリックします。

## 問題(5)

① SmartArtグラフィックを選択します。

② 《SmartArtツール》の《デザイン》タブ→《グラフィックの作成》グループの {右から左} (右から左) をクリックします。

## 問題(6)

① 文頭にカーソルを移動します。

② 《ホーム》タブ→《編集》グループの {置換} (置換) をクリックします。

③ 《置換》タブを選択します。

④ 問題文の文字列「**マスコミ**」をクリックしてコピーします。

⑤ 《検索する文字列》にカーソルを移動します。

⑥ {Ctrl} + {V} を押して文字列を貼り付けます。
※《検索する文字列》に直接入力してもかまいません。

⑦ 問題文の文字列「**メディア**」をクリックしてコピーします。

⑧ 《置換後の文字列》にカーソルを移動します。

⑨ {Ctrl} + {V} を押して文字列を貼り付けます。
※《置換後の文字列》に直接入力してもかまいません。

⑩ 《すべて置換》をクリックします。
※5個の項目が置換されます。

⑪ 《OK》をクリックします。

⑫ 《閉じる》をクリックします。

## ●プロジェクト5

## 問題(1)

① 「■詳細」から「第5回：…」までの段落を選択します。

② 《レイアウト》タブ→《ページ設定》グループの {段組み} (段の追加または削除)→《段組みの詳細設定》をクリックします。

③ 《2段》をクリックします。

④ 《境界線を引く》を ✓ にします。

⑤ 《間隔》を「**4字**」に設定します。

⑥ 《OK》をクリックします。

## 問題(2)

① 「■申し込みについて」を選択します。

② 《校閲》タブ→《コメント》グループの {新しいコメント} (コメントの挿入) をクリックします。

③ 問題文の文字列「**保護者説明会の実施を検討してください。**」をクリックしてコピーします。

④ コメント内にカーソルを移動します。

⑤ {Ctrl} + {V} を押して文字列を貼り付けます。
※コメント内に直接入力してもかまいません。

## 問題(3)

① 「■申し込みについて」の後ろにカーソルを移動します。

② 《挿入》タブ→《図》グループの {画像} (ファイルから) をクリックします。
※お使いの環境によっては、「ファイルから」は「画像を挿入します」→「このデバイス」と読み替えて操作してください。

③ デスクトップのフォルダー「**FOM Shuppan Documents**」のフォルダー「**MOS-Word 365 2019(2)**」を開きます。

④ 一覧から「**スキー**」を選択します。

⑤ 《挿入》をクリックします。

⑥ 《書式》タブ→《配置》グループの {位置} (オブジェクトの配置)→《文字列の折り返し》の《右上に配置し、四角の枠に沿って文字列を折り返す》をクリックします。

⑦ 《書式》タブ→《図のスタイル》グループの {その他} (その他)→《回転、白》をクリックします。

## 問題(4)

① 文末にカーソルを移動します。

② 《挿入》タブ→《表》グループの {表} (表の追加) をクリックします。

③ 下に5マス分、右に2マス分の位置をクリックします。

④ 問題文の文字列「**参加者氏名**」をクリックしてコピーします。

⑤ 表の1行1列目にカーソルを移動します。

⑥ {Ctrl} + {V} を押して文字列を貼り付けます。
※セルに直接入力してもかまいません。

⑦ 同様に、「**学年**」「**保護者氏名**」「**住所**」「**電話番号**」を貼り付けます。

⑧ 表の1列目にカーソルを移動します。
※表の1列目であればどこでもかまいません。

⑨ 《表ツール》の《レイアウト》タブ→《セルのサイズ》グループの {幅} (列の幅の設定) を「**40mm**」に設定します。

## 問題(5)

① 《ファイル》タブを選択します。

② 《情報》→《プロパティ》→《詳細プロパティ》をクリックします。

③ 《ファイルの概要》タブを選択します。

④ 問題文の文字列「**こどもスキー教室**」をクリックしてコピーします。

⑤ 《タイトル》にカーソルを移動します。

⑥ {Ctrl} + {V} を押して文字列を貼り付けます。
※《タイトル》に直接入力してもかまいません。

⑦ 同様に、《キーワード》に「**冬休み**」を貼り付けます。
※《キーワード》に直接入力してもかまいません。

⑧ 《OK》をクリックします。

## ●プロジェクト6

### 問題（1）

①《デザイン》タブ→《ドキュメントの書式設定》グループの ▼（その他）→《組み込み》の《基本（シンプル）》をクリックします。

### 問題（2）

①「邸宅地として…」から「…お運びください。」までの段落を選択します。
②《レイアウト》タブ→《段落》グループの 三左:（左インデント）を「2.5字」に設定します。
③《レイアウト》タブ→《段落》グループの 三右:（右インデント）を「2.5字」に設定します。

### 問題（3）

①「所在地」「交通」「敷地面積」「総戸数」「間取り」「専有床面積」「販売価格」を選択します。
②《ホーム》タブ→《段落》グループの 三 ▼（箇条書き）の ▼→《新しい行頭文字の定義》をクリックします。
③《図》をクリックします。
④《ファイルから》をクリックします。
⑤デスクトップのフォルダー「FOM Shuppan Documents」のフォルダー「MOS-Word 365 2019（2）」を開きます。
⑥一覧から「マーク」を選択します。
⑦《挿入》をクリックします。
⑧《OK》をクリックします。

### 問題（4）

①「お問い合わせ先」から「定休日　水曜日」までの段落を選択します。
②《挿入》タブ→《テキスト》グループの ［テキストボックス］（テキストボックスの選択）→《横書きテキストボックスの描画》をクリックします。
③《書式》タブ→《配置》グループの ［位置］（オブジェクトの配置）→《文字列の折り返し》の《右下に配置し、四角の枠に沿って文字列を折り返す》をクリックします。
④《書式》タブ→《図形のスタイル》グループの 図形の枠線 ▼（図形の枠線）→《テーマの色》の《緑、アクセント6、黒＋基本色50%》をクリックします。
⑤《書式》タブ→《図形のスタイル》グループの 図形の枠線 ▼（図形の枠線）→《太さ》→《3pt》をクリックします。

### 問題（5）

①《校閲》タブ→《変更履歴》グループの ［▽］（変更履歴オプション）をクリックします。
②《詳細オプション》をクリックします。
③《書式の変更を記録する》を ✓ にします。
④《書式が変更された箇所》の ▽ をクリックし、一覧から《色のみ》を選択します。
⑤《色》の ▽ をクリックし、一覧から《明るい緑》を選択します。

⑥《OK》をクリックします。
⑦《OK》をクリックします。
⑧《校閲》タブ→《変更履歴》グループの ［▨］（変更履歴の記録）をクリックしてオンにします。
⑨「～2020年4月…」の段落を選択します。
⑩《ホーム》タブ→《フォント》グループの ［*I*］（斜体）をクリックします。
⑪《校閲》タブ→《変更履歴》グループの ［▨］（変更履歴の記録）をクリックしてオフにします。
⑫《校閲》タブ→《変更履歴》グループの シンプルな変更履歴/… ▼（変更内容の表示）の ▼ をクリックし、一覧から《すべての変更履歴/コメント》を選択して、書式が変更された箇所が明るい緑になっていることを確認します。

## ●プロジェクト7

### 問題（1）

①《ファイル》タブを選択します。
②《情報》→《問題のチェック》→《アクセシビリティチェック》をクリックします。
③《エラー》の《代替テキストがありません》をクリックします。
④《図1》の ▽ をクリックし、《おすすめアクション》の一覧から《説明を追加》を選択します。
⑤問題文の文字列「生徒画像」をクリックしてコピーします。
⑥ボックスにカーソルを移動します。
⑦ ［Ctrl］ ＋ ［V］ を押して文字列を貼り付けます。
※ボックスに直接入力してもかまいません。
※《代替テキスト》作業ウィンドウと《アクセシビリティチェック》作業ウィンドウを閉じておきましょう。

## ●プロジェクト8

### 問題（1）

①「企業活動を行う上で…」の段落の次の行にカーソルを移動します。
②《参考資料》タブ→《目次》グループの ［目次］（目次）→《組み込み》の《自動作成の目次1》をクリックします。

### 問題（2）

①「「知的財産権」とは、…」の段落を選択します。
②《ホーム》タブ→《クリップボード》グループの ［書式のコピー/貼り付け］（書式のコピー/貼り付け）をダブルクリックします。
③「「著作権」とは、…」の段落を選択します。
④同様に、「「産業財産権」とは、…」の段落を選択します。
⑤ ［Esc］ を押します。

### 問題（3）

①「知的財産権は、次のように分類できます。」の次の行にカーソルを移動します。
②《挿入》タブ→《図》グループの ［SmartArt］（SmartArtグラフィックの挿入）をクリックします。

③左側の一覧から《階層構造》を選択します。

④中央の一覧から《横方向階層》を選択します。

⑤《OK》をクリックします。

⑥問題文の文字列「知的財産権」をクリックしてコピーします。

⑦テキストウィンドウの1行目にカーソルを移動します。

⑧ Ctrl + V を押して文字列を貼り付けます。

※テキストウィンドウに直接入力してもかまいません。

※テキストウィンドウが表示されていない場合は、SmartArtグラフィックを選択し、《SmartArtツール》の《デザイン》タブ→《グラフィックの作成》グループの テキスト ウィンドウ (テキストウィンドウ)をクリックします。

⑨同様に、テキストウィンドウの2行目に「著作権」、3行目に「著作者人格権」、4行目に「著作財産権」、5行目に「産業財産権」、6行目に「特許権」を貼り付けます。

⑩ Enter を押します。

⑪「実用新案権」を貼り付けます。

⑫同様に、 Enter を押して8行目に「意匠権」、9行目に「商標権」を貼り付けます。

⑬SmartArtグラフィックを選択します。

⑭《書式》タブ→《サイズ》グループの 高さ:（図形の高さ）を「149mm」に設定します。

※《サイズ》グループが (SmartArtのサイズ)で表示されている場合は、 (SmartArtのサイズ)をクリックすると、《サイズ》グループのボタンが表示されます。

⑮《SmartArtツール》の《デザイン》タブ→《SmartArtのスタイル》グループの (その他)→《ドキュメントに最適なスタイル》の《光沢》をクリックします。

## 問題（4）

①「公表権」から「…改変されない権利」までの段落を選択します。

②《ホーム》タブ→《段落》グループの (箇条書き)をクリックします。

③「公表時期や…」「公表時の…」「著作物を…」の段落を選択します。

④《ホーム》タブ→《段落》グループの (箇条書き)の →《リストのレベルの変更》→《レベル2》をクリックします。

## 問題（5）

①《校閲》タブ→《変更履歴》グループの 変更履歴とコメントの表示 (変更履歴とコメントの表示)をクリックし、コメントの前にチェックマークが表示されていることを確認します。

②《校閲》タブ→《変更履歴》グループの 変更履歴とコメントの表示 (変更履歴とコメントの表示)→《特定のユーザー》→《すべての校閲者》をクリックし、チェックマークを非表示にします。

③《校閲》タブ→《変更履歴》グループの 変更履歴とコメントの表示 (変更履歴とコメントの表示)→《特定のユーザー》→《管理部）大村》をクリックします。

## 問題（6）

①《ファイル》タブを選択します。

②《情報》→《問題のチェック》→《ドキュメント検査》をクリックします。

③《はい》をクリックします。

④《隠し文字》が になっていることを確認します。

⑤《検査》をクリックします。

⑥《隠し文字》の《すべて削除》をクリックします。

⑦《閉じる》をクリックします。

**プロジェクト1**

理解度チェック

☑ ☑ ☑ ☑ ☑ 　**問題 (1)**　このプロジェクトの問題は1つです。
あなたは、花火大会開催の案内はがきを作成します。
文書の余白を「狭い」に設定し、文書に「花火大会」と名前を付けてデスクトップのフォルダー「FOM Shuppan Documents」のフォルダー「MOS-Word 365 2019 (2)」に、PDF形式で保存してください。発行後にファイルは開かないようにします。

 **プロジェクト2**

理解度チェック

☑ ☑ ☑ ☑ ☑ 　**問題 (1)**　あなたは、自社の会員に向けたセミナー開催の案内を作成します。
「近年…」から「…お申し込みください。」までの段落の字下げインデントを「1字」に設定してください。

☑ ☑ ☑ ☑ ☑ 　**問題 (2)**　記書きの「日時…」から「…南区民会館」までの段落に箇条書きを設定してください。
行頭文字は、フォント「Segoe UI」の文字コード「2663」(Black Club Suit)にします。

☑ ☑ ☑ ☑ ☑ 　**問題 (3)**　会場地図の画像の枠線を削除してください。

☑ ☑ ☑ ☑ ☑ 　**問題 (4)**　会場地図の赤い四角の右横に図形「四角形：対角を丸める」を挿入し、「南区民会館」と入力してください。図形の高さを「13mm」、幅を「26mm」に設定します。

☑ ☑ ☑ ☑ ☑ 　**問題 (5)**　文書に「原本」という透かし文字を挿入してください。フォントを「MS明朝」、色を「濃い赤」にします。

☑ ☑ ☑ ☑ ☑ 　**問題 (6)**　文書内のコメントに「了解しました。」と返信してください。

模擬試験プログラムの使い方

第1回模擬試験

第2回模擬試験

第3回模擬試験

第4回模擬試験

第5回模擬試験

**プロジェクト3**

**理解度チェック**

| ☑☑☑☑☑ | 問題（1） | あなたは、中堅社員スキルアップ研修の案内を作成します。<br>タイトル「中堅社員スキルアップ研修の案内」の図形にスタイル「パステル-青、アクセント5」を適用してください。 |
|---|---|---|
| ☑☑☑☑☑ | 問題（2） | 見出し「◆スケジュール◆」内にある表の4行2列目のセルを2列に分割し、右側のセルに「実習B」と入力してください。英字は半角で入力します。 |
| ☑☑☑☑☑ | 問題（3） | 見出し「◆スケジュール◆」内の「※昼食は各自で…」の段落前の間隔を削除してください。 |
| ☑☑☑☑☑ | 問題（4） | 見出し「◆出席予定者一覧◆」の先頭に改ページを挿入してください。 |
| ☑☑☑☑☑ | 問題（5） | 見出し「◆出席予定者一覧◆」にブックマーク「出席予定者」を挿入してください。 |
| ☑☑☑☑☑ | 問題（6） | 見出し「◆出席予定者一覧◆」の下の表を「受講日程」の昇順、さらに「所属」の昇順に並べ替えてください。（その他は既定の設定のままとします。） |

**プロジェクト4**

**理解度チェック**

| ☑☑☑☑☑ | 問題（1） | あなたは、新しく開館した美術館の案内を作成します。<br>写真に、面取りの効果「スケール」を設定し、最背面へ移動してください。 |
|---|---|---|
| ☑☑☑☑☑ | 問題（2） | 1ページ目の「藤城正孝」と「宮野里美」の後ろに、それぞれ4分の1文字分のスペースを挿入してください。 |
| ☑☑☑☑☑ | 問題（3） | 「休館日　月曜日」の後ろに脚注を挿入してください。脚注の内容は「祝日の場合は開館し、翌日休館します。」とします。 |
| ☑☑☑☑☑ | 問題（4） | 「●入館料」の下にある表のセルの間隔を「0.4mm」に設定してください。 |
| ☑☑☑☑☑ | 問題（5） | 「別ページ」に設定されているハイパーリンクを削除してください。文字列は削除しないようにします。 |

**プロジェクト5**

**理解度チェック**

| ☑☑☑☑☑ | 問題（1） | あなたは、カルチャースクールの受講生募集のチラシを作成します。<br>表内の箇条書きの行頭文字をすべて「◆」に変更してください。 |
|---|---|---|
| ☑☑☑☑☑ | 問題（2） | プリザーブドフラワーのイラストを「彩度：200%」にしてください。 |
| ☑☑☑☑☑ | 問題（3） | 表を行単位で分割して3つの表にしてください。 |
| ☑☑☑☑☑ | 問題（4） | フッターに「秋の新講座」を挿入してください。フッターは右にそろえて配置します。 |
| ☑☑☑☑☑ | 問題（5） | 変更履歴の記録を開始し、「★ワンポイント旅行英会話★」の表内の「トラベル英会話」を「旅行英会話」に修正してください。その後、変更履歴の記録を終了してください。 |

**プロジェクト6**

模擬試験プログラムの使い方

第1回模擬試験

第2回模擬試験

第3回模擬試験

第4回模擬試験

第5回模擬試験

**理解度チェック**

☑☑☑☑☑ 問題（1） あなたは、ファシリティマネジメントの勉強会で使用する資料を作成します。
見出し「1.ファシリティマネジメントの目的と考え方」の最後の「…2つがあります。」の次の空の段落に、SmartArtグラフィックの「表型リスト」を挿入してください。テキストウィンドウの1行目に「ファシリティマネジメント」、2行目に「施設や設備の管理」、3行目に「施設や設備の維持保全」と入力し、不要な行は削除してください。SmartArtグラフィックは、高さ「42mm」、幅「153mm」とします。

☑☑☑☑☑ 問題（2） 見出し「2.施設や設備の管理」内の表を文字列に変換してください。文字列はカンマで区切ります。

☑☑☑☑☑ 問題（3） 見出し「（2）セキュリティ対策」内の「●セキュリティワイヤ」の下の段落にある「セキュリティワイヤ」の書式を解除してください。

☑☑☑☑☑ 問題（4） 見出し「4.環境対策」とその下の本文を削除し、目次を更新してください。

☑☑☑☑☑ 問題（5） 「総務部に…」で始まるコメントを削除してください。

☑☑☑☑☑ 問題（6） 文書のプロパティのキーワードに「勉強会」と「ファシリティマネジメント」を設定してください。カタカナは全角で入力します。

**プロジェクト7**

**理解度チェック**

☑☑☑☑☑ 問題（1） あなたは、八ヶ岳にある保養所の案内チラシを作成します。
見出し「ご予約の流れ」内のSmartArtグラフィックの図形が、左から「予約申込書に記入して送付」「予約センターから電話確認」「予約完了」と表示されるように、順序を入れ替えてください。

☑☑☑☑☑ 問題（2） ブックマーク「空室情報」を使ってジャンプし、「6月　空室情報」にスタイル「見出し1」を設定してください。

☑☑☑☑☑ 問題（3） 2ページ目の印刷の向きを横に設定してください。

☑☑☑☑☑ 問題（4） 「6月　空室情報」内の「部屋タイプ…」以降の9つの段落を、文字列の幅に合わせて表に変換してください。

☑☑☑☑☑ 問題（5） 文書内の脚注を文末脚注に変更してください。

**プロジェクト8**

**理解度チェック**

☑☑☑☑☑ 問題（1） このプロジェクトの問題は1つです。
あなたは、子ども向けスイミング検定の案内を作成します。
文書のヘッダーを削除してください。次に、開かれている文書を最新のファイル形式に変換してください。メッセージが表示された場合はOKをクリックします。

# 第4回 模擬試験 標準解答

操作をはじめる前に
操作をはじめる前に、次の設定を行いましょう。

編集記号の表示

◆《ホーム》タブ→《段落》グループの ¶（編集記号の表示/非表示）をオン（濃い灰色の状態）にする。

## ●プロジェクト1

### 問題(1)

①《レイアウト》タブ→《ページ設定》グループの （余白の調整）→《狭い》をクリックします。
②《ファイル》タブを選択します。
③《エクスポート》→《PDF/XPSドキュメントの作成》→《PDF/XPSの作成》をクリックします。
④デスクトップのフォルダー「FOM Shuppan Documents」のフォルダー「MOS-Word 365 2019(2)」を開きます。
⑤問題文の文字列「花火大会」をクリックしてコピーします。
⑥《ファイル名》の文字列を選択します。
⑦ Ctrl + V を押して文字列を貼り付けます。
※《ファイル名》に直接入力してもかまいません。
⑧《ファイルの種類》の をクリックし、一覧から《PDF》を選択します。
⑨《発行後にファイルを開く》を にします。
⑩《発行》をクリックします。

## ●プロジェクト2

### 問題(1)

①「近年…」から「…お申し込みください。」までの段落を選択します。
②《ホーム》タブ→《段落》グループの （段落の設定）をクリックします。
③《インデントと行間隔》タブを選択します。
④《最初の行》の をクリックし、一覧から《字下げ》を選択します。
⑤《幅》を「1字」に設定します。
⑥《OK》をクリックします。

### 問題(2)

①「日時…」から「…南区民会館」までの段落を選択します。
②《ホーム》タブ→《段落》グループの （箇条書き）の →《新しい行頭文字の定義》をクリックします。
③《記号》をクリックします。
④《フォント》の をクリックし、一覧から《Segoe UI》を選択します。
⑤問題文の文字列「2663」をクリックしてコピーします。

⑥《文字コード》の文字列を選択します。
⑦ Ctrl + V を押して文字列を貼り付けます。
※《文字コード》に直接入力してもかまいません。
⑧《OK》をクリックします。
⑨《OK》をクリックします。

### 問題(3)

①図を選択します。
②《書式》タブ→《図のスタイル》グループの 図の枠線 （図の枠線）→《枠線なし》をクリックします。

### 問題(4)

①《挿入》タブ→《図》グループの 図形 （図形の作成）→《四角形》の （四角形：対角を丸める）をクリックします。
②左上から右下方向にドラッグします。
③問題文の文字列「南区民会館」をクリックしてコピーします。
④図形を選択します。
⑤ Ctrl + V を押して文字列を貼り付けます。
※図形内に直接入力してもかまいません。
⑥図形を選択します。
⑦《書式》タブ→《サイズ》グループの （図形の高さ）を「13mm」に設定します。
⑧《書式》タブ→《サイズ》グループの （図形の幅）を「26mm」に設定します。

### 問題(5)

①《デザイン》タブ→《ページの背景》グループの （透かし）→《ユーザー設定の透かし》をクリックします。
②《テキスト》を にします。
③《テキスト》の をクリックし、一覧から《原本》を選択します。
④《フォント》の をクリックし、一覧から《MS明朝》を選択します。
⑤《色》の をクリックし、一覧から《標準の色》の《濃い赤》を選択します。
⑥《OK》をクリックします。

### 問題(6)

①コメントをポイントします。
②《返信》をクリックします。
③問題文の文字列「了解しました。」をクリックしてコピーします。
④コメント内にカーソルを移動します。
⑤ Ctrl + V を押して文字列を貼り付けます。
※コメント内に直接入力してもかまいません。

## ●プロジェクト3

### 問題（1）

①図形を選択します。
②《書式》タブ→《図形のスタイル》グループの ▼（その他）→《テーマスタイル》の《パステル-青、アクセント5》をクリックします。

### 問題（2）

①表の4行2列目のセルにカーソルを移動します。
②《表ツール》の《レイアウト》タブ→《結合》グループの 田 セルの分割 （セルの分割）をクリックします。
③《列数》を「2」、《行数》を「1」に設定します。
④《OK》をクリックします。
⑤問題文の文字列「実習B」をクリックしてコピーします。
⑥右側のセルにカーソルを移動します。
⑦ Ctrl + V を押して文字列を貼り付けます。
※セルに直接入力してもかまいません。

### 問題（3）

①「※昼食は各自で…」の段落にカーソルを移動します。
※段落内であればどこでもかまいません。
②《レイアウト》タブ→《段落》グループの ↕≡ 前: （前の間隔）を「0行」に設定します。

### 問題（4）

①「◆出席予定者一覧◆」の前にカーソルを移動します。
②《挿入》タブ→《ページ》グループの 🔖ページ区切り （ページ区切りの挿入）をクリックします。

### 問題（5）

①「◆出席予定者一覧◆」を選択します。
②《挿入》タブ→《リンク》グループの 🔖 ブックマーク （ブックマークの挿入）をクリックします。
③問題文の文字列「出席予定者」をクリックしてコピーします。
④《ブックマーク名》の文字列を選択します。
⑤ Ctrl + V を押して文字列を貼り付けます。
※《ブックマーク名》に直接入力してもかまいません。
⑥《追加》をクリックします。

### 問題（6）

①表内にカーソルを移動します。
※表内であればどこでもかまいません。
②《表ツール》の《レイアウト》タブ→《データ》グループの ⤼ （並べ替え）をクリックします。
③《最優先されるキー》の ▼ をクリックし、一覧から《受講日程》を選択します。
④《種類》が《日付》になっていることを確認します。
⑤《昇順》を ◉ にします。
⑥《2番目に優先されるキー》の ▼ をクリックし、一覧から《所属》を選択します。
⑦《昇順》を ◉ にします。
⑧《OK》をクリックします。

## ●プロジェクト4

### 問題（1）

①図を選択します。
②《書式》タブ→《図のスタイル》グループの 🖼 図の効果 ▾ （図の効果）→《面取り》→《面取り》の《スケール》をクリックします。
③《書式》タブ→《配置》グループの 🖼 背面へ移動 ▾ （背面へ移動）の ▼ →《最背面へ移動》をクリックします。

### 問題（2）

①1ページ目の「藤城正孝」の後ろにカーソルを移動します。
②《挿入》タブ→《記号と特殊文字》グループの Ω 記号と特殊文字 ▾ （記号の挿入）→《その他の記号》をクリックします。
③《特殊文字》タブを選択します。
④一覧から《1/4スペース》を選択します。
⑤《挿入》をクリックします。
⑥1ページ目の「宮野里美」の後ろにカーソルを移動します。
⑦《挿入》をクリックします。
⑧《閉じる》をクリックします。

### 問題（3）

①「休館日　月曜日」の後ろにカーソルを移動します。
②《参考資料》タブ→《脚注》グループの AB¹ （脚注の挿入）をクリックします。
③問題文の文字列「祝日の場合は開館し、翌日休館します。」をクリックしてコピーします。
④脚注番号の後ろにカーソルを移動します。
⑤ Ctrl + V を押して文字列を貼り付けます。
※脚注番号の後ろに直接入力してもかまいません。

### 問題（4）

①表内にカーソルを移動します。
※表内であればどこでもかまいません。
②《表ツール》の《レイアウト》タブ→《配置》グループの 🔲 （セルの配置）をクリックします。
③《セルの間隔を指定する》を ☑ にし、「0.4mm」に設定します。
④《OK》をクリックします。

### 問題（5）

①「別ページ」を右クリックします。
②《ハイパーリンクの削除》をクリックします。

模擬試験プログラムの使い方

第1回模擬試験

第2回模擬試験

第3回模擬試験

第4回模擬試験

第5回模擬試験

## ●プロジェクト5

### 問題(1)

①表の1行目の「**開講期間…**」から「**…36,000円**」までを選択します。

②《**ホーム**》タブ→《**段落**》グループの ▤▾ (箇条書き)の ▾ →《**行頭文字ライブラリ**》の《**◆**》をクリックします。

③表の2行目の「**開講期間…**」から「**…48,000円(材料費込み)**」までを選択します。

④ F4 を押します。
※お使いの環境によっては、F4 を押しても繰り返しの操作ができない場合があります。その場合は、②を再度操作してください。

⑤同様に表の3行目の箇条書きの行頭文字を変更します。

### 問題(2)

①表の2行目の図を選択します。

②《**書式**》タブ→《**調整**》グループの 🖼 色▾ (色)→《**色の彩度**》の《**彩度:200%**》をクリックします。

### 問題(3)

①「**★プリザーブドフラワー★**」の行にカーソルを移動します。
※表の2行目であればどこでもかまいません。

②《**表ツール**》の《**レイアウト**》タブ→《**結合**》グループの ▦ 表の分割 (表の分割)をクリックします。

③「**★ワンポイント旅行英会話★**」の行にカーソルを移動します。
※表の3行目であればどこでもかまいません。

④ F4 を押します。

### 問題(4)

①《**挿入**》タブ→《**ヘッダーとフッター**》グループの 🗎 フッター▾ (フッターの追加)→《**フッターの編集**》をクリックします。

②問題文の文字列「**秋の新講座**」をクリックしてコピーします。

③フッターにカーソルを移動します。

④ Ctrl + V を押して文字列を貼り付けます。
※フッターに直接入力してもかまいません。

⑤「**秋の新講座**」の段落にカーソルが表示されていることを確認します。
※段落内であればどこでもかまいません。

⑥《**ホーム**》タブ→《**段落**》グループの ▤ (右揃え)をクリックします。

⑦《**ヘッダー/フッターツール**》の《**デザイン**》タブ→《**閉じる**》グループの ❎ (ヘッダーとフッターを閉じる)をクリックします。

### 問題(5)

①《**校閲**》タブ→《**変更履歴**》グループの 📝 (変更履歴の記録)をクリックしてオンにします。

②問題文の文字列「**旅行英会話**」をクリックしてコピーします。

③「**トラベル英会話**」を選択します。

④ Ctrl + V を押して文字列を貼り付けます。
※直接入力してもかまいません。

⑤《**校閲**》タブ→《**変更履歴**》グループの 📝 (変更履歴の記録)をクリックしてオフにします。

## プロジェクト6

### 問題(1)

①「**…2つがあります。**」の次の行にカーソルを移動します。

②《**挿入**》タブ→《**図**》グループの 🗐 SmartArt (SmartArtグラフィックの挿入)をクリックします。

③左側の一覧から《**リスト**》を選択します。

④中央の一覧から《**表型リスト**》を選択します。

⑤《**OK**》をクリックします。

⑥問題文の文字列「**ファシリティマネジメント**」をクリックしてコピーします。

⑦テキストウィンドウの1行目にカーソルを移動します。

⑧ Ctrl + V を押して文字列を貼り付けます。
※テキストウィンドウに直接入力してもかまいません。
※テキストウィンドウが表示されていない場合は、SmartArtグラフィックを選択し、《**SmartArtツール**》の《**デザイン**》タブ→《**グラフィックの作成**》グループの 🗐 テキスト ウィンドウ (テキストウィンドウ)をクリックします。

⑨同様に、テキストウィンドウの2行目に「**施設や設備の管理**」、3行目に「**施設や設備の維持保全**」を貼り付けます。

⑩3行目の「**施設や設備の維持保全**」の後ろにカーソルが表示されていることを確認します。

⑪ Delete を押します。

⑫SmartArtグラフィックを選択します。

⑬《**書式**》タブ→《**サイズ**》グループの 🗐 高さ: (図形の高さ)を「**42mm**」に設定します。
※《**サイズ**》グループが 🗐 (SmartArtのサイズ)で表示されている場合は、🗐 (SmartArtのサイズ)をクリックすると、《**サイズ**》グループのボタンが表示されます。

⑭《**書式**》タブ→《**サイズ**》グループの 🗐 幅: (図形の幅)を「**153mm**」に設定します。

### 問題(2)

①表内にカーソルを移動します。
※表内であればどこでもかまいません。

②《**表ツール**》の《**レイアウト**》タブ→《**データ**》グループの 🗐 表の解除 (表の解除)をクリックします。

③《**カンマ**》を ⦿ にします。

④《**OK**》をクリックします。

### 問題(3)

①「**セキュリティワイヤ**」を選択します。

②《**ホーム**》タブ→《**フォント**》グループの 🧹 (すべての書式をクリア)をクリックします。

## 問題 (4)

① 「4.環境対策」から「…につなげます。」までを選択します。

② [Delete] を押します。

③ 《参考資料》タブ→《目次》グループの [目次の更新] (目次の更新) をクリックします。

## 問題 (5)

① 「総務部に…」で始まるコメントをクリックします。

② 《校閲》タブ→《コメント》グループの [アイコン] (コメントの削除) をクリックします。

## 問題 (6)

① 《ファイル》タブを選択します。

② 《情報》→《プロパティ》→《詳細プロパティ》をクリックします。

③ 《ファイルの概要》タブを選択します。

④ 問題文の文字列「勉強会」をクリックしてコピーします。

⑤ 《キーワード》にカーソルを移動します。

⑥ [Ctrl] + [V] を押して文字列を貼り付けます。

※《キーワード》に直接入力してもかまいません。

⑦ 半角の「;(セミコロン)」を入力します。

⑧ 同様に、「ファシリティマネジメント」を貼り付けます。

※《キーワード》に直接入力してもかまいません。

⑨ 《OK》をクリックします。

## ●プロジェクト7

### 問題 (1)

① SmartArtグラフィックを選択します。

② 「予約完了」の図形を選択します。

③ 《SmartArtツール》の《デザイン》タブ→《グラフィックの作成》グループの [下へ移動] (選択したアイテムを下へ移動) を2回クリックします。

### 問題 (2)

① 《ホーム》タブ→《編集》グループの [検索] (検索) の [▼] → 《ジャンプ》をクリックします。

② 《ジャンプ》タブを選択します。

③ 《移動先》の一覧から《ブックマーク》を選択します。

④ 《ブックマーク名》に《空室情報》と表示されていることを確認します。

⑤ 《ジャンプ》をクリックします。

⑥ 《閉じる》をクリックします。

⑦ 「6月　空室情報」が選択されていることを確認します。

⑧ 《ホーム》タブ→《スタイル》グループの [▼] (その他) →《見出し1》をクリックします。

## 問題 (3)

① 2ページ目の「6月　空室情報」の前にセクション区切りが挿入されていることを確認します。

② 2ページ目にカーソルを移動します。

※2ページ目であればどこでもかまいません。

③ 《レイアウト》タブ→《ページ設定》グループの [アイコン] (ページの向きを変更) →《横》をクリックします。

## 問題 (4)

① 「部屋タイプ…」から「2名洋室…」までの段落を選択します。

② 《挿入》タブ→《表》グループの [アイコン] (表の追加) →《文字列を表にする》をクリックします。

③ 《文字列の幅に合わせる》を ⦿ にします。

④ 《タブ》を ⦿ にします。

⑤ 《OK》をクリックします。

## 問題 (5)

① 《参考資料》タブ→《脚注》グループの [アイコン] (脚注と文末脚注) をクリックします。

② 《変換》をクリックします。

③ 《脚注を文末脚注に変更する》を ⦿ にします。

④ 《OK》をクリックします。

⑤ 《閉じる》をクリックします。

## ●プロジェクト8

### 問題 (1)

① 《挿入》タブ→《ヘッダーとフッター》グループの [ヘッダー▼] (ヘッダーの追加) →《ヘッダーの削除》をクリックします。

② 《ファイル》タブを選択します。

③ 《情報》→《変換》をクリックします。

④ メッセージが表示された場合は《OK》をクリックします。

# 第5回 模擬試験 問題

## プロジェクト1

理解度チェック

| | 問題 | 内容 |
|---|---|---|
| ☑☑☑☑☑ | 問題（1） | あなたは、食と地域経済に関するレポートを作成します。<br>文書の上下の余白を「20mm」に設定してください。 |
| ☑☑☑☑☑ | 問題（2） | 文頭の「食と地域経済」にスタイル「表題」を設定してください。 |
| ☑☑☑☑☑ | 問題（3） | 見出し「B-1グランプリが地域にもたらす経済効果」の下にある「富士宮焼きそば…」「厚木シロコロ…」「第4回B-1…」「第5回B-1…」の段落番号のレベルをレベル2に設定してください。 |
| ☑☑☑☑☑ | 問題（4） | 見出し「経済効果の主な内訳」内のSmartArtグラフィックにある図形「直接的な効果」と「波及的な効果」に、影の効果「オフセット：中央」を設定してください。 |
| ☑☑☑☑☑ | 問題（5） | 見出し「過去の開催結果」内の「今までのB-1グランプリの開催結果は、次のとおりである。」に「最新の結果は公表され次第、入力する。」とコメントを追加してください。 |
| ☑☑☑☑☑ | 問題（6） | 文末に組み込みの文献目録を挿入してください。 |

## プロジェクト2

理解度チェック

| | 問題 | 内容 |
|---|---|---|
| ☑☑☑☑☑ | 問題（1） | あなたは、労働組合主催の旅行のしおりを作成します。<br>「＜CONTENTS＞」の下に目次を挿入してください。目次レベルは、レベル2をスタイル「見出し2」として表示し、他のレベルは表示しないようにします。また、書式は「フォーマル」とし、ページ番号は表示しません。 |
| ☑☑☑☑☑ | 問題（2） | ページの下部にページ番号「細い線」を挿入してください。 |
| ☑☑☑☑☑ | 問題（3） | 見出し「■ツアー内容」をクリックすると、ブックマーク「旅程表」にジャンプするようにハイパーリンクを挿入してください。 |
| ☑☑☑☑☑ | 問題（4） | 見出し「■旅程表」内のSmartArtグラフィックの色を「カラフル-アクセント2から3」に変更してください。 |
| ☑☑☑☑☑ | 問題（5） | 見出し「■その他」内の「トイレ休憩については、…」から「…ご了承下さい。」までの段落に「（ア）（イ）（ウ）」の段落番号を設定してください。 |
| ☑☑☑☑☑ | 問題（6） | 文末にフォルダー「3Dオブジェクト」または「3D Objects」のフォルダー「MOS-Word 365 2019（2）」の3Dモデル「bus」を挿入し、ビューを「左上背面」に変更してください。 |

## プロジェクト3

**理解度チェック** ☑☑☑☑☑

**問題 (1)** このプロジェクトの問題は1つです。
あなたは、セキュリティセミナーで使用する資料を作成します。
新しく資料文献を作成してください。文献の種類は「書籍」、著者「中沢晴人」、タイトル「守ろう個人情報」、年「2019」、発行元「FOM学園出版」とします。作成した資料文献は、見出し「個人情報とは何か」内の「具体的には…あたります。」の後ろに引用文献として挿入してください。

## プロジェクト4

**理解度チェック** ☑☑☑☑☑

**問題 (1)** あなたは、勤務先の不動産会社が取り扱う横浜市沿線別住宅情報を作成します。
「当社が自信をもって…」から「…ご案内いたします。」までの行間を1.25行に設定してください。

**問題 (2)** 表が複数ページで構成された場合でもタイトル行が次のページに表示されないように設定してください。

**問題 (3)** 表のタイトル行を除くセルの上下の余白を「0.5mm」に設定してください。

**問題 (4)** 「【補足】…」の段落を隠し文字に設定してください。

**問題 (5)** フッターに会社のプレースホルダーを挿入し、右揃えで表示してください。会社は文書のプロパティにあらかじめ設定されています。

## プロジェクト5

**理解度チェック** ☑☑☑☑☑

**問題 (1)** あなたは、ランチメニューのチラシを作成します。
図形内の文字列を「11月」に変更してください。数字は半角で入力します。

**問題 (2)** 図形に、効果「光彩：8pt；オレンジ、アクセントカラー2」を適用してください。

**問題 (3)** 文書内の「予約」を検索して、検索した文字列を含む段落に太字を設定してください。

**問題 (4)** 「16日（月）」の行から表を分割してください。分割した下の表の上に、「Next Week Lunch」と入力し、「This Week Lunch」の書式をコピーしてください。

**問題 (5)** 地図の高さを「52mm」に設定してください。

模擬試験プログラムの使い方
第1回模擬試験
第2回模擬試験
第3回模擬試験
第4回模擬試験
第5回模擬試験

## プロジェクト6

 理解度チェック

☑☑☑☑☑　問題（1）　このプロジェクトの問題は1つです。
あなたは、レストランのパーティープランの案内を作成します。
表の2列目、3列目の段落番号が、1から順になるように振り直してください。

## プロジェクト7

理解度チェック

☑☑☑☑☑　問題（1）　あなたは、キーマ・カレーのレシピを作成します。
ページの背景にある透かし「サンプル」を削除してください。

☑☑☑☑☑　問題（2）　見出し「【材　料】…」内の「カレーベース　50g」から「塩　少々」までの段組みを3段に変更してください。

☑☑☑☑☑　問題（3）　見出し「【作り方】」内の「①　厚手のなべに…」の開始番号が「③」から始まるように変更してください。また、「①　お好みで…」の開始番号が「⑩」から始まるように変更してください。

☑☑☑☑☑　問題（4）　カレーの写真に、影の効果「オフセット：右下」を設定し、段を基準にして右揃え、余白を基準にして下方向の距離「120mm」に配置してください。

☑☑☑☑☑　問題（5）　脚注の番号書式を「A,B,C,…」に変更してください。脚注のレイアウトは2段にし、変更は文書全体に反映します。

☑☑☑☑☑　問題（6）　挿入された箇所が明るい緑の色のみで表示されるように変更履歴を設定し、見出し「2.調理」内の「合挽肉を③に加えて」の後ろに「中火で」を追加してください。変更した内容は記録します。ただし、記録は終了して終わること。

## プロジェクト8

 理解度チェック

☑☑☑☑☑　問題（1）　あなたは、地域の住民に向けて、清掃イベントの案内を作成します。
用紙サイズを「A4」に設定してください。

☑☑☑☑☑　問題（2）　ページの色を「ゴールド、アクセント4、白＋基本色80%」に設定してください。

☑☑☑☑☑　問題（3）　文書内の半角のスペースをすべて削除してください。

☑☑☑☑☑　問題（4）　イラストの明るさを「＋20%」、コントラストを「－20%」に設定してください。

☑☑☑☑☑　問題（5）　文末のテキストボックスの文字列の折り返しを四角形に設定し、余白を基準として中央下に配置してください。

模擬試験プログラムの使い方
第1回模擬試験
第2回模擬試験
第3回模擬試験
第4回模擬試験
第5回模擬試験

操作をはじめる前に
操作をはじめる前に、次の設定を行いましょう。

編集記号の表示

◆《ホーム》タブ→《段落》グループの （編集記号の表示/非表示）をオン（濃い灰色の状態）にする。

## ●プロジェクト1

### 問題（1）

①《レイアウト》タブ→《ページ設定》グループの （余白の調整）→《ユーザー設定の余白》をクリックします。
②《余白》タブを選択します。
③《余白》の《上》《下》を「20mm」に設定します。
④《OK》をクリックします。

### 問題（2）

①「食と地域経済」の段落にカーソルを移動します。
※段落内であればどこでもかまいません。
②《ホーム》タブ→《スタイル》グループの （その他）→《表題》をクリックします。

### 問題（3）

①「富士宮焼きそば…」「厚木シロコロ…」「第4回B-1…」「第5回B-1…」の段落を選択します。
②《ホーム》タブ→《段落》グループの （段落番号）の →《リストのレベルの変更》→《レベル2》をクリックします。

### 問題（4）

①SmartArtグラフィックの図形「**直接的な効果**」と「**波及的な効果**」を選択します。
②《書式》タブ→《図形のスタイル》グループの （図形の効果）→《影》→《外側》の《オフセット：中央》をクリックします。

### 問題（5）

①「今までのB-1グランプリの開催結果は、次のとおりである。」を選択します。
②《校閲》タブ→《コメント》グループの （コメントの挿入）をクリックします。
③問題文の文字列「**最新の結果は公表され次第、入力する。**」をクリックしてコピーします。
④コメント内にカーソルを移動します。
⑤ Ctrl + V を押して文字列を貼り付けます。
※コメント内に直接入力してもかまいません。

### 問題（6）

①文末にカーソルを移動します。
②《参考資料》タブ→《引用文献と文献目録》グループの （文献目録）→《組み込み》の《文献目録》をクリックします。

## ●プロジェクト2

### 問題（1）

①「<CONTENTS>」の次の行にカーソルを移動します。
②《参考資料》タブ→《目次》グループの （目次）→《ユーザー設定の目次》をクリックします。
③《目次》タブを選択します。
④《書式》の をクリックし、一覧から《フォーマル》を選択します。
⑤《ページ番号を表示する》を にします。
⑥《オプション》をクリックします。
⑦《見出し1》の《目次レベル》の「1」を削除します。
⑧《見出し3》の《目次レベル》の「3」を削除します。
⑨《OK》をクリックします。
⑩《OK》をクリックします。

### 問題（2）

①《挿入》タブ→《ヘッダーとフッター》グループの （ページ番号の追加）→《ページの下部》→《番号のみ》の《細い線》をクリックします。
②《ヘッダー/フッターツール》の《デザイン》タブ→《閉じる》グループの （ヘッダーとフッターを閉じる）をクリックします。

### 問題（3）

①「■ツアー内容」を選択します。
②《挿入》タブ→《リンク》グループの （ハイパーリンクの追加）をクリックします。
※お使いの環境によっては、「ハイパーリンクの追加」が「リンク」と表示される場合があります。
③《このドキュメント内》をクリックします。
④《ブックマーク》の「旅程表」を選択します。
⑤《OK》をクリックします。

## 問題 (4)

①SmartArtグラフィックを選択します。
②《SmartArtツール》の《デザイン》タブ→《SmartArtのスタイル》グループの 🎨 (色の変更) →《カラフル》の《カラフル-アクセント2から3》をクリックします。

## 問題 (5)

①「トイレ休憩については、…」から「…ご了承下さい。」までの段落を選択します。
②《ホーム》タブ→《段落》グループの 🔢 (段落番号) の ・→《番号ライブラリ》の《(ア)(イ)(ウ)》をクリックします。

## 問題 (6)

①文末にカーソルを移動します。
②《挿入》タブ→《図》グループの 🖼 3D モデル ▾ (3Dモデル) の ・→《ファイルから》をクリックします。
③フォルダー「3Dオブジェクト」のフォルダー「MOS-Word 365 2019 (2)」を開きます。
※お使いの環境によっては、フォルダー「3Dオブジェクト」が「3D Objects」と表示される場合があります。
④一覧から「bus」を選択します。
⑤《挿入》をクリックします。
※お使いの環境によっては、エラーが発生することがあります。その場合は、Cドライブのフォルダー「FOM Shuppan Program」のフォルダー「MOS-Word 365 2019 (2)」にある3Dモデル「bus」を挿入してください。
⑥《書式設定》タブ→《3Dモデルビュー》グループの ▾ (その他) →《左上背面》をクリックします。

## ●プロジェクト3

## 問題 (1)

①《参考資料》タブ→《引用文献と文献目録》グループの 📄 資料文献の管理 (資料文献の管理) をクリックします。
②《作成》をクリックします。
③《資料文献の種類》の ▾ をクリックし、一覧から《書籍》を選択します。
④問題文の文字列「中沢晴人」をクリックしてコピーします。
⑤《著者》にカーソルを移動します。
⑥ Ctrl + V を押して文字列を貼り付けます。
※《著者》に直接入力してもかまいません。
⑦同様に、《タイトル》に「守ろう個人情報」、《年》に「2019」、《発行元》に「FOM学園出版」を貼り付けます。
⑧《OK》をクリックします。
⑨《閉じる》をクリックします。
⑩「具体的には…あたります。」の後ろにカーソルを移動します。
⑪《参考資料》タブ→《引用文献と文献目録》グループの 📄 (引用文献の挿入) →《中沢晴人　守ろう個人情報 (2019年)》をクリックします。

## ●プロジェクト4

## 問題 (1)

①「当社が自信をもって…」から「…ご案内いたします。」までを選択します。
②《ホーム》タブ→《段落》グループの 🔢 (行と段落の間隔) →《行間のオプション》をクリックします。
③《インデントと行間隔》タブを選択します。
④《行間》の ▾ をクリックし、一覧から《倍数》を選択します。
⑤《間隔》を「1.25」に設定します。
⑥《OK》をクリックします。

## 問題 (2)

①表の1行目にカーソルを移動します。
※表の1行目であればどこでもかまいません。
②《表ツール》の《レイアウト》タブ→《データ》グループの 📋 タイトル行の繰り返し (タイトル行の繰り返し) をクリックします。

## 問題 (3)

①表の2行目から21行目までを選択します。
②《表ツール》の《レイアウト》タブ→《表》グループの 📋 プロパティ (表のプロパティ) をクリックします。
③《セル》タブを選択します。
④《オプション》をクリックします。
⑤《表全体を同じ設定にする》を □ にします。
⑥《上》《下》を「0.5mm」に設定します。
⑦《OK》をクリックします。
⑧《OK》をクリックします。

## 問題 (4)

①「【補足】…」の段落を選択します。
②《ホーム》タブ→《フォント》グループの 🔲 (フォント) をクリックします。
③《フォント》タブを選択します。
④《文字飾り》の《隠し文字》を ☑ にします。
⑤《OK》をクリックします。

## 問題 (5)

①《挿入》タブ→《ヘッダーとフッター》グループの 📄 フッター ▾ (フッターの追加) →《フッターの編集》をクリックします。
②《ヘッダー/フッターツール》の《デザイン》タブ→《挿入》グループの 📄 (ドキュメント情報) →《文書のプロパティ》→《会社》をクリックします。
③《ホーム》タブ→《段落》グループの ▤ (右揃え) をクリックします。
④《ヘッダー/フッターツール》の《デザイン》タブ→《閉じる》グループの ❌ (ヘッダーとフッターを閉じる) をクリックします。

## ●プロジェクト5

### 問題（1）

①問題文の文字列「11月」をクリックしてコピーします。
②図形を選択します。
③ [Ctrl] + [V] を押して文字列を貼り付けます。
※図形に直接入力してもかまいません。

### 問題（2）

①図形を選択します。
②《書式》タブ→《図形のスタイル》グループの 🔵 図形の効果 ▾
（図形の効果）→《光彩》→《光彩の種類》の《光彩：8pt；オレンジ、アクセントカラー2》をクリックします。

### 問題（3）

①文頭にカーソルを移動します。
②《ホーム》タブ→《編集》グループの 🔍 検索 （検索）をクリックします。
③問題文の文字列「予約」をクリックしてコピーします。
④ナビゲーションウィンドウの検索ボックス内にカーソルを移動します。
⑤ [Ctrl] + [V] を押して文字列を貼り付けます。
※検索ボックスに直接入力してもかまいません。
※ナビゲーションウィンドウに検索結果が《1件》と表示されます。
⑥検索された文字列を含む段落を選択します。
⑦《ホーム》タブ→《フォント》グループの [B] （太字）をクリックします。
※ナビゲーションウィンドウを閉じておきましょう。

### 問題（4）

①表の6行目にカーソルを移動します。
※表の6行目であればどこでもかまいません。
②《表ツール》の《レイアウト》タブ→《結合》グループの [⊞ 表の分割]（表の分割）をクリックします。
③問題文の文字列「Next Week Lunch」をクリックしてコピーします。
④2つ目の表の上にカーソルを移動します。
⑤ [Ctrl] + [V] を押して文字列を貼り付けます。
※2つ目の表の上に直接入力してもかまいません。
⑥「This Week Lunch」を選択します。
⑦《ホーム》タブ→《クリップボード》グループの [✦ 書式のコピー/貼り付け]（書式のコピー/貼り付け）をクリックします。
⑧「Next Week Lunch」を選択します。

### 問題（5）

①図を選択します。
②《書式》タブ→《サイズ》グループの [🔳]（図形の高さ）を「52mm」に設定します。

## ●プロジェクト6

### 問題（1）

①表の2列目の「サーモンマリネ」の段落番号を右クリックします。
②《1から再開》をクリックします。
③表の3列目の「赤、白ワイン」の段落番号を右クリックします。
④《1から再開》をクリックします。

## ●プロジェクト7

### 問題（1）

①《デザイン》タブ→《ページの背景》グループの [🗋]（透かし）→《透かしの削除》をクリックします。

### 問題（2）

①段組みが設定されているセクション内にカーソルを移動します。
※セクション内であればどこでもかまいません。
②《レイアウト》タブ→《ページ設定》グループの [🗏]（段の追加または削除）→《3段》をクリックします。

### 問題（3）

①「①　厚手のなべに…」の段落にカーソルを移動します。
②《ホーム》タブ→《段落》グループの [≣ ▾]（段落番号）の [▾]→《番号の設定》をクリックします。
③《開始番号》を「③」に設定します。
④《OK》をクリックします。
⑤同様に、「①　お好みで…」の開始番号を「⑩」に変更します。

### 問題（4）

①図を選択します。
②《書式》タブ→《図のスタイル》グループの [🖼 図の効果 ▾]（図の効果）→《影》→《外側》の《オフセット：右下》をクリックします。
③《書式》タブ→《配置》グループの [🖼 位置 ▾]（オブジェクトの配置）→《その他のレイアウトオプション》をクリックします。
④《位置》タブを選択します。
⑤《水平方向》の《配置》を ⦿ にします。
⑥《基準》の [∨] をクリックし、一覧から《段》を選択します。
⑦《左揃え》の [∨] をクリックし、一覧から《右揃え》を選択します。
⑧《垂直方向》の《下方向の距離》を ⦿ にします。
⑨《基準》の [∨] をクリックし、一覧から《余白》を選択します。
⑩「120mm」に設定します。
⑪《OK》をクリックします。

## 問題 (5)

①《参考資料》タブ→《脚注》グループの ⬛ (脚注と文末脚注) をクリックします。

②《脚注》を ⦿ にします。

③《列》の ⌄ をクリックし、一覧から《2段》を選択します。

④《番号書式》の ⌄ をクリックし、一覧から《A,B,C,…》を選択します。

⑤《変更の対象》の ⌄ をクリックし、《文書全体》を選択します。

⑥《適用》をクリックします。

## 問題 (6)

①《校閲》タブ→《変更履歴》グループの ⬛ (変更履歴オプション) をクリックします。

②《詳細オプション》をクリックします。

③《挿入された箇所》の ⌄ をクリックし、一覧から《色のみ》を選択します。

④《色》の ⌄ をクリックし、一覧から《明るい緑》を選択します。

⑤《OK》をクリックします。

⑥《OK》をクリックします。

⑦《校閲》タブ→《変更履歴》グループの 📝 (変更履歴の記録) をクリックしてオンにします。

⑧問題文の文字列「中火で」をクリックしてコピーします。

⑨「合挽肉を③に加えて」の後ろにカーソルを移動します。

⑩ Ctrl + V を押して文字列を貼り付けます。

※「合挽肉を③に加えて」の後ろに直接入力してもかまいません。

⑪《校閲》タブ→《変更履歴》グループの 📝 (変更履歴の記録) をクリックしてオフにします。

⑫《校閲》タブ→《変更履歴》グループの シンプルな変更履歴/… ⌄ (変更内容の表示) の ⌄ をクリックし、一覧から《すべての変更履歴/コメント》を選択して、挿入された箇所が明るい緑になっていることを確認します。

## ●プロジェクト8

## 問題 (1)

①《レイアウト》タブ→《ページ設定》グループの 🗎 (ページサイズの選択) →《A4》をクリックします。

## 問題 (2)

①《デザイン》タブ→《ページの背景》グループの ⬛ (ページの色) →《テーマの色》の《ゴールド、アクセント4、白＋基本色80%》をクリックします。

## 問題 (3)

①文頭にカーソルを移動します。

②《ホーム》タブ→《編集》グループの 置換 (置換) をクリックします。

③《置換》タブを選択します。

④《検索する文字列》に半角のスペースを入力します。

⑤《オプション》をクリックします。

⑥《あいまい検索 (日)》を ☐ にします。

⑦《半角と全角を区別する》を ✔ にします。

⑧《すべて置換》をクリックします。

※18個の項目が置換されます。

⑨《OK》をクリックします。

⑩《閉じる》をクリックします。

## 問題 (4)

①図を選択します。

②《書式》タブ→《調整》グループの ☀ 修整 (修整) →《明るさ/コントラスト》→《明るさ：＋20％　コントラスト：−20％》をクリックします。

## 問題 (5)

①テキストボックスを選択します。

②《書式》タブ→《配置》グループの 位置 (オブジェクトの配置) →《文字列の折り返し》の《中央下に配置し、四角の枠に沿って文字列を折り返す》をクリックします。

# MOS 365&2019
# 攻略ポイント

Wordの機能や操作方法をマスターするだけでなく、試験そのものについても理解を深めておきましょう。

## 1 マルチプロジェクト形式とは

MOS 365&2019は、「**マルチプロジェクト形式**」という試験形式で実施されます。
このマルチプロジェクト形式を図解で表現すると、次のようになります。

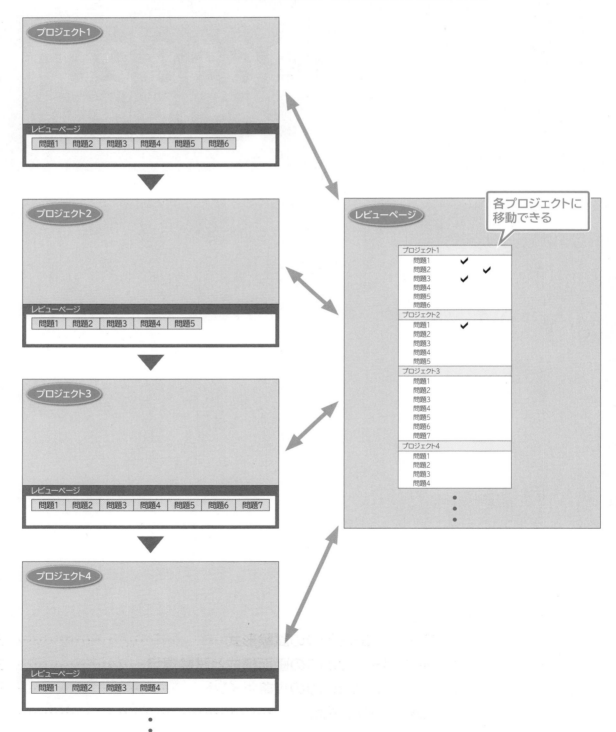

## ■プロジェクト

「マルチプロジェクト」の「マルチ」は“複数”という意味で、「プロジェクト」は“操作すべきファイル”を指しています。マルチプロジェクトは、言い換えると、“操作すべき複数のファイル”となります。

複数のファイルを操作して、すべて完成させていく試験、それがMOS 365＆2019の試験形式です。

1回の試験で出題されるプロジェクト数、つまりファイル数は、5〜10個程度です。各プロジェクトはそれぞれ独立しており、1つ目のプロジェクトで行った操作が、2つ目以降のプロジェクトに影響することはありません。

「プロジェクト＝ファイル」と考えると、いいんだね！

また、1つのプロジェクトには、1〜7個程度の問題（タスク）が用意されています。問題には、ファイルに対してどのような操作を行うのか、具体的な指示が記述されています。

## ■レビューページ

すべてのプロジェクトから、「レビューページ」と呼ばれるプロジェクトの一覧に移動できます。レビューページから、未解答の問題や見直したい問題に戻ることができます。

レビューページから見直しができるんだね！

本試験の画面構成や試験環境について、あらかじめ不安や疑問を解消しておきましょう。

## 1 本試験の画面構成を確認しよう

MOS 365&2019の試験画面については、模擬試験プログラムと異なる部分をあらかじめ確認しましょう。
本試験は、次のような画面で行われます。

（株式会社オデッセイコミュニケーションズ提供）

### ❶ アプリケーションウィンドウ

本試験では、アプリケーションウィンドウのサイズ変更や移動が可能です。
※模擬試験プログラムでは、サイズ変更や移動ができません。

### ❷ 試験パネル

本試験では、試験パネルのサイズ変更や移動が可能です。
※模擬試験プログラムでは、サイズ変更や移動ができません。

### ❸ ⚙

試験パネルの文字のサイズの変更や、電卓を表示できます。
※文字のサイズは、キーボードからも変更できます。
※模擬試験プログラムでは電卓を表示できません。

### ❹レビューページ

レビューページに移動できます。

※レビューページに移動する前に確認のメッセージが表示されます。

### ❺次のプロジェクト

次のプロジェクトに移動できます。

※次のプロジェクトに移動する前に確認のメッセージが表示されます。

### ❻ 🔽

試験パネルを最小化します。

### ❼ 🖥

アプリケーションウィンドウや試験パネルをサイズ変更したり移動したりした場合に、ウィンドウの配置を元に戻します。

※模擬試験プログラムには、この機能がありません。

### ❽解答済みにする

解答済みの問題にマークを付けることができます。レビューページで、マークの有無を確認できます。

### ❾あとで見直す

わからない問題や解答に自信がない問題に、マークを付けることができます。レビューページで、マークの有無を確認できるので、見直す際の目印になります。

※模擬試験プログラムでは、「付箋を付ける」がこの機能に相当します。

### ❿試験後にコメントする

コメントを残したい問題に、マークを付けることができます。試験中に気になる問題があれば、マークを付けておき、試験後にその問題に対するコメントを入力できます。試験主幹元のMicrosoftにコメントが配信されます。

※模擬試験プログラムには、この機能がありません。

---

**本試験の画面について**

本試験の画面は、試験システムの変更などで、予告なく変更される可能性があります。本試験を開始すると、問題が出題される前に試験に関する注意事項（チュートリアル）が表示されます。注意事項には、試験画面の操作方法や諸注意などが記載されているので、よく読んで不明な点があれば試験会場の試験官に確認しましょう。本試験の最新情報については、MOS公式サイト（https://mos.odyssey-com.co.jp/）をご確認ください。

---

## 2　本試験の実施環境を確認しよう

普段使い慣れている自分のパソコン環境と、試験のパソコン環境がどれくらい違うのか、あらかじめ確認しておきましょう。

### ●コンピューター

本試験では、原則的にデスクトップ型のパソコンが使われます。ノートブック型のパソコンは使われないので、普段ノートブック型を使っている人は注意が必要です。デスクトップ型とノートブック型では、矢印キーや Delete など一部のキーの配列が異なるので、慣れていないと使いにくいと感じるかもしれません。普段から本試験と同じ型のキーボードで練習するとよいでしょう。

## ●キーボード

本試験では、「109型」または「106型」のキーボードが使われます。自分のキーボードと比べて確認しておきましょう。

### 109型キーボード

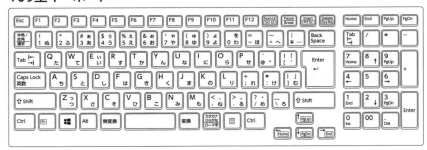

※「106型キーボード」には、⊞と▤のキーがありません。

## ●ディスプレイ

本試験では、17インチ以上のディスプレイ、「1280×1024ピクセル」以上の画面解像度が使われます。

画面解像度によってリボンの表示が変わってくるので、注意が必要です。例えば、「1024×768ピクセル」と「1920×1200ピクセル」で比較すると、次のようにボタンのサイズや配置が異なります。

### 1024×768ピクセル

### 1920×1200ピクセル

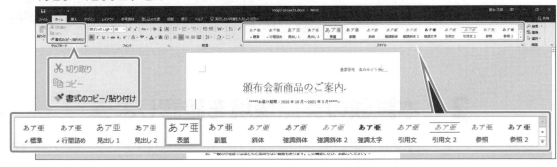

自分のパソコンの画面解像度と試験会場のパソコンの画面解像度が異なる場合、見慣れないボタンに戸惑ってしまうかもしれません。可能であれば、事前に受験する試験会場に問い合わせて、普段から本試験と同じ画面解像度で練習するとよいでしょう。

※画面解像度の変更については、P.318を参照してください。

## ●日本語入力システム

本試験の日本語入力システムは、「Microsoft IME」が使われます。Windowsには、Microsoft IMEが標準で搭載されているため、多くの人が意識せずにMicrosoft IMEを使い、その入力方法に慣れているはずです。しかし、ATOKなどその他の日本語入力システムを使っている人は、入力方法が異なるので注意が必要です。普段から本試験と同じ日本語入力システムで練習するとよいでしょう。

# 3 | MOS 365&2019の攻略ポイント

本試験に取り組む際に、どうすれば効果的に解答できるのか、どうすればうっかりミスをなくすことができるのかなど、気を付けたいポイントを確認しましょう。

## 1 全体のプロジェクト数と問題数を確認しよう

試験が始まったら、まず、全体のプロジェクト数と問題数を確認しましょう。
出題されるプロジェクト数は5〜10個程度で、試験パターンによって変わります。また、レビューページを表示すると、プロジェクト内の問題数も確認できます。

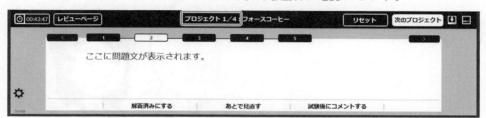

## 2 時間配分を考えよう

全体のプロジェクト数を確認したら、適切な時間配分を考えましょう。
タイマーにときどき目をやり、進み具合と残り時間を確認しながら進めましょう。

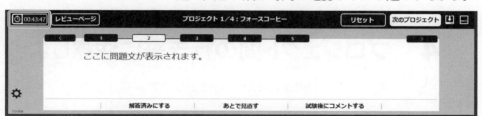

終盤の問題で焦らないために、40分前後ですべての問題に解答できるようにトレーニングしておくとよいでしょう。残った時間を見直しに充てるようにすると、気持ちが楽になります。

【例】
**全体のプロジェクト数が6問の場合**

【例】
**全体のプロジェクト数が8問の場合**

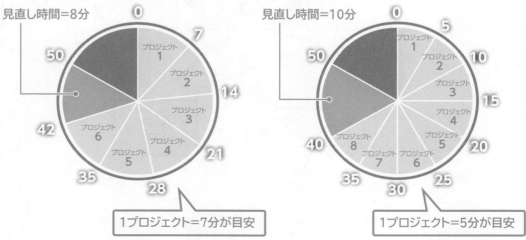

## 3 問題文をよく読もう

問題文をよく読み、指示されている操作だけを行います。

操作に精通していると過信している人は、問題文をよく読まずに先走ったり、指示されている以上の操作までしてしまったり、という過ちをおかしがちです。指示されていない余分な操作をしてはいけません。

また、コマンド名が明示されていない問題も出題されます。問題文をしっかり読んでどのコマンドを使うのか判断しましょう。

また、問題文の一部には下線の付いた文字列があります。この文字列はコピーすることができるので、入力が必要な問題では、積極的に利用するとよいでしょう。文字の入力ミスを防ぐことができるので、効率よく解答することができます。

## 4 プロジェクト間の行き来に注意しよう

問題ウィンドウには《レビューページ》のボタンがあり、クリックするとレビューページに移動できます。

例えば、「プロジェクト1」から「プロジェクト2」に移動した後に、「プロジェクト1」での操作ミスに気付いたときなどレビューページを使って「プロジェクト1」に戻り、操作をやり直すことが可能です。レビューページから前のプロジェクトに戻った場合、自分の解答済みのファイルが保持されています。

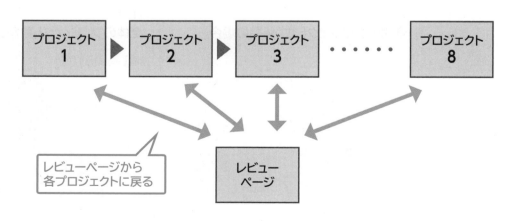

## 5 わかる問題から解答しよう

試験の最後にも、レビューページが表示されます。レビューページから各プロジェクトに戻ることができるので、わからない問題にはあとから取り組むようにしましょう。前半でわからない問題に時間をかけ過ぎると、後半で時間不足に陥ってしまいます。時間がなくなると、焦ってしまい、冷静に考えれば解ける問題にも対処できなくなります。わかる問題を一通り解いて確実に得点を積み上げましょう。

解答できなかった問題には《あとで見直す》のマークを付けておき、見直す際の目印にしましょう。

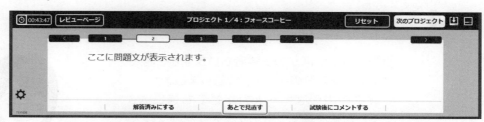

## 6 リセットに注意しよう

《リセット》をクリックすると、現在表示されているプロジェクトのファイルが初期状態に戻ります。プロジェクトに対して行ったすべての操作がクリアされるので、注意しましょう。

例えば、問題1と問題2を解答し、問題3で操作ミスをしてリセットすると、問題1や問題2の結果もクリアされます。問題1や問題2の結果を残しておきたい場合には、リセットしてはいけません。

直前の操作を取り消したい場合には、Wordの ↩ （元に戻す）を使うとよいでしょう。ただし、元に戻らない機能もあるので、頼りすぎるのは禁物です。

## 7 ナビゲーションウィンドウを活用しよう

Wordの文書は複数のページで構成されるため、どこの箇所に対して操作するか見つけづらい場合があります。そのような場合は、ナビゲーションウィンドウを利用するとよいでしょう。ナビゲーションウィンドウには文書内の見出しが一覧で表示されるため、問題文で指示されている箇所が探しやすくなります。

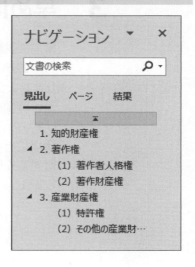

本試験で緊張したり焦ったりして、本来の実力が発揮できなかった、という話がときどき聞かれます。本試験ではシーンと静まり返った会場に、キーボードをたたく音だけが響き渡り、思った以上に緊張したり焦ったりするものです。ここでは、試験当日に落ち着いて試験に臨むための心構えを解説します。

## 1 自分のペースで解答しよう

試験会場にはほかの受験者もいますが、他人は気にせず自分のペースで解答しましょう。
受験者の中にはキー入力がとても速い人、早々に試験を終えて退出する人など様々な人がいますが、他人のスピードで焦ることはありません。30分で試験を終了しても、50分で試験を終了しても採点結果に差はありません。自分のペースを大切にして、試験時間50分を上手に使いましょう。

## 2 試験日に合わせて体調を整えよう

試験日の体調には、くれぐれも注意しましょう。体の調子が悪くて受験できなかったり、体調不良のまま受験しなければならなかったりすると、それまでの努力が水の泡になってしまいます。試験を受け直すとしても、費用が再度発生してしまいます。試験に向けて無理をせず、計画的に学習を進めましょう。また、前日には十分な睡眠を取り、当日は食事も十分に摂りましょう。

## 3 早めに試験会場に行こう

事前に試験会場までの行き方や所要時間は調べておき、試験当日に焦ることのないようにしましょう。
受付時間を過ぎると入室禁止になるので、ギリギリの行動はよくありません。早めに試験会場に行って、受付の待合室でテキストを復習するくらいの時間的な余裕をみて行動しましょう。

# 困ったときには

# 困ったときには

**最新のQ&A情報について**
最新のQ&A情報については、FOM出版のホームページから「QAサポート」→「よくあるご質問」をご確認ください。
※FOM出版のホームページへのアクセスについては、P.11を参照してください。

## Q&A　模擬試験プログラムのアップデート

**1** 本試験の画面が変更された場合やWindowsがアップデートされた場合などに、模擬試験プログラムの内容は変更されますか？

模擬試験プログラムはアップデートする可能性があります。最新情報については、FOM出版のホームページをご確認ください。
※FOM出版のホームページへのアクセスについては、P.11を参照してください。

## Q&A　模擬試験プログラム起動時のメッセージと対処方法

**2** 模擬試験を開始しようとすると、メッセージが表示され、模擬試験プログラムが起動しません。どうしたらいいですか？

各メッセージと対処方法は次のとおりです。

| メッセージ | 対処方法 |
|---|---|
| Accessが起動している場合、模擬試験を起動できません。Accessを終了してから模擬試験プログラムを起動してください。 | 模擬試験プログラムを終了して、Accessを終了してください。Accessが起動している場合、模擬試験プログラムを起動できません。 |
| Adobe Readerが起動している場合、模擬試験を起動できません。Adobe Readerを終了してから模擬試験プログラムを起動してください。 | 模擬試験プログラムを終了して、Adobe Readerを終了してください。Adobe Readerが起動している場合、模擬試験プログラムを起動できません。 |
| Excelが起動している場合、模擬試験を起動できません。Excelを終了してから模擬試験プログラムを起動してください。 | 模擬試験プログラムを終了して、Excelを終了してください。Excelが起動している場合、模擬試験プログラムを起動できません。 |
| OneDriveと同期していると、模擬試験プログラムが正常に動作しない可能性があります。OneDriveの同期を一時停止してから模擬試験プログラムを起動してください。 | デスクトップとOneDriveが同期している状態で、模擬試験プログラムを起動しようとすると、このメッセージが表示されます。OneDriveの同期を一時停止してから模擬試験プログラムを起動してください。<br>※OneDriveとの同期を停止する方法については、Q&A19を参照してください。 |
| PowerPointが起動している場合、模擬試験を起動できません。PowerPointを終了してから模擬試験プログラムを起動してください。 | 模擬試験プログラムを終了して、PowerPointを終了してください。PowerPointが起動している場合、模擬試験プログラムを起動できません。 |

| メッセージ | 対処方法 |
|---|---|
| Wordが起動している場合、模擬試験を起動できません。<br>Wordを終了してから模擬試験プログラムを起動してください。 | 模擬試験プログラムを終了して、Wordを終了してください。<br>Wordが起動している場合、模擬試験プログラムを起動できません。 |
| XPSビューアーが起動している場合、模擬試験を起動できません。<br>XPSビューアーを終了してから模擬試験プログラムを起動してください。 | 模擬試験プログラムを終了して、XPSビューアーを終了してください。<br>XPSビューアーが起動している場合、模擬試験プログラムを起動できません。 |
| ディスプレイの解像度が動作保障環境（1280×768px）より小さいためプログラムを起動できません。<br>ディスプレイの解像度を変更してから模擬試験プログラムを起動してください。 | 模擬試験プログラムを終了して、画面の解像度を「1280×768ピクセル」以上に設定してください。<br>※画面の解像度については、Q&A15を参照してください。 |
| テキスト記載のシリアルキーを入力してください。 | 模擬試験プログラムを初めて起動する場合に、このメッセージが表示されます。2回目以降に起動する際には表示されません。<br>※模擬試験プログラムの起動については、P.247を参照してください。 |
| パソコンにWord 2019またはMicrosoft 365がインストールされていないため、模擬試験を開始できません。プログラムを一旦終了して、Word 2019またはMicrosoft 365をパソコンにインストールしてください。 | 模擬試験プログラムを終了して、Word 2019／Microsoft 365をインストールしてください。<br>模擬試験を行うためには、Word 2019／Microsoft 365がパソコンにインストールされている必要があります。Word 2013などのほかのバージョンのWordでは模擬試験を行うことはできません。また、Office 2019／Microsoft 365のライセンス認証を済ませておく必要があります。<br>※Word 2019／Microsoft 365がインストールされていないパソコンでも模擬試験プログラムの標準解答のアニメーションとナレーションは確認できます。 |
| 他のアプリケーションソフトが起動しています。<br>模擬試験プログラムを起動できますが、正常に動作しない可能性があります。<br>このまま処理を続けますか？ | 任意のアプリケーションが起動している状態で、模擬試験プログラムを起動しようとすると、このメッセージが表示されます。また、セキュリティソフトなどの監視プログラムが常に動作している状態でも、このメッセージが表示されることがあります。<br>《はい》をクリックすると、アプリケーション起動中でも模擬試験プログラムを起動できます。ただし、その場合には模擬試験プログラムが正しく動作しない可能性がありますので、ご注意ください。<br>《いいえ》をクリックして、アプリケーションをすべて終了してから、模擬試験プログラムを起動することを推奨します。 |
| 保持していたシリアルキーが異なります。再入力してください。 | 初めて模擬試験プログラムを起動したときと、現在のネットワーク環境が異なる場合に表示される可能性があります。シリアルキーを再入力してください。<br>※再入力しても起動しない場合は、シリアルキーを削除してください。シリアルキーの削除については、Q&A13を参照してください。 |
| 模擬試験プログラムは、すでに起動しています。模擬試験プログラムが起動していないか、または別のユーザーがサインインして模擬試験プログラムを起動していないかを確認してください。 | すでに模擬試験プログラムを起動している場合に、このメッセージが表示されます。模擬試験プログラムが起動していないか、または別のユーザーがサインインして模擬試験プログラムを起動していないかを確認してください。1台のパソコンで同時に複数の模擬試験プログラムを起動することはできません。 |

※メッセージは五十音順に記載しています。

## Q&A　模擬試験実施中のトラブル

**3**　模擬試験中にダイアログボックスを表示すると、問題ウィンドウのボタンや問題文が隠れて見えなくなります。どうしたらいいですか？

画面の解像度によって、問題ウィンドウのボタンや問題文が見えなくなる場合があります。ダイアログボックスのサイズや位置を変更して調整してください。

**4** 模擬試験の解答確認画面で音声が聞こえません。どうしたらいいですか？

次の内容を確認してください。

### ●音声ボタンがオフになっていませんか？
解答確認画面の表示が《音声オン》になっている場合は、クリックして《音声オフ》にします。

### ●音量がミュートになっていませんか？
タスクバーの音量を確認し、ミュートになっていないか確認します。

### ●スピーカーまたはヘッドホンが正しく接続されていますか？
音声を聞くには、スピーカーまたはヘッドホンが必要です。接続や電源を確認します。

**5** 標準解答どおりに操作しても正解にならない箇所があります。なぜですか？

模擬試験プログラムの動作確認は、2020年6月現在のWord 2019（16.0.10359.20023）またはMicrosoft 365（16.0.12827.20200）に基づいて行っています。自動アップデートによってWord 2019／Microsoft 365の機能が更新された場合には、模擬試験プログラムの採点が正しく行われない可能性があります。あらかじめご了承ください。

Officeのバージョンは、次の手順で確認します。

> ① Wordを起動し、ブックを表示します。
> ②《ファイル》タブを選択します。
> ③《アカウント》をクリックします。
> ④《Wordのバージョン情報》をクリックします。
> ⑤ 1行目の「Microsoft Word MSO」の後ろに続くカッコ内の数字を確認します。

※本書の最新情報については、P.11に記載されているFOM出版のホームページにアクセスして確認してください。

**6** 模擬試験中に画面が動かなくなりました。どうしたらいいですか？

模擬試験プログラムとWordを次の手順で強制終了します。

> ① Ctrl + Alt + Delete を押します。
> ②《タスクマネージャー》をクリックします。
> ③ 一覧から《MOS Word 365＆2019》を選択します。
> ④《タスクの終了》をクリックします。
> ⑤ 一覧から《Microsoft Word》を選択します。
> ⑥《タスクの終了》をクリックします。

強制終了後、模擬試験プログラムを再起動すると、次のようなメッセージが表示されます。**《復元して起動》**をクリックすると、ファイルを最後に上書き保存したときの状態から試験を再開できます。また、試験の残り時間は、強制終了した時点からカウントが再開されます。

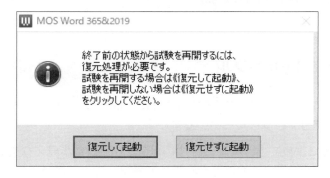

**7** 模擬試験プログラムを強制終了したら、デスクトップにフォルダー「FOM Shuppan Documents」が作成されていました。このフォルダーは何ですか？

模擬試験プログラムを起動すると、デスクトップに「**FOM Shuppan Documents**」というフォルダーが作成されます。模擬試験実行中は、そのフォルダーにファイルを保存したり、そのフォルダーからファイルを挿入したりします。模擬試験プログラムを終了すると、自動的にそのフォルダーも削除されますが、終了時にトラブルがあった場合や強制終了した場合などに、フォルダーを削除する処理が行われないことがあります。
このような場合は、模擬試験プログラムを一旦起動してから再度終了してください。

**8** 3Dモデルを挿入する問題で、フォルダー「FOM Shuppan Documents」のフォルダー「MOS Word 365 2019（2）」に3Dモデルが見つかりません。3Dモデルはどこに保存されていますか？

3Dモデルは、《**PC**》→《**3Dオブジェクト**》または《**3D Objects**》のフォルダー「**MOS-Word 365 2019（2）**」に保存されています。
ただし、お使いの環境によっては3Dモデルを挿入するときにエラーが発生することがあります。その場合は、Cドライブのフォルダー「**FOM Shuppan Program**」のフォルダー「**MOS-Word 365 2019（2）**」にある3Dモデルを挿入してください。

**9** 用紙サイズを設定する問題で、標準解答どおりに操作できません。標準解答どおりに操作しても正解になりません。どうしたらいいですか？

プリンターの種類によって印刷できる用紙サイズが異なるため、標準解答どおりに操作できなかったり、正解にならなかったりする場合があります。そのような場合には、「**Microsoft XPS Document Writer**」を通常使うプリンターに設定して操作してください。

次の手順で操作します。

① ⊞（スタート）をクリックします。
② ⚙（設定）をクリックします。
③《デバイス》をクリックします。
④ 左側の一覧から《プリンターとスキャナー》を選択します。
⑤《Windowsで通常使うプリンターを管理する》を☐にします。
⑥《プリンターとスキャナー》の一覧から「Microsoft XPS Document Writer」を選択します。
⑦《管理》をクリックします。
⑧《既定として設定する》をクリックします。

## Q&A　模擬試験プログラムのアンインストール

**10** 模擬試験プログラムをアンインストールするには、どうしたらいいですか？

模擬試験プログラムは、次の手順でアンインストールします。

① ⊞（スタート）をクリックします。
② ⚙（設定）をクリックします。
③《アプリ》をクリックします。
④ 左側の一覧から《アプリと機能》を選択します。
⑤ 一覧から《MOS Word 365&2019》を選択します。
⑥《アンインストール》をクリックします。
⑦ メッセージに従って操作します。

模擬試験プログラムをインストールすると、プログラム以外に次のファイルも作成されます。これらのファイルは模擬試験プログラムをアンインストールしても削除されないため、手動で削除します。

| その他のファイル | 参照Q&A |
|---|---|
| 「出題範囲1」から「出題範囲6」までの各Lessonで使用するデータファイル | Q&A11 |
| 模擬試験のデータファイル | Q&A11 |
| 模擬試験の履歴 | Q&A12 |
| シリアルキー | Q&A13 |

## Q&A    ファイルの削除

**11** 「出題範囲1」から「出題範囲6」の各Lessonで使用したファイルと、模擬試験のデータファイルを削除するにはどうしたらいいですか？

次の手順で削除します。

---
① タスクバーの ■ （エクスプローラー）をクリックします。
②《ドキュメント》を表示します。
※CD-ROMのインストール時にデータファイルの保存先を変更した場合は、その場所を表示します。
③ フォルダー「MOS-Word 365 2019（1）」を右クリックします。
④《削除》をクリックします。
⑤ フォルダー「MOS-Word 365 2019（2）」を右クリックします。
⑥《削除》をクリックします。
---

**12** 模擬試験の履歴を削除するにはどうしたらいいですか？

パソコンに保存されている模擬試験の履歴は、次の手順で削除します。
模擬試験の履歴を管理しているフォルダーは、隠しフォルダーになっています。削除する前に隠しフォルダーを表示しておく必要があります。

---
① タスクバーの ■ （エクスプローラー）をクリックします。
②《表示》タブ→《表示/非表示》グループの《隠しファイル》を ☑ にします。
③《PC》をクリックします。
④《ローカルディスク（C:）》をダブルクリックします。
⑤《ユーザー》をダブルクリックします。
⑥ ユーザー名のフォルダーをダブルクリックします。
⑦《AppData》をダブルクリックします。
⑧《Roaming》をダブルクリックします。
⑨《FOM Shuppan History》をダブルクリックします。
⑩ フォルダー「MOS-Word365＆2019」を右クリックします。
⑪《削除》をクリックします。
---

※フォルダーを削除したあと、隠しフォルダーの表示を元の設定に戻しておきましょう。

**13** 模擬試験プログラムのシリアルキーを削除するにはどうしたらいいですか？

パソコンに保存されている模擬試験プログラムのシリアルキーは、次の手順で削除します。
模擬試験プログラムのシリアルキーを管理しているファイルは、隠しファイルになっています。削除する前に隠しファイルを表示しておく必要があります。

---

① タスクバーの ▦ （エクスプローラー）をクリックします。
②《表示》タブ→《表示/非表示》グループの《隠しファイル》を ☑ にします。
③《PC》をクリックします。
④《ローカルディスク（C:）》をダブルクリックします。
⑤《ProgramData》をダブルクリックします。
⑥《FOM Shuppan Auth》をダブルクリックします。
⑦ フォルダー「MOS-Word365＆2019」を右クリックします。
⑧《削除》をクリックします。

---

※ファイルを削除したあと、隠しファイルの表示を元の設定に戻しておきましょう。

---

## Q&A パソコンの環境について

**14** Office 2019／Microsoft 365を使っていますが、本書に記載されている操作手順のとおりに操作できない箇所や画面の表示が異なる箇所があります。なぜですか？

Office 2019やMicrosoft 365は自動アップデートによって、定期的に不具合が修正され、機能が向上する仕様となっています。そのため、アップデート後に、コマンドの名称が変更されたり、リボンに新しいボタンが追加されたりといった現象が発生する可能性があります。本書に記載されている操作方法や模擬試験プログラムの動作確認は、2020年6月現在のWord 2019（16.0.10359.20023）またはMicrosoft 365（16.0.12827.20200）に基づいて行っています。自動アップデートによってWordの機能が更新された場合には、本書の記載のとおりにならない、模擬試験プログラムの採点が正しく行われないなどの不整合が生じる可能性があります。あらかじめご了承ください。
※Officeのバージョンの確認については、Q&A5を参照してください。

**15** 画面の解像度はどうやって変更したらいいですか？

画面の解像度は、次の手順で変更します。

---

① デスクトップを右クリックします。
②《ディスプレイ設定》をクリックします。
③ 左側の一覧から《ディスプレイ》を選択します。
④《ディスプレイの解像度》の ▽ をクリックし、一覧から選択します。

---

**16** パソコンにプリンターが接続されていません。このテキストを使って学習するのに何か支障がありますか？

パソコンにプリンターが物理的に接続されていなくてもかまいませんが、Windows上でプリンターが設定されている必要があります。接続するプリンターがない場合は、「**Microsoft XPS Document Writer**」を通常使うプリンターに設定して操作してください。
※「Microsoft XPS Document Writer」を通常使うプリンターに設定する方法は、Q&A9を参照してください。

**17** パソコンにインストールされているOfficeが2019／Microsoft 365ではありません。他の
バージョンのOfficeでも学習できますか？

他のバージョンのOfficeは学習することはできません。
※模擬試験プログラムの標準解答のアニメーションとナレーションは確認できます。

**18** パソコンに複数のバージョンのOfficeがインストールされています。模擬試験プログラムを
使って学習するのに何か支障がありますか？

複数のバージョンのOfficeが同じパソコンにインストールされている環境では、模擬試験プ
ログラムが正しく動作しない場合があります。Office 2019／Microsft 365以外のOffice
をアンインストールしてOffice 2019／Microsoft 365だけの環境にして模擬試験プログラム
をご利用ください。

**19** OneDriveの同期を一時停止するにはどうしたらいいですか？

OneDriveの同期を一時停止するには、次の手順で操作します。

① タスクバーの ☁ (OneDrive)をクリックします。
② 《その他》→《同期の一時停止》をクリックします。
③ 一覧から停止する時間を選択します。

MOS Word
365&2019

# 索引

# Index｜索引

323

## ■CD-ROM使用許諾契約について

本書に添付されているCD-ROMをパソコンにセットアップする際、契約内容に関する次の画面が表示されます。お客様が同意される場合のみ本CD-ROMを使用することができます。よくお読みいただき、ご了承のうえ、お使いください。

---

### 使用許諾契約

この使用許諾契約(以下「本契約」とします)は、富士通エフ・オー・エム株式会社(以下「弊社」とします)とお客様との本製品の使用権許諾です。本契約の条項に同意されない場合、お客様は、本製品をご使用になることはできません。

#### 1.(定義)
「本製品」とは、このCD-ROMに記憶されたコンピューター・プログラムおよび問題等のデータのすべてを含みます。

#### 2.(使用許諾)
お客様は、本製品を同時に一台のコンピューター上でご使用になれます。

#### 3.(著作権)
本製品の著作権は弊社及びその他著作権者に帰属し、著作権法その他の法律により保護されています。お客様は、本契約に定める以外の方法で本製品を使用することはできません。

#### 4.(禁止事項)
本製品について、次の事項を禁止します。
①本製品の全部または一部を、第三者に譲渡、貸与および再使用許諾すること。
②本製品に表示されている著作権その他権利者の表示を削除したり、変更を加えたりすること。
③プログラムを改造またはリバースエンジニアリングすること。
④本製品を日本の輸出規制の対象である国に輸出すること。

#### 5.(契約の解除および損害賠償)
お客様が本契約のいずれかの条項に違反したときは、弊社は本製品の使用の終了と、相当額の損害賠償額を請求させていただきます。

#### 6.(限定補償および免責)
弊社のお客様に対する補償と責任は、次に記載する内容に限らせていただきます。
①本製品の格納されたCD-ROMの使用開始時に不具合があった場合は、使用開始後30日以内に弊社までご連絡ください。新しいCD-ROMと交換いたします。
②本製品に関する責任は上記①に限られるものとします。弊社及びその販売店や代理店並びに本製品に係わった者は、お客様が期待する成果を得るための本製品の導入、使用、及び使用結果より生じた直接的、間接的な損害から免れるものとします。

**よくわかるマスター**
**Microsoft® Office Specialist**
**Word 365&2019 対策テキスト&問題集**
（FPT1913）

2020年 7 月28日　初版発行
2023年12月28日　第 2 版第13刷発行

著作／制作：富士通エフ・オー・エム株式会社

発行者：山下　秀二

発行所：FOM出版（富士通エフ・オー・エム株式会社）
　　　　〒212-0014　神奈川県川崎市幸区大宮町 1 番地 5　JR川崎タワー
　　　　　　　　　　株式会社富士通ラーニングメディア内
　　　　　　　　　　https://www.fom.fujitsu.com/goods/

印刷／製本：アベイズム株式会社

表紙デザインシステム：株式会社アイロン・ママ

●本書は、構成・文章・プログラム・画像・データなどのすべてにおいて、著作権法上の保護を受けています。
　本書の一部あるいは全部について、いかなる方法においても複写・複製など、著作権法上で規定された権利を侵害
　する行為を行うことは禁じられています。
●本書に関するご質問は、ホームページまたはメールにてお寄せください。
　<ホームページ>
　上記ホームページ内の「FOM出版」から「QAサポート」にアクセスし、「QAフォームのご案内」からQAフォームを
　選択して、必要事項をご記入の上、送信してください。
　<メール>
　FOM-shuppan-QA@cs.jp.fujitsu.com
　なお、次の点に関しては、あらかじめご了承ください。
　・ご質問の内容によっては、回答に日数を要する場合があります。
　・本書の範囲を超えるご質問にはお答えできません。　・電話やFAXによるご質問には一切応じておりません。
●本製品に起因してご使用者に直接または間接的損害が生じても、富士通エフ・オー・エム株式会社はいかなる責任
　も負わないものとし、一切の賠償などは行わないものとします。
●本書に記載された内容などは、予告なく変更される場合があります。
●落丁・乱丁はお取り替えいたします。

©2021 Fujitsu Learning Media Limited
Printed in Japan

# FOM出版のシリーズラインアップ

## 定番の よくわかる シリーズ

「よくわかる」シリーズは、長年の研修事業で培ったスキルをベースに、ポイントを押さえたテキスト構成になっています。すぐに役立つ内容を、丁寧に、わかりやすく解説しているシリーズです。

## 資格試験の よくわかるマスター シリーズ

「よくわかるマスター」シリーズは、IT資格試験の合格を目的とした試験対策用教材です。

■MOS試験対策

■情報処理技術者試験対策

ITパスポート試験 　　　 基本情報技術者試験

---

**FOM出版テキスト**
# 最新情報 のご案内

FOM出版では、お客様の利用シーンに合わせて、最適なテキストをご提供するために、様々なシリーズをご用意しています。

FOM出版　🔍検索

https://www.fom.fujitsu.com/goods/

---

# FAQ のご案内

[ テキストに関する よくあるご質問 ]

FOM出版テキストのお客様Q&A窓口に皆様から多く寄せられたご質問に回答を付けて掲載しています。

FOM出版　FAQ　🔍検索

https://www.fom.fujitsu.com/goods/faq/